QIYE TANJIANPAI YU TANJIAOYI ZHISHI WENDA

企业碳减排与碳交易知识问答

王文堂　吴智伟　邓复平　编

化学工业出版社
·北京·

本书以问答的形式系统介绍了企业碳减排与碳交易知识，对企业碳减排管理人员常见的162个典型问题进行详细解答，内容包括碳减排政策标准、中国碳排放状况、碳核算与碳核查、碳交易、企业碳减排技术。本书的“问题”主要选自作者为企业实施碳盘查、碳核查时企业人员提出，以及在万家企业范围内公开征集的“问题”，对问题的解答以满足企业管理人员的工作要求为原则，实用性强。

本书的主要读者对象是重点排放单位、万家企业的碳减排管理人员，也可供从事低碳工作的人员学习参考。

图书在版编目（CIP）数据

企业碳减排与碳交易知识问答/王文堂，吴智伟，邓复平编. —北京：化学工业出版社，2017.10（2022.1重印）

ISBN 978-7-122-30517-6

Ⅰ.①企… Ⅱ.①王… ②吴… ③邓… Ⅲ.①二氧化碳-减量化-排气-中国-问题解答 ②二氧化碳-排污交易-中国-问题解答 Ⅳ.①X511-44

中国版本图书馆CIP数据核字（2017）第212796号

责任编辑：傅聪智　仇志刚　　装帧设计：刘丽华

责任校对：宋　夏

出版发行：化学工业出版社（北京市东城区青年湖南街13号　邮政编码100011）

印　　装：大厂聚鑫印刷有限责任公司

787mm×1092mm　1/16　印张13　字数292千字　2022年1月北京第1版第6次印刷

购书咨询：010-64518888　　售后服务：010-64518899

网　　址：http://www.cip.com.cn

凡购买本书，如有缺损质量问题，本社销售中心负责调换。

定　　价：58.00元

前言

FOREWORD

碳减排指标在国家“十二五”规划、“十三五”规划中连续列入约束性发展指标，成为我国经济发展质量的重要指标，以及对各级政府、万家企业考核的指标。

继北京、天津、上海、重庆、广东、湖北、深圳七省市进行碳交易试点后，2017年将建成全国统一碳市场，重点碳排放单位必须实施碳核算、履约，最终目标是实现碳减排。因此，碳减排成为我国万家企业、重点排放单位的工作重点，是重点排放单位必须采取措施、不可回避的工作内容。

化学工业出版社在充分调研后建议我们编写《企业碳减排与碳交易知识问答》一书，为企业从事碳减排工作的管理人员提供专业支持。我们接受任务后，进行了深入调研，精心组织资料，并按出版社要求的以下特点编写：

一、针对性。内容组织完全针对万家企业、重点碳排放单位的管理人员提出问题，以满足企业碳减排管理岗位人员的工作要求为原则。

二、实用性。为满足实用性的要求，本书的“问题”主要选自作者为企业实施碳盘查、碳核查、碳审计师培训等工作中企业人员提出的问题。我们在万家企业节能低碳网、《万家企业节能低碳》周刊发布征集“问题”信息后，企业碳减排管理人员反馈了大量信息，本书的部分“问题”来自这些反馈。本书中问题解答的深度，也以满足企业管理人员的要求为目标，所以没有进行深入的理论推导，也不包括模型研究的成果。

三、全面性。本书内容基本涵盖了企业碳减排管理人员所涉及的各方面内容，包括：相关政策标准，中国碳排放状况，碳排放量的核算与核查，碳交易试点经验及全国统一碳市场建设的原则，企业碳减排可以采取的各项措施。

本书编写过程中得到清华大学鲁传一副教授、北京大学郑殿峰副教授的大力支持，北京万企龙节能低碳技术研究院专家委员会、苏州节能管理进修学院、北京和碳环境技术有限公司的专家提出了很多建议，并提供了大量资料，在此一并致谢！

由于作者水平有限，书中难免有疏漏和不妥之处，恳请读者批评指正。

编者

2017年6月

目录

CONTENTS

第一章 国际碳减排

第一节　国际机构及行动

1-1　哪些气体属于温室气体?

温室气体指的是大气层中自然存在的和由于人类活动产生的能够吸收和散发由地球表面、大气层和云层所产生的、波长在红外光谱内的辐射的气态成分。

温室气体的作用是指能使地球表面变得更暖，类似于温室截留太阳辐射，并加热温室内空气的作用。这种温室气体使地球变得更温暖的影响称为“温室效应”。

地球大气中最重要的温室气体有水汽（H_2O）、二氧化碳（CO_2）、氧化亚氮（N_2O）、甲烷（CH_4）和臭氧（O_3）等。这些温室气体有些是由于自然过程产生的，还有许多完全由人为因素产生。由于水汽及臭氧的时空分布变化较大，因此在进行减量措施规划时，一般都不将这两种气体纳入考虑。《京都议定书》将六氟化硫（SF_6）、氢氟碳化物（HFCs）和全氟碳化物（PFCs）也定为温室气体。

政府间气候变化专门委员会（IPCC）2006 年发布的《2006 年 IPCC 国家温室气体清单指南》中包括的温室气体有：二氧化碳、甲烷、氧化亚氮、氢氟碳化物、全氟碳化物、六氟化硫、三氟化氮（NF_3）、五氟化硫三氟化碳（SF_5CF_3）、卤化醚（如 $C_4F_9OC_2H_5$、$CHF_2OCF_2OC_2F_4OCHF_2$、$CHF_2OCF_2OCHF_2$）。

根据中国国家质量监督检验检疫总局、中国国家标准化管理委员会发布的国家标准《工业企业温室气体排放核算和报告通则》（GB/T 32150—2015），列入的温室气体包括：二氧化碳、甲烷、氧化亚氮、氢氟碳化物、全氟碳化物和六氟化硫与三氟化氮。因此，一般情况下，我国工业企业进行温室气体核算时，只需对这七类温室气体进行核算。

我们常说的碳减排、碳核查、低碳等术语中的碳，是二氧化碳的简称，实际上指的是温室气体。因为温室气体种类很多，各种温室气体对气候变化的影响不同，为便于比较，采用二氧化碳对气候的影响为基准，根据各种温室气体对气候变化的影响大小折算成等量的二氧化碳（二氧化碳当量），因此，这些概念中的碳即指温室气体。

1-2　为什么要实施碳减排?

碳排放的持续增加，将造成全球气候变暖、冰川融化、海平面上升、淹没大陆。同时会造成：气候反常，海洋风暴增多；土地干旱，沙漠化面积增大；地球上的病虫害增加等。因此，碳减排刻不容缓，成为全世界的共同行动。

科学家预测，如果地球表面温度的升高按现在的速度继续发展，到2050年全球温度将上升2～4℃，南北极地冰山将大幅度融化，导致海平面大大上升，一些岛屿国家和沿海城市将淹于水中，其中包括几个著名的国际大城市：纽约、上海、东京和悉尼。

受全球变暖、海平面上升威胁最大的是几十个小岛屿国家，部分国家可能在未来全部被海水淹没。所以，在全球气候大会上，其他国家关注的是经济、资金、发展问题，小岛屿国家关注的是生死存亡问题。

全球地表平均温度近百年来（1906～2005年）升高了0.74℃，预计到21世纪末仍将上升1.1～6.4℃。

我国气候变暖趋势与全球的总趋势基本一致。据我国气象局发布的观测结果显示，我国近百年来（1908～2007年）地表平均气温升高了1.1℃，自1986年以来经历了21个暖冬，2007年是自1951年有系统气象观测以来最暖的一年。近50年来中国降水分布格局发生了明显变化，西部和华南地区降水增加，而华北和东北大部分地区降水减少。高温、干旱、强降水等极端气候事件有频率增加、强度增大的趋势。夏季高温热浪增多，局部地区特别是华北地区干旱加剧，南方地区强降水增多，西部地区雪灾发生的概率增加。近30年来，中国沿海海表温度上升了0.9℃，沿海海平面上升了90mm。

对农牧业的影响：农业生产不稳定性增加；局部干旱高温危害严重；因气候变暖引起农作物发育期提前而加大早春冻害；草原产量和质量有所下降；气象灾害造成的农牧业损失增大。

对森林和其他自然生态系统的影响：东部亚热带、温带北界北移，物候期提前；部分地区林带下限上升；冻土面积减少；全国动植物病虫害发生频率上升，且分布变化显著；西北冰川面积减少，呈全面退缩的趋势，冰川和积雪的加速融化使绿洲生态系统受到威胁。

对水资源的影响：近20年来，北方黄河、淮河、海河、辽河水资源总量明显减少，南方河流水资源总量略有增加。洪涝灾害更加频繁，干旱灾害更加严重，极端气候现象明显增多。

对海岸带的影响：近30年来，我国海平面上升趋势加剧。海平面上升引发海水入侵、土壤盐渍化、海岸侵蚀，损害了滨海湿地、红树林和珊瑚礁等典型生态系统，降低了海岸带生态系统的服务功能和海岸带生物多样性；气候变化引起的海温升高、海水酸化使局部海域形成贫氧区，海洋渔业资源和珍稀濒危生物资源衰退。

据预测，未来我国沿海海平面将继续升高，预测数据见表1-1。海平面上升将造成沿海城市市政排水工程的排水能力降低，港口功能减弱。

表1-1 我国海平面上升预测（相对于2010年海平面）

海区	2040年预测值/mm	海区	2040年预测值/mm
渤海	74～122	南海	78～130
黄海	81～128	全海域	80～130
东海	83～132		

如果任由温室气体排放，将给人类造成不可挽回的灾难。因此，减少温室气体排放成为世界各国的共识，成为人类的共同行动。

1-3 清洁发展机制（CDM）指的是什么？

清洁发展机制（简称CDM）是《京都议定书》中引入的灵活履约机制之一，核心内容是允许《联合国气候变化框架公约》附件1的缔约方（即发达国家）与非附件1缔约方（即发展中国家）进行项目级的减排量抵消额的转让与获得，在发展中国家实施温室气体减排项目。即由工业化发达国家提供资金和技术，在发展中国家实施具有温室气体减排效果的项目，项目所产生的温室气体减排量则列入发达国家履行《京都议定书》的承诺。

CDM项目周期如下：

（1）项目识别　初步判断本项目是否为CDM项目。

（2）项目设计　当项目符合CDM的标准，需要完成项目设计文件（PDD）。设计文件的格式由联合国CDM执行理事会确定。

（3）项目批准　CDM项目需要得到东道国指定的本国CDM主管机构批准。中国的CDM主管机构是国家发展和改革委员会（以下简称国家发改委），中国CDM项目需要获得国家发改委出具的正式批准文件。

（4）项目审定　项目开发者需要与一个指定的经营实体进行签约，负责其审核认证的工作。完成这项工作，这个项目才能成为合法的CDM项目。根据每个项目类型不同，寻找具有审核认证资质的指定的经营实体。

（5）项目注册　签约的指定的经营实体确认该项目符合CDM的要求，签署审核认证报告，向联合国CDM执行理事会提出注册申请。审定报告中需要包含项目设计文件（PDD），东道国的书面批准文件以及对公众意见的处理情况。

在CDM执行理事会收到注册请求之日起8周内，如果没有CDM执行理事会的3个或3个以上的理事和参与项目的缔约方提出重新审查的要求，则项目自动通过注册。最终决定由CDM执行理事会在接到注册申请后的第二次会议之前作出。

（6）项目的实施与监测　监测活动由项目建议者实施，并且需要按照提交注册的项目设计文件中的检测计划进行。

监测结果需要向负责核查与核证项目减排量的指定经营实体报告。一般情况下，进行项目审定和减排量核查核证的经营实体不能为同一家，但是，小规模CDM项目可以申请同一家指定经营实体进行审定、核查和核证。

（7）减排量的核查与核证　核查是指由指定经营实体负责、对注册的CDM项目减排量进行周期性审查和确定的过程。根据核查的监测数据、计算程序和方法，可以计算CDM项目的减排量。

核证是指由指定的经营实体出具书面报告，证明在一个周期内，项目取得了经核查的减排量，根据核查报告，指定的经营实体出具一份书面的核证报告，并且将结果通知利益相关者。

（8）核证减排量（CERs）的签发　指定的经营实体提交给CDM执行理事会的核证报告，申请CDM执行理事会签发与核查减排量相等的CERs。

在CDM执行理事会收到签发请求之日起15天之内，参与项目的缔约方或至少三个执行理事会的成员没有提出对CERs签发申请进行审查，则可以认为签发CERs的申请自动获得批准。如果缔约方或者三个以上的CDM执行理事会理事提出了审查要求，则CDM执行理事会需要对核证报告进行审查。

随着我国企业逐渐认识到“清洁发展机制（CDM）”项目的作用，申请CDM项目的企业不断增加。

清洁发展机制（CDM）项目不仅使我国企业采用先进技术降低碳排放，并获得了一定的经济收益，而且也积累了丰富的碳交易经验。

1-4 应对气候变化的主要国际机构有哪些？

温室气体排放对气候变化的影响是全球性的，应对气候变化需要全球共同行动才能取得应有效果，因此，减少碳排放需要国际组织发挥重要作用。

应对气候变化的国际组织有政府间国际组织、非政府间国际组织。主要政府间组织如表1-2。

表1-2 应对气候变化的主要国际机构

日期	成立机构名称	职能
1951年12月	在联合国大会上，世界气象组织正式成为联合国的一个专门机构	在政府层面正式开展国际气象合作
1973年	联合国环境规划署成立	联合国内负责环境问题的专门机构
1983年12月	世界环境与发展委员会	对世界面临的问题及应采取的战略进行研究
1988年11月	联合国环境规划署和世界气象组织成立政府间气候变化专门委员会(IPCC)	对与气候变化有关的各种问题展开定期的科学、技术和社会经济评估，提供科学和技术咨询意见
1990年11月	《联合国气候变化框架公约》第4次缔约方大会委任全球环境基金(GEF)为其永久资金机制机构	联合国发起建立的国际环境金融机构，以提供资金援助和转让无害技术等方式帮助发展中国家实施保护全球环境的项目
1990年12月	在第45届联合国大会上，成立由联合国全体会员国参加的气候公约“政府间谈判委员会”(INC)	开始起草公约的谈判，国际气候变化谈判的进程由此正式启动
1991年5月	在世界气象组织(WMO)第11次世界气象代表大会上，成立世界气候计划合作委员会(CCWCP)	制定世界气候研究计划，主要研究地球系统中有关气候的物理过程

发挥作用的主要政府间国际组织简介如下：

（1）联合国环境规划署（UNEP） 是全球环境治理中最为重要的国际组织，是根据1972年联合国人类环境大会的建议，正式成立于1973年的联合国内负责处理环境问题的专门机构。联合国环境规划署在实际地位上仅仅是联合国的一个业务性辅助机构。然而由于其设置时间长，组织架构较为完备，多次促进气候变化问题谈判协商会谈进行，引导气候大会召开，促进国家间在气候事务上的合作，具有相应的专业技术人员，保持一定的中立性等特质，使其成为气候变化问题中最重要的国际组织。

例如，联合国环境规划署定期发布具有理论性、引导性和指导性的文件，从而引导各方认识到全球气候恶化的严重性与合作解决气候问题的紧迫性，并为世界各国、各地区提供相关的全球大气污染状况以供参考与借鉴。同时根据历次环境年的主题议程，为各国的气候问题合作指出方向，并提供相应策略。通过签订协议、发表共同宣言的方式来督促各参与气候合作的国家提供本国内的环境与气候现状数据，通过对外的信息披露与发布，接受国际社会的舆论监督，使世界各国可以获得真实可靠的环境污染与保护的详细资料，从而为各国在发展经济与保护环境之间提供合适建议。联合国环境规划署还组织环境问题专家分析、研究气候问题的现状，各个国家污染物的分布，提供气候问题恶化的直接、间接后果的预测，另外预计其不良影响等。联合国环境规划署提供专门的专家指导，为各国政府制定有针对性的环境政策提供准确、充分的数据支撑与信息依据，防止大国隐瞒误导信息带来的损失和小国实力限制无法收集信息的掣肘，并且使全世界确认知晓目前的环境状况，以此引导国际社会对环境问题应该采取的行动和方向。

（2）世界气象组织（WMO） 是联合国的专门机构之一，是联合国有关地球大气现状和特性，及其与海洋的相互作用、产生的气候及由此而形成的水资源的分布方面的权威机构。

WMO 拥有 191 个国家会员和地区会员（截至 2013 年 1 月 1 日）。1963 年建立的世界天气监视网是世界气象组织的骨干计划。世界天气监视网把世界上一百多个国家和地区，用统一规范、统一的技术政策联合起来，形成区域性和全球性的情报网，应对气候变化所采用的数据很多都源自世界天气监视网。

（3）联合国政府间气候变化专门委员会（IPCC） 是世界气象组织（WMO）及联合国环境规划署（UNEP）于 1988 年联合建立的政府间机构。其主要任务是对气候变化科学知识的现状，气候变化对社会、经济的潜在影响以及如何适应和减缓气候变化的可能对策进行评估。

IPCC 本身不做任何科学研究，而是检查每年出版的数以千计有关气候变化的论文，并每五年出版评估报告，总结气候变化的“现有知识”。例如，1990 年、1995 年、2001 年、2007 年和 2013 年，IPCC 相继五次完成了评估报告，这些报告已成为国际社会认识和了解气候变化问题的主要科学依据，也是目前国际上碳减排量计算的基础。

1-5 应对气候变化的国际协议有哪些？

有约束力的国际协议主要有《联合国气候变化框架公约》、《京都议定书》、《巴黎协定》。

（1）《联合国气候变化框架公约》 1992 年 5 月 9 日联合国政府间谈判委员会就气候变化问题达成的公约，于 1992 年 6 月 4 日在巴西里约热内卢举行的联合国环发大会（地球首脑会议）上通过。《联合国气候变化框架公约》是世界上第一个为全面控制二氧化碳等温室气体排放，以应对全球气候变暖给人类经济和社会带来不利影响的国际公约，也是国际社会在对付全球气候变化问题上进行国际合作的一个基本框架。

1994 年 3 月 21 日《联合国气候变化框架公约》正式生效。1995 年起，该公约缔约方每年召开缔约方会议（Conferences of the Parties，COP）以评估应对气候变化的进展。

《联合国气候变化框架公约》由序言及 26 条正文组成。这是一个具有法律约束力的公约，旨在控制大气中二氧化碳、甲烷和其他造成“温室效应”的气体的排放，将温室气体的浓度稳定在使气候系统免遭破坏的水平上。公约对发达国家和发展中国家规定的义务以及履行义务的程序有所区别。公约要求发达国家作为温室气体的排放大户，采取具体措施限制温室气体的排放，并向发展中国家提供资金以支付他们履行公约义务所需的费用。而发展中国家只承担提供温室气体源与温室气体汇的国家清单的义务，制订并执行含有关于温室气体源与汇方面措施的方案，不承担有法律约束力的限控义务。公约建立了一个向发展中国家提供资金和技术，使其能够履行公约义务的资金机制。这些条款是每年召开的缔约方大会谈判的基础。

（2）《京都议定书》 1997 年 12 月在日本京都由联合国气候变化框架公约缔约方第三次会议制定，全称为《联合国气候变化框架公约的京都议定书》，是《联合国气候变化框架公约》的补充条款。其目标是“将大气中的温室气体含量稳定在一个适当的水平，进而防止剧烈的气候改变对人类造成伤害”。

《京都议定书》2005 年 2 月 16 日正式生效。这是人类历史上首次以法规的形式限制温室气体排放。为了促进各国完成温室气体减排目标，议定书允许采取以下四种减排方式：①两个发达国家之间可以进行排放额度买卖的“排放权交易”，即难以完成削减任务的国家，可以花钱从超额完成任务的国家买进超出的额度；②以“净排放量”计算温室气体排放量，即从本国实际排放量中扣除森林所吸收的二氧化碳的数量；③可以采用绿色开发机制，促使发达国家和发展中国家共同减排温室气体；④可以采用“集团方式”，即欧盟内部的许多国家可视为一个整体，采取有的国家削减、有的国家增加的方法，在总体上完成减排任务。

《京都议定书》第一承诺期是2008—2012年，第二承诺期为2013—2020年。

《京都议定书》第一承诺期对全球碳减排发挥了很大作用，在全球建立了旨在促进碳减排的三个灵活合作机制—国际排放贸易机制（ET）、联合履行机制（JI）和清洁发展机制（CDM），这些机制允许发达国家通过碳交易市场等灵活完成减排任务，而发展中国家可以获得相关技术和资金。这一时期形成的碳交易经验，为中国建立碳市场提供了很好的参考经验。

（3）《巴黎协定》　2015年12月12日，195个国家在《联合国气候变化框架公约》第二十一届缔约方会议巴黎大会上通过该协定。这是国际社会在气候问题上多年“博弈”后产生的应对全球气候变化新协议，为2020年后全球应对气候变化行动作出安排。

《巴黎协定》生效条件：应在不少于55个《公约》缔约方，共占全球温室气体总排放量的至少约55%的《联合国气候变化框架公约》缔约方交存其批准、接受、核准或加入文书之日后第三十天起生效。

《巴黎协定》于2016年11月4日正式生效。

《巴黎协定》的生效填补了《京都议定书》第一承诺期2012年到期后一直存在的空白，使得国际上又有了一个具有法律约束力的气候协议。按照这一协定，各方将共同加强应对气候变化威胁，使全球温室气体排放总量尽快达到峰值，以实现将全球气温控制在比工业革命前高2℃以内，并努力控制在1.5℃以内的目标。

《巴黎协定》规定，发达国家应为发展中国家提供资金、技术等方面的支持。特别是发达国家曾经承诺，到2020年要实现每年向发展中国家提供1000亿美元应对气候变化支持资金的目标。

《巴黎协定》还规定，从2023年开始，每5年将对全球行动总体进展进行一次盘点。比如中美两个大国都做出了自己的减排承诺。中国提出二氧化碳排放2030年左右达到峰值，并争取尽早达峰，单位国内生产总值二氧化碳排放比2005年下降60%至65%等自主行动目标。美国承诺到2025年在2005年的基础上减排温室气体26%至28%。

1-6 《巴黎协定》的主要内容是什么？

《巴黎协定》为2020年后全球应对气候变化行动作出的安排。

《巴黎协定》共29条，包括目标、减缓、适应、损失损害、资金、技术、能力建设、透明度、全球盘点等内容。

《巴黎协定》提出：把全球平均气温升幅控制在工业化前水平以上低于2℃之内，并努力将平均气温升幅限制在工业化前水平以上1.5℃之内，同时认识到这将大大减少气候变化的风险和影响。

《巴黎协定》提出：缔约方会议应在2023年进行第一次全球总结，此后每五年进行一次盘点，以帮助各国提高力度、加强国际合作，实现全球应对气候变化长期目标。

《巴黎协定》提出：各缔约方应编制、通报并持有它打算实现的下一次国家自主贡献，缔约方应采取国内减缓措施，以实现这种贡献的目标。

《巴黎协定》提出：发达国家缔约方应继续带头，努力实现全球经济绝对减排目标。发展中国家缔约方应当继续加强它们的减缓努力，应鼓励它们根据不同的国情，逐渐实现全球经济绝对减排或限排目标。

《巴黎协定》提出：各缔约方将以“自主贡献”的方式参与全球应对气候变化行动。发达国家将继续带头减排，并加强对发展中国家的资金、技术和能力建设提供支持，帮助后者减缓和适应气候变化。

《巴黎协定》提出：各缔约方应当酌情定期提交和更新一项适应信息通报，其中可包括其优先事项、执行和资助需要、计划和行动，同时不对发展中国家缔约方造成额外负担。

《巴黎协定》提出：发达国家缔约方应为协助发展中国家缔约方减缓和适应两方面提供资金资源，以便继续履行在《公约》下的现有义务；鼓励其他缔约方自愿提供或继续提供这种资助；作为全球努力的一部分，发达国家缔约方应继续带头，从各种大量来源、手段及渠道调动气候资金，同时注意到公共基金通过采取各种行动，包括支持国家驱动战略而发挥的重要作用，并考虑发展中国家缔约方的需要和优先事项。对气候资金的这一调动应当逐步超过先前的努力。

1-7　世界主要国家的碳排放量是多少?

各个国家的碳排放量是采用一定的计算模型计算得出的，不同的机构采用的模型不同，得出的数据略有差别，但趋势基本相同，特别是中国、美国占据全球碳排放量第一、第二的位置是相同的。

美国能源部二氧化碳信息分析中心（CDIAC）为联合国收集到 2008 年 216 个国家或地区的碳排放数据，排名前 10 的国家占了世界排放总量的 66.52%。排名前 20 的国家碳排入数据如表 1-3 所示。

表 1-3　2008 年碳排放量前 20 位的国家或地区清单

排名	国家或地区	二氧化碳排放量/(kt/a)	占全球总数的比例/%
	世界	29888121	100
1	中国(不包括香港、澳门、台湾)	7031916	23.33
2	美国	5461014	18.11
—	欧盟	4177817	14.04
3	印度	1742698	5.78
4	俄罗斯	1708653	5.67
5	日本	1208163	4.01
6	德国	786660	2.61
7	加拿大	544091	1.80
8	伊朗	538404	1.79
9	英国	522856	1.73
10	韩国	509170	1.69
11	墨西哥	475834	1.58
12	意大利	445119	1.48
13	南非	435878	1.45
14	沙特阿拉伯	433557	1.44
15	印尼	406029	1.35

续表

排名	国家或地区	二氧化碳排放量/(kt/a)	占全球总数的比例/%
16	澳大利亚	399219	1.32
17	巴西	393220	1.30
18	法国	376986	1.25
19	西班牙	329286	1.09
20	乌克兰	323532	1.07

尽管中国的人均碳排放量与美国和澳大利亚等发达国比较相差甚远，但总排放量占全球第一，因此，在国际谈判中承受的压力非常大，中国的低碳行动近年一直是全球关注的重点。1900～2011 年世界主要国家碳排放量及人均排放量见表 1-4。

表 1-4　1900～2011 年世界主要国家碳排放量及人均排放量

国家	2011 年碳排放量/百万吨	人均碳排放量/(吨/人)			人均排量变化/%	排放总量变化/%	人口变化/%
		1990 年	2000 年	2011 年			
美国	5420	19.7	20.8	17.3	−12	9	19
欧盟 27 国	3790	9.2	8.4	7.5	−18	−12	6
俄罗斯	1830	16.5	11.3	12.8	−22	−25	−4
日本	1240	9.5	10.1	9.8	−9	2	11
加拿大	560	16.2	17.9	16.2	0	24	19
澳大利亚	430	16.0	18.6	19.0	19	57	24
中国	9700	2.2	2.8	7.2	227	287	15
印度	1970	0.8	1.0	1.6	100	198	30
巴西	450	1.5	2.0	2.3	53	106	24
南非	360	7.3	6.9	7.2	−1	35	27

数据来源：Oliver J，Janssens-Maenhout G，Peters J. Trends in Global CO_2 Emissions 2012 Réport. Hague：PBL Netherlands Environmental Assessment Agency，Ispra：Joint Research Centre，2012.

1-8　主要碳排放国家 2030 年的减排目标是多少？

《巴黎协定》规定各国采用自主贡献方式，也就是各国的减排目标是各国根据本国的实际情况确定并公布的。根据《联合国气候变化框架公约》巴黎大会的决议，各缔约方最晚于提交各自《巴黎协定》批准、加入或核准书之时通报它们的第一次国家自主贡献。

到巴黎气候大会结束，已有 184 个国家提交了应对气候变化“国家自主贡献”文件，涵盖全球碳排放量的 97.9%。主要国家和地区的自主贡献如下：

(1) 中国（不包括香港、澳门、台湾）　中国已经向联合国提交并披露了本国应对气候变化国家自主贡献文件。该文件指出，中国计划在 2030 年之前将单位国内生产总值二氧化碳排放量比 2005 年下降 60%～65%。此外，文件还重申了到 2030 年实现非化石能源占一次能源消费比重达到 20%左右的目标。在此之前，中国总理李克强在巴黎与法国政府首脑进行会晤时宣布，作为全球最大的温室气体排放国，中国将争取在 2030 年之前使本国的二氧化碳排放量达到峰值。

(2) 美国　2015 年 3 月 31 日美国正式向《联合国气候变化框架公约》(UNFCCC) 秘书处提交了其国家自定贡献预案 (INDC)，到 2025 年将实现在 2005 年的基础上减少

26%～28%的温室气体排放，并会尽最大努力实现减排28%的目标上限。还表示不会利用国际碳排放交易市场来实现其2025年减排目标。

(3) 欧盟 2015年2月25日欧盟委员会成为第一个披露贡献计划的集团，提出60%的全球减排长期目标以及至少减排40%的自身贡献目标。文件显示，到2030年的减排目标为在1990年的基础上减少至少40%的温室气体排放量。这与2014年欧洲理事会通过的《2030年气候与能源政策框架》中的减排目标一致。另外，在欧盟委员会公布的文件中也提议到2050年将全球温室气体排放量在2010年的基础上至少减少60%。虽然欧盟一直称这是一个"雄心勃勃"的目标，但不少国际专家学者仍认为欧盟有能力实现"更具雄心"的目标。

(4) 印度 2015年10月1日印度宣布了新的气候计划，即印度的国家自主贡献预案。作为全球第三大排放国，同时也是非常容易受到气候变化影响的国家，印度应对气候变化并对贫困、食品安全、医疗和教育等关键议题采取措施。印度的国家自主贡献目标是，在国际支持下，到2030年将非化石燃料在其能源结构中所占比重从目前的30%增加到40%左右，由此在2022年增加1.75GW的可再生能源生产能力。同时承诺将在2030年把单位GDP排放强度在2005年的基础上降低33%到35%，并通过加强造林力度，增加25亿～30亿吨的碳汇。这一计划还强调了增强气候变化韧性，同时对实现目标提供财政支持。

(5) 巴西 2015年9月27日巴西正式提交了国家自主贡献。巴西的国家自主贡献是在2005年的基础上，到2025年减少37%的温室气体排放量，到2030年减少43%的温室气体排放量。这标志着巴西首次承诺将从基准年开始对绝对量进行减排，而不是减少计划排放量或排放强度。这是一个重要的转折，因为绝对减排目标意味着更大的确定性，也就是说，即便巴西的经济规模仍在扩大，温室气体排放量也必须减少。

世界部分国家和地区自主减排情况见表1-5。

表1-5 部分国家和地区的自主减排情况

绝对总量减排的国家	基准年	目标年	总减排量/($ktCO_2/a$)
美国	2005年	2025年	1661857.00
欧盟	1990年	2030年	1726411.06
俄罗斯	1990年	2030年	731900.69
日本	2005年	2030年	341857.41
加拿大	2005年	2030年	171797.03
澳大利亚	2005年	2030年	115998.51
单位GDP排放强度减排			
中国	2005年	2030年	60%～65%
印度	2005年	2030年	33%～35%
墨西哥	2013年	2030年	40%
BAU模式下的减排①			
韩国		2030年	37%
印度尼西亚		2030年	29%
南非		2025～2030年	398000～614000①
巴西		2005年	43%

① BAU模式下减排的国家是指以通常商业模式（business as usual）发展下估算未来某年排放量，在此排放量上减排的国家。

第二节　主要国家和地区低碳行动

1-9　美国的低碳措施主要有哪些?

根据联合国开发计划署的一份报告显示，在1840～2004年各国温室气体累积排放量总量中，美国占据了将近30%。从20世纪80年代以后的数据，美国的排放总量一直呈现上升势头，2005年已到达59.57亿吨。由于近年来发展中国家排放总量正在迅速上升，美国在世界排放总量中所占的比例有所下降，但是其占比一直在20%以上。根据CDIAC的数据，2004年美国的人均二氧化碳排放量约为20.6吨/人，而中国约为3.8吨/人，印度约为1.2吨/人。

美国在1992年10月15日批准了《联合国气候变化框架公约》，成为了UNFCCC的缔约方。1992年10月，美国制定了《1992年能源政策法》，以促进节约能源、提升能源使用效率、促进可再生能源使用及国际能源合作等方面的行动。同年还制定了《全球气候变迁国家行动方案》，评估了美国温室气体的排放情况，并且归纳了温室气体减排相关的政府行动。乔治·布什政府这段时期的政策，汇总了当时美国对温室气体减排的研究成果，主要是在节约能源和改善空气污染上采取行动。对于温室气体减排问题，并未制定出相应的减排目标。

克林顿上台以后，在1993年10月制定了新的《气候变化行动方案》，表示美国2000年的排放量将减少1.09亿吨碳，回归到1990年水平。1997年，克林顿政府将温室气体减排目标由1993年的1.09亿吨碳下调至0.76亿吨。1999年6月，克林顿政府发布了“提高能效管理、建设绿色政府”的政府令，要求行政部门必须在2010年比1990年减排30%。纵观整个克林顿政府执政时期的温室气体减排政策，其设定了明确的减排目标，但是在制订减排目标时低估了当时温室气体排放的情景。由于那时美国经济处于快速成长时期，温室气体的排放量节节升高，政府设定的目标变得遥不可及。虽然克林顿政府希望借助技术的力量减少排放，并提出了气候变化技术行动方案，但是减排的效果并不是十分明显。

2002年2月14日，乔治·沃克·布什政府宣布《全球气候变迁行动》，设定减排目标为在2012年，美国温室气体排放密度（单位GDP温室气体排放量）较2002年减小18%，由每百万美元183吨排放水平降至每百万美元151吨排放水平。乔治·沃克·布什政府不愿承担《京都议定书》中的总量削减目标，在其上任后就退出了《京都议定书》。因此，在其执政期间单位GDP排放量虽有所下降，但是美国国内的排放总量未出现下降。在其执政期内曾推出了一些自愿性和鼓励性的计划提高各行业的能源效率，例如《气候愿景伙伴计划》、《气候领袖计划》、《温室气体自愿报告计划》等。尽管在其执政期间，温室气体排放总量并未下降，但是所取得的科研成果，对于未来全球减排技术的进步还是会有一定的帮助。

奥巴马政府承认全球变暖是真实的正在发生的事情，认为全球气候变化无疑是全世界共同面临的长期挑战，解决这一问题已变得刻不容缓。基于这一认识，奥巴马政府所提的政策相比以往的政策更为积极。①构建联邦总量-贸易新体系。奥巴马总统支持采用总量与贸易体系实现减排。在这种体系下，直接限定美国的排放总量，并允许将排放量分割成排放配额。全美的企业可以自由买卖配额，以满足各自的需求。减排成本较低的企业可以将剩余的配额卖给减排成本较高的企业。每年配额总量将会缩减以达到国家的减排目标。根据奥巴马设定的年减排目标，美国在2020年的排放量将下降到1990年水平，2050年排放量将减少80%。②依靠节能减排增加就业助推美国经济。③提高能效促进节能减排。④改观全球气候谈判局面。

美国总统奥巴马于2015年8月3日在华盛顿宣布“终极版”减排计划——《清洁能源计划》，对美国温室气体排放施加更严格限制，称这是迄今美国应对气候变化迈出的“最重要”一步。根据计划，到2030年美国发电厂碳排放量目标将在2005年基础上减少32%，这意味着大量燃煤电厂将关闭，太阳能和风能发电将获得全新发展动力。

奥巴马表示，目前美国发电厂造成的碳排放量占全美碳排放量总量的三分之一，比汽车、飞机和美国家庭产生的碳排放量总和还多，根据计划，到2030年，发电站碳排放目标将在2005年基础上减少32%，这比之前政府拟定的减排目标提高9个百分点。此举意味着届时美国将消除8.7亿吨二氧化碳大气污染，其效果相当于1.66亿辆车停驶。

根据计划，美国还将加大对清洁能源的投资，到2030年，清洁能源的比例目标将提高到28%，每户美国家庭的年均能源账单将降低85美元。

虽然美国各州能源结构不同，有些州高度依赖传统能源发电，但都须于2016年提交减排初步方案，2018年提交最终方案。

1-10 欧盟采取了哪些低碳措施?

欧盟是全球“低碳经济”和碳减排的主要倡导者和推动者，已通过实施一系列碳排放政策，为全球碳减排作出了重要贡献。自《京都协议书》作出减排8%的承诺之后，欧盟委员会首先在2000年推出了欧洲气候变化计划（ECCP），接着又在2005年率先建立了欧盟排放交易体系（EUETS），成功将市场机制引入碳排放治理中。

欧盟成员国经济发展水平、碳排放量差异较大（见表1-6），但欧盟制定的碳减排政策在各国都具有法律地位。

表1-6 欧盟成员国1990～2010年碳排放量变化情况 单位：Mt/a

国家	1990年	2010年	变化/%	国家	1990年	2010年	变化/%
奥地利	78.2	84.6	8.2	保加利亚	114.3	61.4	-46.3
比利时	143.3	132.5	7.6	塞浦路斯	6.5	10.8	67.6
丹麦	68.6	61.1	-11.0	捷克	195.8	139.2	-28.9
芬兰	70.4	74.6	6.0	爱沙尼亚	40.9	20.5	-49.8
法国	559.0	522.4	-6.6	匈牙利	97.3	67.7	-30.4
德国	1246.1	936.5	-24.8	拉脱维亚	26.6	12.1	-54.5
希腊	105.0	118.3	12.6	立陶宛	49.4	20.8	-57.9
爱尔兰	55.2	61.3	11.2	马耳他	2.0	3.0	50.0
意大利	519.2	501.3	-3.5	波兰	457.4	400.9	-12.4
卢森堡	12.8	12.1	-5.9	罗马尼亚	253.3	121.4	-52.1
荷兰	212.0	210.1	-0.9	斯洛伐克	71.8	46.0	-35.9
葡萄牙	60.1	70.6	17.5	斯洛文尼亚	18.5	19.5	5.7
西班牙	282.8	355.9	25.8				
瑞典	72.8	66.2	-9.0				
英国	763.9	590.2	-22.7				
15国合计	4249.3	3797.6	-10.6	27国合计	5583.1	4720.9	-15.4

数据来源：Mandl N. Annual European Union Greenhouse Gas Inventory 1990～2010 and Inventory Report 2012. European Environment Agency，Luxembourg：Publications Office of the European Union，2012.

欧盟委员会制定了许多促进碳减排的政策措施，主要包括建设并实施欧盟碳排放交易体系、针对能源和交通运输部门的政策以及研发低碳技术。

（一）欧盟碳排放交易体系

为了帮助成员国减少排放和实现承诺，欧盟制定了欧盟碳排放交易体系（EUETS）。该体系于2005年初试运行，2008年初正式运行。欧盟碳排放交易体系涵盖了30个欧洲国家（包括27个欧盟成员国以及冰岛、挪威、列支敦士登），并强制性纳入了近1.2万个企业。这些企业涵盖了电力、水泥、钢铁、陶瓷、玻璃、造纸等多个行业。航空业也于2012年1月正式被欧盟纳入碳排放交易体系。

欧盟碳排放交易体系已逐步成为全世界规模最大、影响范围最广的碳排放交易体系。欧盟碳排放交易体系对促进成员国的碳减排起到了非常重要的作用。

（二）欧盟能源政策

要想在碳排放减排中走在世界前列，能源是欧盟所必须采取措施进行开发研究的关键领域。欧盟面对的主要问题包括新能源开发投资不足、高化石燃料依赖和因为极端天气产生的能源需求高峰导致供应不足等。为此，欧盟提出了温室气体排放“20—20—20”战略目标和2050能源路线图。欧盟领导人在2009年通过了气候和能源一揽子决定，旨在建立一个节能、高效、低碳的欧洲。该决定制定了欧盟到2020年的战略目标，它由3个20%减排目标构成，也称为“20－20—20"战略目标，即到2020年，欧盟温室气体总排放量要比1990年减少20%，可再生能源消耗占到能源消耗的20%，欧盟能源利用效率将提高20%。欧盟一方面通过太阳能、风能、生物质能等可再生能源的使用和推广来代替化石能源的使用，从而减少温室气体的排放；另一方面通过提高能源利用效率，用更少的能源实现同等或者更多的产出，从而减少温室气体的排放。

欧盟委员会为了建设真正有竞争力的低碳经济，还制定了欧盟2050年路线图（见表1-7），其中关于能源方面的内容为欧盟以后的能源政策指明了方向。

表1-7 欧盟2050年温室气体减排计划

温室气体减排(相比1990年)	2005年/%	2030年/%	2050年/%
总体	－7	－40～－44	－79～－82
部分			
电力部门(CO_2)	－7	－54～－68	－93～－99
工业部门(CO_2)	－20	－34～－40	－83～－87
运输部门(包含航空，不包括航海CO_2)	＋30	＋20～－9	－54～－67
住宅及服务部门(CO_2)	－12	－37～－53	－88～－91
农业部门(非CO_2)	－20	－36～－37	－42～－49
其他非CO_2温室气体排放	－30	－72～－73	－70～－78

数据来源：DG Climate Action，European Commission（2012）。

欧盟采取措施在不同部门共同努力实现低碳经济，在更大范围内推广可再生能源，涵盖了电厂、工业能源设备、加热制冷系统、智能电网、耐用节能产品等具体行业，涉及制造业、建筑业、服务业、公共交通等多个领域。电力部门在能源路线图里起着举足轻重的作用，电力部门拥有减排的最大潜力，到2050年它几乎可以完全消除CO_2的排放量。电力将越来越多地来源于可再生能源，包括太阳能、风能和生物质能等，清洁能源将会占越来越大的份额，甚至在2050年将基本达到100%。

(三) 低碳技术

欧盟非常注重低碳技术的研发，并且在这一领域投入了大量的资金。低碳技术有三类：一是减碳技术，主要指高排放、高能耗领域的节能减排技术，如煤的清洁高效利用等；二是无碳技术，即开发可再生能源，如太阳能、风能等；三是去碳技术，主要是指二氧化碳捕获储存技术（CCS）。CCS是具有重大潜力的缓解世界气候变暖的新技术，这项技术首先将CO_2从化石燃料燃烧产生的烟气中分离出来，并将其压缩至一定的压力下分离，然后将压缩好的CO_2通过管道或运输工具运至存储地，注入包括石油和天然气储层、不可开采的煤层和深海海底等地质构造中。

NER300是欧盟范围内的一个低碳计划，是世界上最大的鼓励创新低碳能源的资助项目之一。它的资金主要来源于ETS第三阶段的3亿吨碳排放量的出售，以及整个欧盟范围内的私人投资和国家融资，主要用于资助欧盟可再生能源和二氧化碳捕获储存技术的研发。

(四) 交通运输政策

欧盟在交通运输方面采取了一系列的政策以减少温室气体的排放。在航空方面，自2012年1月1日起，航空业被列入欧盟排放交易体系（ETS）框架内。在海运方面，在欧洲气候变化计划下已成立了一个减少船舶温室气体排放的工作小组，旨在制定欧盟海运排放的政策。在铁路方面，欧盟正在努力进行市场整合，如加大投资和对铁路的补贴及建设铁路一体化等。在公路运输方面，作为排放温室气体最多的部门，欧盟采取的措施力度也最大，对于小型汽车制造商，确保新车的排放量2015年为130g CO_2/km，到2020年为95g CO_2/km。2015年的油耗目标是大约5.6L/100km（汽油）或4.9L/100km（柴油），到2020年为4.1L/100km（汽油）或3.6L/100km（柴油）。小货车和重型卡车同样有类似的指标。此外，欧盟正在抓紧研发可将各种再生能源作为新燃料以达到减少温室气体排放的技术，同时还在研究如何提高燃料利用效率。根据欧盟关于2050年交通运输减排路线图，2030年在城市交通中减少一半使用传统燃料的汽车。到2050年，实现主要中心城市零二氧化碳排放的物流。同时，完成欧洲高速铁路的建设，达到现有长度的3倍，使大部分的中长途客运都转向铁路。低碳可持续的航空燃料的使用量到2050年将会达到40%。

除以上介绍的欧盟关于碳排放方面的主要政策之外，欧盟还采取各种方式促进碳减排，特别是对公民关于低碳生活对自身、社会的有益影响的宣传等，促使公民养成低碳环保的理念，建立良好的低碳经济发展氛围。

1-11 英国工业低碳发展采取了哪些措施?

英国是低碳经济的倡导者和引领者，英国低碳政策主要包括低碳立法、低碳战略、财政和税收等方面。英国除实施了欧盟规定的措施外，还采取了更多的措施来发展低碳经济。

(一) 英国现有工业低碳发展政策

(1) *低碳发展立法* 2008年《气候变化法案》正式生效。该法案以每五年为一个阶段，不同阶段英国的碳预算水平不同。法案明确提出了应该长期低碳发展目标，从法律上规定了碳排放约束。围绕《气候变化法案》，英国政府又颁布《能源法案》，规定对可再生能源发电给予补贴。

(2) *低碳发展战略* 2003年，英国政府发布能源白皮书《我们能源的未来：创建低碳经济》，首次提出低碳经济概念，指出为解决石油、天然气、煤炭产量减少所带来的问题，今后几十年，英国将更替或更新大部分能源基础设施，重点发展清洁能源，计划到2050年二氧化碳排放量降低60%，并保证每个家庭以合理价格得到充分的能源供给。2004年，英国发布《能源效率：政府实施计划》，提出到2010年，英国要节省120万吨以上碳能源，家庭节能达到340万吨能源。2009年7月，英国发布《英国低碳转型计划》，这个计划包括《英国低碳工业战略》、《可再生能源战略》和《英国低碳交通计划》三个配套文件，该计划把低碳产业作为英国经济的新增长点。

（3）低碳能源政策　1990年英国发布《非化石能源公约》，公约要求英国各地区电力公司保证所供应的电力中有一部分来自非化石，这一政策的目的是为了建立一个初级的可再生能源市场，为英国利用非化石燃料生产电力提供保障性的市场机制。1999年英国通过《可再生能源义务令》，该政策规定供电商提供的电力中必须有一定比例的电力来源于可再生能源，具体比例由政府根据可再生能源实际发展情况及市场情况确定，这一政策奠定了英国用配给制促进可再生能源发展的基础。2012年英国政府公布新的《能源法案》，主要包括调整国内能源消费结构和发展低碳经济，新法案规定，政府支持包括可再生能源、新的核能、燃气及碳捕集和封存技术等。

（4）财政税收政策　无论是1990年的《非化石能源公约》，还是2008年颁布的《能源法案》，或者2011年的《可再生能源电力强制收购进行补贴》和《可再生能源供暖补贴》，都包含有政府对可再生能源的补贴。2011年，英国政府成立碳基金，利用征收气候变化税和垃圾填埋税资金，帮助企业开发低碳技术。英国气候变化税从2001年开始在全国征收，其目的主要是为了推广可再生能源。

（5）低碳消费政策　近年来，英国还通过颁布《碳减排目标计划》、《暖风行动》和《社区能源计划》等政策，引导英国的低碳市场需求，促进低碳产品市场转型。如英国政府向社会传播节能信息和知识："充电器不用时拔下插头每年能节省约30镑、换个节能灯每年能省60镑"。这些政策虽然见效不是很明显，但它通过潜移默化地引导方式，使低碳消费日益深入人心，成为一种社会习惯。

（二）英国工业低碳政策的挑战和趋势

总体看，英国的《气候变化法案》为英国应对气候变化提供了明确的目标和整体的路线，同时《英国低碳转型计划》从工业、能源和交通三个方面为英国发展低碳经济提供了框架。可以说，英国已经突破发展低碳经济的最初瓶颈，初步形成以市场机制为主体的气候治理体系，这种体系是由政府、企业和民众共同组成的一个互动体系。在巴黎大会后的气候变化新形势下，英国的低碳经济战略将会更加有利于其低碳经济发展。

（三）英国工业低碳发展政策的借鉴

一是加快气候变化立法，使工业低碳发展有法可依，并通过立法提高政府、公众和企业对工业低碳发展的共识。二是加快推动碳排放交易市场建设，让市场机制成为推动工业低碳发展的主要机制。三是把低碳发展作为应对气候变化的重要内容，以提高产业的未来竞争力作为应对气候变化工作的出发点和归宿点。

1-12　日本实施碳减排有哪些经验？

日本是低碳发展战略启动较早的国家，长期坚持节能和资源综合利用优先战略，特别注重气候变化政策与产业、循环经济、环境政策的协调，注重中央和地方的责任划分与协同。日本高效率的低碳发展源于其极为精细化的管理和分阶段渐进式的政策，以及较高投入和市场创新。

(一) 注重能源资源使用和回收的精细化管理

日本在能源资源节约和循环利用方面进行了极为细致的分类管理，强调从源头上减少碳排放。日本的循环经济和静脉产业发展水平是全球领先的，其工业和家庭废弃物分类极为细致，从可资源化垃圾、可燃垃圾、不可燃垃圾、大型垃圾等大类出发又逐步细分，如塑料制品分为包装膜/袋类、瓶盖类、托盘类、杯盒类、瓶管类等，并对丢弃的时间和地点、污渍去除、包装袋样式都做了极为细致的规定，丢弃一个瓶子需要清洗后将瓶盖、瓶身和标签放置在 3 个不同的垃圾箱内，规定某类垃圾只能在早上 7 点之前收集，决不允许在前一天晚上就丢弃或 7 点以后再拿出。

同样的思维也出现在新碳税机制上，不同品种的煤炭、原油和成品油的税率是不同的。

这种极为细致甚至琐碎的规定造就了日本高水平的低碳管理。按照东京财团的研究评估，资源和能源节约对碳减排的贡献高于 80％。

除了把减排主要着力点放在排放量占 40％的大企业外，日本同样注重用精细化的管理解决占排放量 60％的小企业和家庭排放问题，并通过规范公众行为达到最大化减排的目的，可以说是走了一条节能减碳的“群众路线”。

此外，日本注重通过强化市场竞争，提高资源配置效率，仅东京 23 区的废弃物处理企业就超过 1100 家，可以有效实现分散垃圾分散处置，降低处置成本，提高资源回收利用率。

(二) 以分阶段渐进式策略提升资源环境政策的社会接受度

日本低碳发展并未采取激进减排手段，其政策实施往往留给市场和企业一定的调适和学习时间，使经济低碳转型更为平稳，产业竞争力不受大的影响。

以东京都碳市场建设为例，在“环境自愿行动计划”、“日本京都目标实现计划”等相关计划影响下，2002 年即着手启动，并实施了碳排放强制报告和自愿减排制度，让企业熟悉和练习有关规则，不新增过多成本。2005 年东京都政府对原计划进行修正，进一步对企业碳排放进行评估和排名，并向社会公布。2008 年，通过大量调查协商工作，特别是对利益相关者的协商、公共意见的咨询协商，才由议会通过相关决议，结束带有自愿性质的试点阶段，进入强制运行阶段。2010 年开始全面执行碳交易计划，前期阶段仅覆盖大的企业组织，到 2010 年后逐渐将中小排放单位纳入。目前，其第一履约期（2010～2014 年）已完成，全市碳排放总量下降约 6％。从地区生产总值和写字楼办公面积等数据看，该机制并未对东京都经济发展产生显著负面影响。

日本新碳税的实施也将采取阶梯式税率，分 3 个阶段实行，时间跨度从 2012 年到 2016 年。渐进式的政策给了日本实施精细化管理的时间，并让受控主体有更长的时间进行战略调整和技术布局。

(三) 以大规模的政府投入和市场融资作为支撑

日本国土面积仅为中国的 1/4，人口不及中国的 1/10，但其国家环境部门资金预算和人员编制约为中国的 10 倍，地方环境部门人员编制则为中国的 2 倍左右。日本的国家低碳环境类投资占国内生产总值的比重约为 7％～8.5％，约是中国的 5 倍，环境支出在部门支出中占比居第一位，应对气候变化支出在环境支出中占比居第一位。

除投入规模巨大外，政府的财政补贴措施也非常精细化，如在垃圾发电项目中，塑料等化石燃料制品和一般垃圾的上网电价仅为每度电 9 日元，但生物质发电的上网电价则高达每度电 15 日元。

除财政投入外，日本善于利用社会资本，创新融资模式。如大阪的光之森太阳能发电项目，首先由市政府免费提供垃圾填埋场作为建设用地，公开征集设计方案，确立方案后再向企业招标进行建设，10MW 的光伏项目参股企业多达 11 家，有效调动了各方积极性，降低了融资成本。

（四）低碳发展政策根植于民众强烈的环保意识

日本高效率的低碳发展与其社会文化有着极为密切的关系。以废弃物处理为例，地方政府管理具有很大的灵活性，并不是所有的地方都实行垃圾收费处理，很多地区是由政府财政补贴，但企业和家庭仍严格遵守垃圾精细分类丢弃的操作方法，浪费资源和乱扔垃圾不仅被认为是违法行为，也会受到邻里的鄙夷和排斥。

日本在规则设计上使得丢垃圾这件事情非常麻烦，促使消费者倾向于尽可能少地产生垃圾。同时，对家电等产品实行生产者责任延伸制度（EPR），厂家既负责生产、销售，还要负责回收，所以在最初的产品设计上就要便于回收，要可资源化并实现低成本。

日本的环保宣传十分普及，随处可见低碳宣传招贴和指导手册，非常详细且实用。如朝日啤酒罐上就印有低碳标签，消费者每消费一罐啤酒，酒厂就要拿出 1 日元用于低碳社会教育。小学生都把随手关灯、规范丢弃垃圾当成美德，反过来监督家长。

1-13 韩国工业低碳发展采取了哪些措施?

韩国经济从 20 世纪 60 年代开始快速发展，经过 30 多年的努力，实现了年均增速 8%的高速增长，到 1996 年韩国人均国民收入超过 10000 美元，成为经合组织第 29 个成员国。经济的快速增长，让韩国成为经合组织国家中碳排放增速最快的国家。为增强韩国的低碳竞争力，进入 21 世纪之后，韩国开始改变过去粗放式增长方式，积极推动工业绿色低碳发展。

韩国的工业低碳发展政策主要体现在相关战略、立法、低碳技术研发、碳交易市场、低碳金融等方面。

（一）低碳发展战略

2008 年 9 月，韩国政府出台了《低碳绿色增长战略》，把低碳绿色增长作为国家战略，提出要以绿色技术和清洁能源的增长作为未来经济增长的新动力，改革国家发展的传统模式。该战略为韩国经济未来发展提供了明确的方向，提出 2013 年，韩国主要产品的绿色产品输出比重达到 15%，绿色技术产品市场的占有率达到 8%，可再生能源普及率达到 3.8%。2009 年，韩国成立“绿色成长委员会”，开始制定《绿色成长国家战略（2009～2050）》的长期计划和《绿色成长 5 年计划（2009～2013）》的中期计划。

（二）低碳发展立法

2010 年 1 月，韩国政府制定了《低碳绿色增长基本法》，提出到 2020 年，把温室气体的排放量减少到通常情况的 30%。该法主要内容包括制定绿色发展国家战略，发展绿色产业，应对气候变化，发展新能源与可再生能源，实施低碳发展的目标管理等内容，为韩国成为国际社会上的主要绿色国家奠定了基础，也为韩国后续多方面低碳绿色发展提供了法律依据。

（三）低碳技术研发

2010 年 5 月，韩国制定绿色研发计划和绿色信息技术战略。韩国的低碳技术研发政策把绿色技术和绿色产业发展作为未来经济发展的增长新动力，通过加强绿色技术的研发投入，重点培育 LED、太阳能电池、混合动力汽车等低碳技术产品，绿色研发技术推动了韩国绿色低碳技术的发展，研发支出占比从 2006 年的 3.23%快速增长到 2012 年的 5%。韩国的低碳技术研发，还注重对传统产业的低碳绿色改造，如发展资源循环型绿色产业等。

（四）碳排放交易市场

2009 年韩国制定温室气体减排目标之后，2010 年韩国开始在首尔、釜山等 15 个城市和 23 个企业，通过自愿减排方式，进行碳交易市场试点工作。2015 年 1 月，韩国碳交易市场正式开市，它是亚洲地区第一个国家级碳交易市场，对钢铁、水泥、石化、精炼、能源、建筑、废物垃圾和航空等 23 个行业部门，年排放达到 12.5 万吨二氧化碳或年排放达到 2.5 万吨二氧化碳的装置开始进行强制减排。韩国碳排放限额的发放分三个阶段，其中 2015 年发放限额 5.73 亿吨，2016 年 5.62 亿吨，2017 年 5.51 亿吨。

（五）低碳金融体系建设

2009 年，为了促进中小企业的绿色低碳发展，韩国政府为中小企业设立低碳绿色专用基金，支持中小企业的绿色低碳项目，并为其提供税收优惠。此外设立中小企业扶持基金，推动中小企业的研发和产业化。为了引导民间资本投资绿色低碳产业，韩国政府对绿色低碳存款免征利息所得税。此外韩国政府加大节能领域企业融资支持力度，并把绿色增长基金制度化。

（六）实施绿色 IT 计划

韩国成立以企业为主导的绿色事业 IT 协会，实施“IT 部门绿化”和“IT 绿色化”。具体包括到 2020 年通信计划使用率从现在的 2.4%增加到 30%，提出使用新能源汽车和自行车，形成使用数字化教育，推动发展 IPTV（交互式网络电视），将 IT 技术应用到远程医疗系统、家庭电力网络、环境监控、智能交通、工业生产等领域。

第二章 中国碳减排政策与行动

第一节　中国碳减排政策

2-1　中国不同时期的碳减排目标是什么？

根据《联合国气候变化框架公约》、《京都议定书》的规定，发达国家具有强制性减少温室气体排放的义务，发展中国家与发达国家有共同但有区别的责任。“十一五”、“十二五”期间，尽管中国人均温室气体排放量不高，没有强制性降低温室气体排放的义务，但也尽其所能减少碳排放。

2009年9月22日，联合国气候变化峰会在纽约联合国总部举行，时任国家主席胡锦涛出席峰会开幕式。胡锦涛介绍，中国已经制定和实施了《应对气候变化国家方案》，明确提出2005年到2010年降低单位国内生产总值能耗和主要污染物排放、提高森林覆盖率和可再生能源比重等有约束力的国家指标。仅通过降低能耗一项，中国5年内可以节省能源6.2亿吨标准煤，相当于少排放15亿吨二氧化碳。今后，中国将进一步把应对气候变化纳入经济社会发展规划，并继续采取强有力的措施。一是加强节能、提高能效工作，争取到2020年单位国内生产总值二氧化碳排放量比2005年有显著下降。二是大力发展可再生能源和核能，争取到2020年非化石能源占一次能源消费比重达到15%左右。三是大力增加森林碳汇，争取到2020年森林面积比2005年增加4000万公顷，森林蓄积量比2005年增加13亿立方米。四是大力发展绿色经济，积极发展低碳经济和循环经济，研发和推广气候友好技术。

为促进哥本哈根气候变化会议领导人会议上取得突破，时任国务院总理温宝宝于2009年12月18日在大会上作《凝聚共识 加强合作》的发言，温宝宝指出：中国始终把应对气候变化作为重要战略任务。1990至2005年，单位国内生产总值二氧化碳排放强度下降46%。在此基础上，中国政府又提出，到2020年单位国内生产总值二氧化碳排放量比2005年下降40%～45%，我们的减排目标将作为约束性指标纳入国民经济和社会发展的中长期规划，保证承诺的执行受到法律和舆论的监督。这也是中国政府向国际社会正式承诺的碳减排量化目标。

中国政府做出的碳减排承诺，都采取了切实的措施，按计划完成了阶段性目标。“十一五”“十二五”的节能减排目标全部按计划完成。

随着中国经济的快速发展，尤其是成为世界第一温室气体排放大国后，中国在碳减排方面需要承担更大的责任。作为世界碳排放量第一、第二的中国和美国，也在密切合作，以促成世界各国共同行动降低碳排放。

2015 年 9 月 25 日，中国国家主席习近平同美国总统奥巴马在美国会谈后发表了《中美元首气候变化联合声明》。根据此联合声明，中国到 2030 年单位国内生产总值二氧化碳排放量将比 2005 年下降 60%～65%，森林蓄积量比 2005 年增加 45 亿立方米左右。中国将推动绿色电力调度，优先调用可再生能源发电和高能效、低排放的化石能源发电资源。中国将于 2017 年启动全国碳排放交易市场，将覆盖钢铁、电力、化工、建材、造纸和有色金属等重点工业行业。

中国政府在 2015 年巴黎气候大会前向联合国提交了应对气候变化的国家自主贡献文件。文件指出，中国计划在 2030 年之前将单位国内生产总值二氧化碳排放量比 2005 年下降 60%～65%。此外，文件还重申了到 2030 年实现非化石能源占一次能源消费比重达到 20% 左右的目标。

2-2 国家应对气候变化领导小组的职责是什么？由哪些部门组成？

为切实加强对应对气候变化和节能减排工作的领导，2007 年 6 月 12 日，国务院下发《国务院关于成立国家应对气候变化及节能减排工作领导小组的通知》（国发［2007］18 号），决定成立以国务院总理温家宝为组长的国家应对气候变化及节能减排工作领导小组。对外视工作需要可称国家应对气候变化领导小组或国务院节能减排工作领导小组，作为国家应对气候变化和节能减排工作的议事协调机构。

领导小组的主要任务是：研究制订国家应对气候变化的重大战略、方针和对策，统一部署应对气候变化工作，研究审议国际合作和谈判对案，协调解决应对气候变化工作中的重大问题。组织贯彻落实国务院有关节能减排工作的方针政策，统一部署节能减排工作，研究审议重大政策建议，协调解决工作中的重大问题。

2013 年新一届政府成立后，国务院对领导小组成员进行了调整。2013 年 7 月 3 日发布《国务院办公厅关于调整国家应对气候变化及节能减排工作领导小组组成人员的通知》（国办发［2013］72 号）。调整后的国家应对气候变化及节能减排工作领导小组由李克强总理担任组长，副组长为张高丽副总理、杨洁篪国务委员，成员包括国家发改委、工信部等 30 个部门的有关负责人。

国家应对气候变化及节能减排工作领导小组具体工作由国家发改委承担。随着各组成部门有关负责人的调整，组成人员会有相应变化，但组成部门一般不变。

为提高决策的科学性，2006 年成立了第一届国家气候变化专家委员会。2010 年 9 月，第二届国家气候变化专家委员会成立，2016 年 9 月，第三届国家气候变化专家委员会成立，中国气候变化事务特别代表解振华、中国工程院院士杜祥琬担任名誉主任，国务院参事、科技部原副部长刘燕华担任主任，中国科学院副院长丁仲礼院士、国家气候中心丁一汇院士、清华大学何建坤教授担任副主任。

2-3 我国政府管理碳排放的机构有哪些？

国家负责应对气候变化（碳减排）的主管部门是国家发改委，具体负责部门是应对气候变化司。国家发改委应对气候变化司的主要职责包括：

（1）综合研究气候变化问题的国际形势和主要国家动态，分析气候变化对我国经济社会发展的影响，提出总体对策建议。

（2）牵头拟订我国应对气候变化重大战略、规划和重大政策，组织实施有关减缓和适应气候变化的具体措施和行动，组织开展应对气候变化宣传工作，研究提出相关法律法规的立法建议。

（3）组织拟定、更新并实施应对气候变化国家方案，指导和协助部门、行业和地方方案的拟订和实施。

（4）牵头承担国家履行联合国气候变化框架公约相关工作，组织编写国家履约信息通报，负责国家温室气体排放清单编制工作。

（5）组织研究提出我国参加气候变化国际谈判的总体政策和方案建议，牵头拟订并组织实施具体谈判对案，会同有关方面牵头组织参加国际谈判和相关国际会议。

（6）负责拟订应对气候变化能力建设规划，协调开展气候变化领域科学研究、系统观测等工作。

（7）拟订应对气候变化对外合作管理办法，组织协调应对气候变化重大对外合作活动，负责开展应对气候变化的相关多边、双边合作活动，负责审核对外合作活动中涉及的敏感数据和信息。

（8）负责开展清洁发展机制工作，牵头组织清洁发展机制项目审核，会同有关方面监管中国清洁发展机制基金的活动，组织研究温室气体排放市场交易机制。

（9）承担国家应对气候变化及节能减排工作领导小组有关应对气候变化方面的具体工作，归口管理应对气候变化工作，指导和联系地方的应对气候变化工作。

（10）承办委领导交办的其他事项。

国家应对气候变化及节能减排工作领导小组其他组成部门，主要负责本单位职责范围内的碳减排工作，并与国家碳减排的总体工作一致。

各省级政府主管碳减排的部门一般都是各省发展和改革委员会。

2-4 我国“十一五”期间制订了哪些碳减排政策？

“十一五”（2006～2010年）时期是碳减排（应对气候变化、低碳发展）逐渐被全社会了解、重视的一个时期。“十一五”时期，我国碳减排领域出台的政策措施主要有完善碳减排管理体制和工作机制、加强统计核算研究及制度建设、提高科技和政策研究水平、加强碳减排教育培训等。

（一）制定相关法规和重大政策文件

制定或修订《可再生能源法》《循环经济促进法》《节约能源法》《清洁生产促进法》《水土保持法》《海岛保护法》等相关法律，颁布《民用建筑节能条例》《公共机构节能条例》《抗旱条例》，出台《固定资产投资节能评估和审查暂行办法》《高耗能特种设备节能监督管理办法》《中央企业节能减排监督管理暂行办法》等规章。开展了应对气候变化立法前期研究工作。

制定并实施《中国应对气候变化国家方案》，明确应对气候变化的指导思想、主要领域和重点任务。根据方案要求，全国31个省、自治区、直辖市均已编制完成了地方应对气候变化方案，并已全面进入组织落实阶段。应对气候变化工作已逐步纳入到各地经济社会发展的总体布局，提上了地方各级政府重要议事日程。相关部门相继出台了海洋、气象、环保等领域的行动计划和工作方案。

出台了一系列重大政策性文件，发布了《可再生能源中长期发展规划》《核电中长期发展规划》《可再生能源发展“十一五”规划》《关于加强节能工作的决定》《关于加快发展循环经济的若干意见》等重要文件。2007 年发布的《“十一五”节能减排综合性工作方案》明确了节能减排的具体目标、重点领域及政策措施，对“十一五”时期开展节能减排工作发挥了重要作用。

（二）完善管理体制和工作机制

建立并完善了由国家应对气候变化领导小组统一领导、国家发改委归口管理、各有关部门分工负责、各地方各行业广泛参与的应对气候变化管理体制和工作机制。2007 年，中国成立了国家应对气候变化领导小组，国务院总理任组长，相关 20 个部门的部长为成员。国家发改委承担领导小组的具体工作，并于 2008 年设置应对气候变化司，负责统筹协调和归口管理应对气候变化工作。中国政府有关部门相继建立了应对气候变化职能机构和工作机制，负责组织开展本领域应对气候变化工作。2010 年，在国家应对气候变化领导小组框架内设立协调联络办公室，加强了部门间协调配合，调整充实国家气候变化专家委员会，提高了应对气候变化决策的科学性。我国各省、自治区、直辖市都建立了应对气候变化工作领导小组和专门工作机构，一些副省级城市和地级市也建立了应对气候变化相关工作机构。国务院有关部门相继成立了国家应对气候变化战略研究和国际合作中心、应对气候变化研究中心等工作支持机构，一些高等院校、科研院所成立了气候变化研究机构。

（三）加强统计核算能力建设

（1）完善能源等相关统计制度　印发《节能减排统计监测及考核实施方案和办法》，进一步完善能耗核算制度，新建了 10 项能源统计制度，基本涵盖了全社会各领域能源消费。各地方完善能源统计机构设置和人员配备，加强能源统计工作。各省、自治区、直辖市均成立了能源统计机构，重点用能单位也加强了能源统计和计量工作。建立重点用能单位能源利用状况报告制度，规范重点用能单位能源利用状况报告报送工作。制定林业碳汇计量监测技术指南，推进了林业碳汇计量监测体系建设。

（2）加强温室气体排放核算　继 2004 年向《联合国气候变化框架公约》（简称《公约》）缔约方大会提交《中华人民共和国气候变化初始国家信息通报》后，组织编制中国 2005 年温室气体排放清单和第二次国家信息通报。建立中国温室气体清单数据库，发布《省级温室气体排放清单编制指南（试行）》，启动省级温室气体清单编制工作，并开展一系列培训活动。

（四）增强科技和政策研究支撑能力

（1）加强基础研究　组织编制第一次、第二次《气候变化国家评估报告》。开展气候变化与环境质量关系、温室气体与污染物协同控制、气候变化与水循环机理、气候变化与林业响应对策等研究。建立未来气候变化趋势数据集，发布亚洲地区气候变化预估数据集。组建了若干个海—气相互作用与气候变化专门实验室，开展了大量基础研究工作。

（2）推进气候友好技术研发　在国家高技术研究发展计划（“863”计划）和科技支撑计划中开展能源清洁高效利用技术、重点行业工业节能技术与装备开发、建筑节能关键技术与材料开发、重点行业清洁生产关键技术与装备开发和低碳经济产业发展模式及关键技术集成应用等节能技术研发，取得了一批具有自主知识产权的发明专利和重大成果。推动可再生能源和新能源开发利用技术、智能电网关键技术等领域的技术研发。开展温室气体提高石油采收率的资源化利用及地下埋存、咸水层封存能力评价及安全性、新型高效吸附材料的制备筛选等研发工作。在“十一五”科技支撑计划中部署气候变化影响与适应的关键技术研究、典型脆弱区域气候变化适应技术示范等项目专题，在碳排放监测方面组织开展嗅碳卫星研究。通过“863”计划和支撑计划，设立了主要农林生态系统固碳减排技术研究与示范，林业生态建设关键技术研究与示范，农业重大气候灾害监测预警与调控技术研究等项目。实施国家科技支撑计划项目《重点行业节能减排技术评估与应用研究》。2010 年国家工程研究（技术）中心、国家工程实验室分别达到 288 个和 91 个。

（五）加强教育培训

（1）将气候变化内容逐步纳入国家教育体系　中、高等院校加强环境和气候变化教育，陆续建立环境和气候变化相关专业，加强气候变化教育科研基地建设，为培养气候变化领域专业人才发挥了积极作用。

（2）加强对领导干部气候变化知识的培训　通过举办集体学习、讲座、报告会等形式，有效提高各级领导干部气候变化意识和科学管理水平。中央政府有关部门举办了气候变化、可持续发展和环境管理培训班、应对气候变化省级决策者能力建设培训班、地方政府官员清洁发展机制管理能力建设培训班、适应气候变化能力建设培训研讨班、省级温室气体清单编制能力建设培训班等。地方政府也积极开展了气候变化相关培训。

2-5　我国“十二五”期间在调整产业结构减少碳排放方面采取了哪些措施？

“十二五”期间，我国主要从五个方面实施碳减排：调整产业结构、节能与提高能效、优化能源结构、控制非能源活动温室气体排放、增加森林碳汇。

我国仍处于工业化阶段，高耗能、高排放产业占比重较大，因此，进行产业结构调整以降低碳排放是必要的，也是实现碳减排的重要措施之一。“十二五”期间，我国通过以下四项主要措施进行产业结构调整。

（一）推动传统产业改造升级

2015 年 5 月，国务院公布《中国制造 2025》（国发［2015］28 号），提出要把中国建设成为引领世界制造业发展的制造强国，并提出 9 大任务、10 大重点领域和 5 项重大工程。国家发改委、工业和信息化部等有关部门“十二五”期间为促进产业改造升级，印发的主要文件有：《关于部分产能严重过剩行业在建项目产能置换有关事项的通知》《2014 年工业绿色发展专项行动实施方案》《重大环保技术装备与产品产业化工程实施方案》《关于重点产业布局调整和产业转移的指导意见》《石化产业规划布局方案》《产业结构调整指导目录（2011 年本）》《全国老工业基地调整改造规划（2013～2022 年）》《工业转型升级规划（2011～2015 年）》《关于抑制部分行业产能过剩和重复建设引导产业健康发展的若干意见》等。

（二）加快淘汰落后产能

2013 年 10 月，国务院印发《关于化解产能严重过剩矛盾的指导意见》，提出了尊重规律、分业施策、多管齐下、标本兼治的总原则，并根据行业特点，分别提出了钢铁、水泥、电解铝、平板玻璃、船舶等行业分业施策意见，确定了化解产能过剩矛盾的 8 项主要任务。工业和信息化部 2013 年 7 月及 2014 年 8 月，分别公布第一批及第二批炼铁、炼钢、焦炭等 19 个工业行业淘汰落后产能企业名单。2014 年 3 月，国家能源局、国家煤矿安全监察局联合印发《关于做好 2014 年煤炭行业淘汰落后产能工作的通知》，2014 年 6 月，国家安全生产监督管理总局、国家煤矿安全监察局、国家发改委等 12 部门联合发布《关于加快落后小煤矿关闭退出工作的通知》。2013 年共关停小火电机组 447 万千瓦，淘汰炼铁 618 万吨、炼钢 884 万吨、电解铝 27 万吨、水泥（熟料及磨机）10578 万吨、平板玻璃 2800 万重量箱，涉及企业 1500 多家。2011 年工业和信息化部、国家发改委等有关部门联合印发《关于印发淘汰落后产能工作考核实施方案的通知》《关于做好淘汰落后产能和兼并重组企业职工安置工作的意见》《高耗能落后机电设备（产品）淘汰目录（第二批）》等，加强对淘汰落后产能工作的检查考核，督促指导各地切实做好企业职工安置工作。2011 年，全国共关停小火电机组 800 万千瓦左右，淘汰落后炼铁产能 3192 万吨、炼钢产能 2846 万吨、水泥（熟料及磨机）产能 1.55 亿吨、焦炭产能 2006 万吨、平板玻璃 3041 万重量箱、造纸产能 830 万吨、电解铝产能 63.9 万吨、铜冶炼产能 42.5 万吨、铅冶炼产能 66.1 万吨、煤产能 4870 万吨。

（三）扶持战略性新兴产业发展

战略性新兴产业是以重大技术突破和重大发展需求为基础，对经济社会全局和长远发展具有重大引领带动作用，知识技术密集、物质资源消耗少、成长潜力大、综合效益好的产业。2010 年 10 月，国务院发布《关于加快培育和发展战略性新兴产业的决定》（国发[2010] 32 号），明确了培育发展战略性新兴产业的总体思路、重点任务和政策措施。选择战略性新兴产业重点领域，实施了若干重大工程，建设了一批重大项目。加快建设国家创新体系，实施知识创新工程和技术创新工程，加强重大技术攻关。启动新兴产业创投计划，支持节能环保、新能源等战略性新兴产业领域的创新企业成长。

2012 年 7 月，国务院印发了《“十二五”国家战略性新兴产业发展规划》（国发[2012] 28 号），明确我国节能环保、新一代信息技术、生物、高端装备制造、新能源、新材料、新能源汽车等 7 个战略性新兴产业重点领域。国务院有关部门陆续制定并发布了 7 个重点产业专项规划以及现代生物制造等 20 多个专项科技发展规划，制定并发布了《战略性新兴产业重点产品和服务指导目录》《战略性新兴产业分类（2012）》《关于加强战略性新兴产业知识产权工作的若干意见》等相关政策措施。北京、上海等 26 个省市相继发布战略性新兴产业发展的规划或指导意见。新兴产业创投计划支持设立创业投资基金已达 138 只，资金规模达 380 亿元，其中主要投资于节能环保和新能源领域的基金有 38 只，规模近 110 亿元。

2015 年 4 月，国家发改委印发了《战略性新兴产业专项债券发行指引》的通知，加大企业债券对培育和发展战略性新兴产业的支持力度。2015 年 8 月，国务院批准筹备设立国家新兴产业创业投资引导基金，总规模为 400 亿元人民币，重点支持处于起步阶段的创新型企业。工业和信息化部先后印发了《关于进一步优化光伏企业兼并重组市场环境的意见》《2015 年原材料工业转型发展工作要点》，启动实施智能制造试点示范专项行动。

（四）大力发展服务业

服务业总体能耗及单位 GDP 能耗较低，提升服务业在国民经济中的比重，是促进产业结构优化、推动节能减排和低碳发展的重要措施。

为贯彻落实《国务院关于加快发展服务业的若干意见》《国务院办公厅关于加快发展服务业若干政策措施的实施意见》等政策文件。2012 年 12 月，国务院印发了《服务业发展“十二五”规划》，明确“十二五”时期是推动服务业大发展的重要时期，努力实现提高服务业比重、提升服务业水平、推进服务业改革开放等发展目标，构建结构优化、水平先进、开放共赢、优势互补的服务业发展格局。

2014 年 8 月，国务院印发《关于加快发展生产性服务业促进产业结构调整升级的指导意见》，首次对生产性服务业发展做出全面部署，指出要以推动生产性服务业加快发展作为国家产业结构调整的重要任务，明确了鼓励企业向价值链高端发展、推进农业生产和工业制造现代化、加快生产制造与信息技术服务融合的生产性服务业三大发展导向，提出了研发设计、融资租赁、信息技术服务、节能环保服务、检验检测认证等十一个重点领域的主要任务。

经过几年努力，中国产业结构不断优化。2010 年，中国第一产业增加值占国内生产总值的比重为 10.2%，第二产业为 46.8%，第三产业为 43.0%。2015 年，三种产业结构优化为 9.0%、40.5%、50.5%，产业结构调整对碳排放强度下降目标完成的贡献率越来越大。

2-6 我国“十二五”期间采取了哪些节能与提高能效的措施以减少碳排放?

碳排放主要是由于能源的使用引起，因此，节约能源与提高能效成为碳减排的最重要措施。为此，国家有关部门“十二五”期间重点采取强化节能管理及考核、实施节能重点工程、推广节能技术与产品、完善节能标准标识、推进建筑和交通领域节能等节能措施，以降低能源消耗，减少碳排放。

（一）强化节能管理及考核

为促进节能减排，国务院 2011 年 8 月正式发布《“十二五”节能减排综合性工作方案》（国发［2011］26 号），分解下达“十二五”节能目标，实施地区目标考核与行业目标评价相结合、落实五年目标与完成年度目标相结合、年度目标考核与进度跟踪相结合，并按季度发布各地区节能目标完成情况晴雨表。工业和信息化部发布了《工业节能“十二五”规划》；住房城乡建设部发布了《关于落实＜国务院关于印发“十二五”节能减排综合性工作方案的通知＞的实施方案》《“十二五”建筑节能专项规划》和《关于加快推动我国绿色建筑发展的实施意见》；交通运输部发布了《关于公路水路交通运输行业落实国务院“十二五”节能减排综合性工作方案的实施意见》及部门分工方案，印发了《交通运输行业“十二五”控制温室气体排放工作方案》；国务院机关事务管理局发布了《公共机构节能“十二五”规划》。

2014 年 5 月，国务院印发了《2014～2015 年节能减排低碳发展行动方案》，全面安排部署了 2014 年及 2015 年节能减排降碳工作。国家发改委发布《进一步加大节能工作力度确保完成“十二五”节能目标任务的通知》，会同有关部门对全国 31 个省（区、直辖市）年度节能和控制能源消费总量目标完成和措施落实情况进行了现场考核。

为加强重点企业节能管理，工业和信息化部组织制定并发布《有色金属、石化和化工等行业节能减排指导意见》，推进高耗能行业工业企业能源管理中心建设。

（二）加快实施节能重点工程

继“十一五”实施十大重点节能改造工程后，国家发改委“十二五”继续组织实施锅炉（窑炉）改造、电机系统节能、节约和替代石油、能量系统优化、余热余压利用、建筑节能、绿色照明等重点节能改造工程。发布了《中国逐步淘汰白炽灯路线图》，从 2012 年 10 月 1 日起逐步禁止进口和销售普通照明白炽灯。

（三）推广节能技术与产品

2011～2013 年，国家发改委连续发布了《国家重点节能技术推广目录（第 4～6 批）》，2014 年，国家发改委印发《节能低碳技术推广管理暂行办法》，之后发布了《国家重点节能低碳技术推广目录（2014 年本）》、《国家重点节能低碳技术推广目录（2015 年本）》，并对《国家重点节能技术推广目录（第 1～6 批）》进行修订，以加快节能低碳技术进步和推广普及。

实施节能产品惠民工程，发布第一批及第二批节能环保汽车推广目录和第六批高效节能电机推广目录，以财政补贴方式推广节能灯 1 亿只。印发《能效“领跑者”制度实施方案》《“能效之星”产品目录》和《节能机电设备（产品）推荐目录》。

国家发改委、财政部等部门组织实施节能产品惠民工程，推广高效节能家电 1.3 亿台、节能汽车 265 万辆、高效电机 2500 万千瓦，拉动绿色消费 1.4 万亿元，实现节能 2000 万吨标准煤。国家认监委会同国家发改委联合印发《低碳产品认证管理暂行办法》，建立了中国的低碳产品认证制度，公布了包括通用硅酸盐水泥等 4 种产品在内的《低碳产品认证目录（第一批）》，27 家企业获得低碳产品认证证书。科技部组织编制并发布了《节能减排与低碳技术成果转化推广清单（第一批）》，工业和信息化部发布《“能效之星”产品目录（2013）》以及两批工业领域节能减排电子信息应用技术目录、四批节能机电设备（产品）推广目录。

2012 年，工业和信息化部、科技部、财政部联合发布了《关于加强工业节能减排先进适用技术遴选评估与推广工作的通知》，筛选出钢铁、化工、建材等 11 个重点行业首批 600 余项节能减排先进适用技术，发布《节能机电设备（产品）推荐目录（第三批）》《高耗能落后机电设备（产品）淘汰目录（第二批）》，完成了工业节能减排技术信息平台建设。印发《2013 年工业节能与绿色发展专项行动实施方案》《关于组织实施电机能效提升计划（2013～2015 年）的通知》《关于加强内燃机工业节能减排的意见》，大力推进了重点行业电机系统节能改造及内燃机节能减排技术及新产品推广应用。

（四）进一步完善节能标准标识

2012 年，国家发改委、国家标准化管理委员会联合实施了“百项能效标准推进工程”，建立“百项能效标准推进工程”绿色通道，截至 2015 年 9 月，共发布强制性能耗限额标准 105 项，强制性产品能效标准 70 项。住房城乡建设部批准发布了《建筑能效标识技术标准》《城镇供热系统节能技术规范》等 10 个行业标准。完善节能与新能源汽车标准体系，工业和信息化部等部门累计发布 60 多项新能源汽车相关标准。实施能效标识、节能产品认证，能效标识已覆盖主要终端用能产品。

（五）大力发展循环经济

2012 年 12 月 12 日，国务院常务会议研究部署发展循环经济，讨论通过《“十二五”循环经济发展规划》。国家发改委印发了《关于组织开展循环经济示范城市（县）创建工作的通知》，提出到 2015 年选择 100 个左右城市（区、县）开展国家循环经济示范城市（县）创建工作。2015 年，国家发改委制定了《2015 年循环经济推进计划》，完成国家两批循环经济示范试点验收，组织开展 2015 年园区循环化改造示范试点、国家“城市矿产”示范基地和餐厨废弃物资源化利用和无害化处理试点城市的评审，确定 25 个园区循环化改造示范试点，4 个“城市矿产”示范基地和 17 个餐厨废弃物资源化利用和无害化处理试点城市。

（六）推进建筑领域节能

2013 年 1 月 1 日，国务院办公厅转发国家发改委、住房城乡建设部联合编制的《绿色建筑行动方案》（国办发〔2013〕1 号），住房城乡建设部发布了“十二五”建筑节能专项规划。按照《绿色建筑行动方案》要求，国家发改委、住房城乡建设部推进绿色建筑行动，同时继续开展既有建筑的改造。截至 2015 年底，全国城镇新建建筑全面执行节能强制性标准。北方采暖地区、夏热冬冷及夏热冬暖地区全面执行更高水平节能设计标准，积极开展被动式超低能耗绿色建筑示范，取得了很好的节能减碳效果。

（七）推进交通领域节能

交通运输部进一步调整优化交通运输节能减排与应对气候变化重点支持领域，不断加大政策支持力度，组织开展“车、船、路、港”千家企业低碳交通运输专项行动，出台了《关于加强城市步行和自行车交通系统建设的指导意见》，通过城市步行和自行车交通系统示范项目，引导各地加强城市步行和自行车交通建设。科技部在全国 25 个试点城市组织开展“十城千辆”节能新能源汽车示范推广应用工程。

2014 年，交通运输部发布《交通运输节能减排项目节能减排量和节能减排投资额核算细则（2014 年版）》。开展绿色循环低碳交通制度框架设计，发布绿色交通省份、城市、公路、港口评价指标体系。推进能耗监测试点工作，在北京、邯郸、济源、常州、南通、淮安 6 个城市开展交通运输能耗监测试点，组织开展公路水路运输企业能耗统计监测试点，全年共监测公路水路企业 125 家。严格实施道路运输车辆燃料消耗量限值标准，累计发布 31 批、3 万余个达标车型。发布《乘用车燃料消耗量限值》、《重型商用车燃料消耗量限值》及《关于加快新能源汽车在交通运输行业推广应用的实施意见》等文件。

经过各方努力，“十二五”期间全国单位国内生产总值能耗累计下降 18.4%。2015 年，全国能源消费总量 43 亿吨标准煤，同比增长 0.9%，“十二五”期间年均增速 3.6%，较“十一五”期间年均增速低 3.1 个百分点。

2-7 我国“十二五”期间在优化能源结构减少碳排放方面采取了哪些措施？

根据我国能源特点，重点采取推进煤炭清洁高效利用、化石能源清洁化利用、大力发展非化石能源三种措施。

（一）推进煤炭减量及清洁高效利用

煤炭是典型的高碳能源，提供相同的能量，若使用煤炭，比使用天然气会造成更多的碳排放。

2014 年国务院印发《能源发展战略行动计划（2014～2020 年）》，明确提出 2020 年我国能源发展目标，实施煤炭消费减量替代，降低煤炭消费比重，京津冀鲁、长三角和珠三角等要削减区域煤炭消费总量。2014 年 12 月，国家发改委会同有关部门印发《重点地区煤炭消费减量替代管理暂行办法》，对北京市、天津市、河北省、山东省、上海市、江苏省、浙江省和广东省的珠三角地区提出煤炭消费减量替代工作目标及方案，2015 年 5 月，国家发改委、环境保护部、国家能源局印发《加强大气污染治理重点城市煤炭消费总量控制工作方案》，提出空气质量相对较差前 10 位城市煤炭消费总量较上一年度实现负增长的目标。

环境保护部、国家发改委等有关部门联合印发《京津冀及周边地区落实大气污染防治行动计划实施细则》，明确提出到 2017 年底，北京市、天津市、河北省和山东省压减煤炭消费总量 8300 万吨，其中，北京市净削减原煤 1300 万吨，天津市净削减 1000 万吨，河北省净削减 4000 万吨，山东省净削减 2000 万吨。2014 年 7 月，国家发改委、国家能源局印发《京津冀地区散煤清洁化治理工作方案》，通过散煤减量替代与清洁化替代并举等措施，力争到 2017 年底解决京津冀地区民用散煤清洁化利用问题。广东、江西、重庆提出到 2017 年煤炭占比分别下降到 36%、65%及 60%以下。2014 年 3 月，环境保护部发布《关于落实大气污染防治行动计划严格环境影响评价准入的通知》，从环评受理和审批的角度，提出实行煤炭总量控制地区的燃煤项目必须有明确的煤炭减量替代方案。2014 年 3 月，国家发改委、能源局及环境保护部联合印发《能源行业加强大气污染防治工作方案》，从能源行业发展角度提出要加强能源消费总量控制，逐步降低煤炭消费比重，制定国家煤炭消费总量中长期控制目标。

（二）推动化石能源清洁化利用

为推进煤炭清洁高效利用，2014 年国家发改委等六部门印发《商品煤质量管理暂行办法》，提高煤炭质量和利用效率。2014 年 10 月，国家发改委会同环境保护部、质检总局等印发《燃煤锅炉节能环保综合提升工程实施方案》，以保障燃煤锅炉安全经济运行，提高能效，减少污染物排放。为推动天然气利用步伐，2014 年 3 月，国家能源局印发《能源行业加强大气污染防治工作方案》，提出天然气增加供应的具体目标及任务。2014 年 4 月，国家发改委印发《关于建立保障天然气稳定供应长效机制的若干意见》，提出保障天然气长期稳定供应的任务及措施。2014 年 7 月，国家能源局发布《关于规范煤制油、煤制天然气产业科学有序发展的通知》，规范煤制油、煤制气项目，并提出了能源转化效率、能耗、二氧化碳排放量等准入值。2014 年 11 月，国家发改委会同有关部门发布了《天然气分布式能源示范项目实施细则》，进一步推动天然气分布式能源发展。

2014 年 9 月，国家发改委、环境保护部、国家能源局印发《煤电节能减排升级与改造行动计划（2014～2020 年）》，提出要推行更严格能效环保标准，加快燃煤发电升级与改造，努力实现供电煤耗、污染排放、煤炭占能源消费比重“三降低”和安全运行质量、技术装备水平、电煤占煤炭消费比重“三提高”，以进一步提升煤电高效清洁发展水平；实施了一批煤电环保改造示范项目和节能升级改造示范项目，确定了 4 个燃煤电厂作为国家煤电节能减排示范基地和示范电站，分解落实行动计划目标任务，积极推进煤炭高效清洁利用。2013 年 2 月，为科学高效开发利用煤层气资源，国家能源局制定了《煤层气产业政策》；10 月，为落实《页岩气发展规划（2011～2015）》、推进页岩气产业健康发展、提高天然气供应能力，国家能源局制定了《页岩气产业政策》。2014 年 7 月国家能源局发布《关于规范煤制油、煤制天然气产业科学有序发展的通知》，规范煤制油煤制气项目，提出“坚持量水而行、坚持清洁高效转化、坚持示范先行、坚持科学合理布局、坚持自主创新”的原则，并提出了能源转化效率、能耗、水耗、二氧化碳排放和污染物排放等准入值。此外，为落实《大气污染防治行动计划》、积极推进协同控制以减少化石能源二氧化碳排放，环境保护部研究提出了中国钢铁、水泥和交通三个重点行业的大气污染物与温室气体协同控制的综合对策建议。

2012 年 10 月，国家发改委印发《天然气发展十二五规划》，提出到 2015 年中国天然气供应能力达到 1760 亿立方米左右。2013 年 9 月，国务院下发《大气污染防治行动计划》，进一步强化控制煤炭消费总量、加快清洁能源替代利用的目标和要求，大幅提升控制化石燃料消耗、发展清洁能源的工作力度。

（三）大力发展非化石能源

非化石能源的使用，不排放或极少排放 CO_2。为促进非化石能源的使用，国家能源局组织制定了《可再生能源发展“十二五”规划》和水电、风电、太阳能、生物质能四个专题规划，提出了到 2015 年中国可再生能源发展的总体目标、主要措施等。国家发改委、国家能源局等先后发布《关于完善抽水蓄能电站价格形成机制有关问题的通知》、《关于进一步落实分布式光伏发电有关政策的通知》、《关于做好 2015 年度风电并网消纳有关工作的通知》、《可再生能源发展专项资金管理暂行办法》等政策文件，支持可再生能源的发展。

2013 年 7 月，国务院印发《国务院关于促进光伏产业健康发展的若干意见》，明确了开拓光伏应用市场、加快产业结构调整和技术进步、规范产业发展秩序、完善并网管理和服务等政策措施。能源局先后印发了《太阳能发电发展“十二五”规划》《生物质能发展“十二五”规划》《关于促进地热能开发利用的指导意见》，明确了“十二五”时期中国太阳能、生物质能、地热能发展的指导思想、基本原则、发展目标、规划布局和建设重点，提出了保障措施和实施机制。继续加大对可再生能源的投资。

“十二五”时期，我国非化石能源占一次能源消费比重从2010年的8.6%提高到2015年的12%。

2-8 我国在控制非能源活动减少温室气体排放方面采取了哪些措施？

2011年12月国务院印发《“十二五”控制温室气体排放工作方案》（国发［2011］41号），关于控制非能源活动温室气体排放，要求控制工业生产过程温室气体排放，继续推广利用电石渣、造纸污泥、脱硫石膏、粉煤灰、矿渣等固体工业废渣和火山灰等非碳酸盐原料生产水泥，加快发展新型低碳水泥，鼓励使用散装水泥、预拌混凝土和预拌砂浆；鼓励采用废钢电炉炼钢-热轧短流程生产工艺；推广有色金属冶炼短流程生产工艺技术；减少石灰土窑数量；通过改进生产工艺，减少电石、制冷剂、己二酸、硝酸等行业工业生产过程温室气体排放。通过改良作物品种、改进种植技术，努力控制农业领域温室气体排放；加强畜牧业和城市废弃物处理和综合利用，控制甲烷等温室气体排放增长。积极研发并推广应用控制氢氟碳化物、全氟化碳和六氟化硫等温室气体排放技术，提高排放控制水平。

国家发改委会同外交部、财政部、环境保护部等有关部门，积极组织开展控制氢氟碳化物的重点行动，印发《关于组织开展氢氟碳化物处置相关工作的通知》，2014年分两批下达了氢氟碳化物削减重大示范项目中央预算内投资计划，用于支持有关企业新建三氟甲烷（HFC-23）焚烧装置。环境保护部制订依据《蒙特利尔议定书》加速淘汰含氢氯氟烃的管理计划，积极参与国家三氟甲烷销毁处置的规则制订，并协助国家开展三氟甲烷销毁处置的核查工作，努力推动臭氧层保护与应对气候变化的协同增效；积极组织开展非二氧化碳类温室气体相关研究，开展“应对气候变化与大气污染治理协同控制政策研究”项目。

2-9 我国在增加森林碳汇减少碳排放方面采取了哪些措施？

2011年，国家林业局制定了《林业应对气候变化“十二五”行动要点》，提出加快推进造林绿化、全面开展森林抚育经营、加强森林资源管理、强化森林灾害防控、培育新兴林业产业等5项林业减缓气候变化主要行动；发布了《全国造林绿化规划纲要（2011～2020年）》和《林业发展“十二五”规划》，明确了今后一个时期林业生态建设的目标任务。继续实施退耕还林、“三北”和长江重点防护林工程，推进京津风沙源治理工程和石漠化综合治理工程，开展珠江、太行山等防护林体系和平原绿化建设，启动天保二期工程。

为增加森林碳汇，国家继续实施“三北”重点防护林工程、长江中下游地区重点防护林工程、退耕还林工程、天然林保护工程、京津风沙源治理工程等生态建设项目，开展碳汇造林试点，加强林业经营及可持续管理，提高森林蓄积量。中央财政提高了造林投入补助标准，每亩补助由100元人民币提高到200元人民币，建立了中国绿色碳汇基金会。

为提高农田和草地碳汇，国家在草原牧区落实草畜平衡和禁牧、休牧、划区轮牧等草原保护制度，控制草原载畜量，遏止草原退化。扩大退牧还草工程实施范围，加强人工饲草地和灌溉草场的建设。加强草原灾害防治，提高草原覆盖度，增加草原碳汇。

2016年5月，国家林业局发布了《林业应对气候变化“十三五”行动要点》，明确提出“十三五”林业应对气候变化工作应坚持林业行动目标与国家应对气候变化战略规划相衔接，坚持减缓与适应协同推进，坚持增加林业碳吸收与减少林业碳排放同步加强，坚持国内工作与国际谈判互为促进，坚持政府主导与社会参与有机结合的原则。

“十三五”主要目标：到2020年，全国林地保有量达到31230万公顷，森林面积在2005年基础上增加4000万公顷，森林覆盖率达到23%以上，森林蓄积量达到165亿立方米以上，湿地面积不低于8亿亩，50%以上可治理沙化土地得到治理，森林植被总碳储量达到95亿吨左右，森林、湿地生态系统固碳能力不断提高。到2020年，林业应对气候变化组织管理体系、政策法规体系、技术标准体系、计量监测体系更加健全，基础能力和队伍建设有效夯实，林业服务国家应对气候变化工作大局的能力明显增强。具体包括七项主要行动：增加林业碳汇、减少林业排放、提升林业适应能力、强化科技支撑、加强碳汇计量监测、探索推进林业碳汇交易、增进国际交流与合作。

2-10 我国发布的碳减排标准有哪些？

截至2016年7月31日，国家标准主管部门发布的碳减排标准有温室气体核算标准11项，如表2-1。

表2-1　温室气体排放核算标准

标准号	标准名称	实施日期
GB/T 32150—2015	工业企业温室气体排放核算和报告通则	2016-06-01
GB/T 32151.1—2015	温室气体排放核算与报告要求 第1部分：发电企业	2016-06-01
GB/T 32151.2—2015	温室气体排放核算与报告要求 第2部分：电网企业	2016-06-01
GB/T 32151.3—2015	温室气体排放核算与报告要求 第3部分：镁冶炼企业	2016-06-01
GB/T 32151.4—2015	温室气体排放核算与报告要求 第4部分：铝冶炼企业	2016-06-01
GB/T 32151.5—2015	温室气体排放核算与报告要求 第5部分：钢铁生产企业	2016-06-01
GB/T 32151.6—2015	温室气体排放核算与报告要求 第6部分：民用航空企业	2016-06-01
GB/T 32151.7—2015	温室气体排放核算与报告要求 第7部分：平板玻璃生产企业	2016-06-01
GB/T 32151.8—2015	温室气体排放核算与报告要求 第8部分：水泥生产企业	2016-06-01
GB/T 32151.9—2015	温室气体排放核算与报告要求 第9部分：陶瓷生产企业	2016-06-01
GB/T 32151.10—2015	温室气体排放核算与报告要求 第10部分：化工生产企业	2016-06-01

2-11 我国强制性能源消耗限额标准有哪些？

能源使用是造成温室气体排放的主要原因，因此，节约能源一直是碳减排的主要措施。截至2016年7月31日，国家发布的能源消耗限额标准（强制性标准）104项（见表2-2）。此外，还有节约能源的技术标准数百项及部分省市发布的能耗限额地方标准。

表2-2　强制性能源消耗限额标准

标准号	标准名称	实施日期
GB 32033—2015	金矿选冶单位产品能源消耗限额	2016-10-01
GB 32034—2015	金精炼单位产品能源消耗限额	2016-10-01
GB 32048—2015	乙二醇单位产品能源消耗限额	2016-10-01
GB 32035—2015	尿素单位产品能源消耗限额	2016-10-01

续表

标准号	标准名称	实施日期
GB 32044—2015	糖单位产品能源消耗限额	2016-10-01
GB 32047—2015	啤酒单位产品能源消耗限额	2016-10-01
GB 32051—2015	钛白粉单位产品能源消耗限额	2016-10-01
GB 32053—2015	苯乙烯单位产品能源消耗限额	2016-10-01
GB 32050—2015	电弧炉冶炼单位产品能源消耗限额	2016-10-01
GB 32032—2015	金矿开采单位产品能源消耗限额	2016-10-01
GB 32046—2015	电工用铜线坯单位产品能源消耗限额	2016-10-01
GB 21343—2015	电石单位产品能源消耗限额	2016-10-01
GB 21344—2015	合成氨单位产品能源消耗限额	2016-10-01
GB 21345—2015	黄磷单位产品能源消耗限额	2016-10-01
GB 31823—2015	集装箱码头单位产品能源消耗限额	2016-07-01
GB 31824—2015	1,4-丁二醇单位产品能源消耗限额	2016-07-01
GB 31830—2015	二苯基甲烷二异氰酸酯单位产品能源消耗限额	2016-07-01
GB 31829—2015	碳酸氢铵单位产品电耗限额	2016-07-01
GB 31828—2015	甲苯二异氰酸酯单位产品能源消耗限额	2016-07-01
GB 31827—2015	干散货码头单位产品能源消耗限额	2016-07-01
GB 31826—2015	聚丙烯单位产品能源消耗限额	2016-07-01
GB 29436.1—2012	甲醇单位产品能源消耗限额　第1部分:煤制甲醇	2013-10-01
GB 29436.2—2015	甲醇单位产品能源消耗限额　第2部分:天然气制甲醇	2016-07-01
GB 29436.3—2015	甲醇单位产品能源消耗限额　第3部分:合成氨联产甲醇	2016-07-01
GB 29436.4—2015	甲醇单位产品能源消耗限额　第4部分:焦炉煤气制甲醇	2016-07-01
GB 31825—2015	制浆造纸单位产品能源消耗限额	2016-07-01
GB 31533—2015	精对苯二甲酸单位产品能源消耗限额	2016-06-01
GB 31534—2015	对二甲苯单位产品能源消耗限额	2016-06-01
GB 31535—2015	二甲醚单位产品能源消耗限额	2016-06-01
GB 31335—2014	铁矿露天开采单位产品能源消耗限额	2016-01-01
GB 31339—2014	铝及铝合金线坯及线材单位产品能源消耗限额	2016-01-01
GB 31338—2014	工业硅单位产品能源消耗限额	2016-01-01
GB 31337—2014	铁矿选矿单位产品能源消耗限额	2016-01-01
GB 31340—2014	钨精矿单位产品能源消耗限额	2016-01-01
GB 31336—2014	铁矿地下开采单位产品能源消耗限额	2016-01-01
GB 25324—2014	铝电解用石墨质阴极炭块单位产品能源消耗限额	2015-10-01
GB 25325—2014	铝电解用预焙阳极单位产品能源消耗限额	2015-10-01
GB 21351—2014	铝合金建筑型材单位产品能源消耗限额	2015-01-01
GB 21250—2014	铅冶炼企业单位产品能源消耗限额	2015-01-01
GB 30530—2014	有机硅环体单位产品能源消耗限额	2015-01-01
GB 30529—2014	乙酸乙烯酯单位产品能源消耗限额	2015-01-01

续表

标准号	标准名称	实施日期
GB 30528—2014	聚乙烯醇单位产品能源消耗限额	2015-01-01
GB 30527—2014	聚氯乙烯树脂单位产品能源消耗限额	2015-01-01
GB 30526—2014	烧结墙体材料单位产品能源消耗限额	2015-01-01
GB 21249—2014	锌冶炼企业单位产品能源消耗限额	2015-01-01
GB 21248—2014	铜冶炼企业单位产品能源消耗限额	2015-01-01
GB 21349—2014	锑冶炼企业单位产品能源消耗限额	2015-01-01
GB 21348—2014	锡冶炼企业单位产品能源消耗限额	2015-01-01
GB 21257—2014	烧碱单位产品能源消耗限额	2015-01-01
GB 21256—2013	粗钢生产主要工序单位产品能源消耗限额	2014-10-01
GB 21251—2014	镍冶炼企业单位产品能源消耗限额	2015-01-01
GB 21252—2013	建筑卫生陶瓷单位产品能源消耗限额	2014-12-01
GB 30184—2013	沥青基防水卷材单位产品能源消耗限额	2014-12-01
GB 30183—2013	岩棉、矿渣棉及其制品单位产品能源消耗限额	2014-12-01
GB 30182—2013	摩擦材料单位产品能源消耗限额	2014-12-01
GB 30181—2013	微晶氧化铝陶瓷研磨球单位产品能源消耗限额	2014-12-01
GB 30180—2013	煤制烯烃单位产品能源消耗限额	2014-12-01
GB 30179—2013	煤制天然气单位产品能源消耗限额	2014-12-01
GB 30178—2013	煤直接液化制油单位产品能源消耗限额	2014-12-01
GB 30185—2013	铝塑板单位产品能源消耗限额	2014-12-01
GB 21258—2013	常规燃煤发电机组单位产品能源消耗限额	2014-09-01
GB 30252—2013	光伏压延玻璃单位产品能源消耗限额	2014-09-01
GB 30251—2013	炼油单位产品能源消耗限额	2014-09-01
GB 30250—2013	乙烯装置单位产品能源消耗限额	2014-09-01
GB 21340—2013	平板玻璃单位产品能源消耗限额	2014-09-01
GB 21346—2013	电解铝企业单位产品能源消耗限额	2014-09-01
GB 29994—2013	煤基活性炭单位产品能源消耗限额	2014-11-01
GB 29995—2013	兰炭单位产品能源消耗限额	2014-11-01
GB 29996—2013	水煤浆单位产品能源消耗限额	2014-11-01
GB 21342—2013	焦炭单位产品能源消耗限额	2014-10-01
GB 21350—2013	铜及铜合金管材单位产品能源消耗限额	2014-08-01
GB 16780—2012	水泥单位产品能源消耗限额	2013-10-01
GB 29451—2012	铸石单位产品能源消耗限额	2013-10-01
GB 29439—2012	硫酸钾单位产品能源消耗限额	2013-10-01
GB 29438—2012	聚甲醛单位产品能源消耗限额	2013-10-01
GB 29437—2012	工业冰醋酸单位产品能源消耗限额	2013-10-01
GB 29435—2012	稀土冶炼加工企业单位产品能源消耗限额	2013-10-01
GB 29413—2012	锗单位产品能源消耗限额	2013-10-01

续表

标准号	标准名称	实施日期
GB 29446—2012	选煤电力消耗限额	2013-10-01
GB 29445—2012	煤炭露天开采单位产品能源消耗限额	2013-10-01
GB 29444—2012	煤炭井工开采单位产品能源消耗限额	2013-10-01
GB 29443—2012	铜及铜合金棒材单位产品能源消耗限额	2013-10-01
GB 29442—2012	铜及铜合金板、带、箔材单位产品能源消耗限额	2013-10-01
GB 29441—2012	稀硝酸单位产品能源消耗限额	2013-10-01
GB 29440—2012	炭黑单位产品能源消耗限额	2013-10-01
GB 29450—2012	玻璃纤维单位产品能源消耗限额	2013-10-01
GB 29449—2012	轮胎单位产品能源消耗限额	2013-10-01
GB 29448—2012	钛及钛合金铸锭单位产品能源消耗限额	2013-10-01
GB 29447—2012	多晶硅企业单位产品能源消耗限额	2013-10-01
GB 29145—2012	焙烧钼精矿单位产品能源消耗限额	2013-10-01
GB 29141—2012	工业硫酸单位产品能源消耗限额	2013-10-01
GB 29140—2012	纯碱单位产品能源消耗限额	2013-10-01
GB 29139—2012	磷酸二铵单位产品能源消耗限额	2013-10-01
GB 29138—2012	磷酸一铵单位产品能源消耗限额	2013-10-01
GB 29137—2012	铜及铜合金线材单位产品能源消耗限额	2013-10-01
GB 29136—2012	海绵钛单位产品能源消耗限额	2013-10-01
GB 29146—2012	钼精矿单位产品能源消耗限额	2013-10-01
GB 21347—2012	镁冶炼企业单位产品能源消耗限额	2013-10-01
GB 26756—2011	铝及铝合金热挤压棒材单位产品能源消耗限额	2011-11-01
GB 25323—2010	再生铅单位产品能源消耗限额	2012-03-01
GB 25327—2010	氧化铝企业单位产品能源消耗限额	2012-03-01
GB 25326—2010	铝及铝合金轧、拉制管、棒材单位产品能源消耗限额	2012-03-01
GB 21370—2008	炭素单位产品能源消耗限额	2008-06-01
GB 21341—2008	铁合金单位产品能源消耗限额	2008-06-01

第二节　中国碳排放状况

2-12　中国温室气体排放量是多少？

根据《中国气候变化第二次国家信息通报》，2005 年中国温室气体排放总量约为 74.67 亿吨二氧化碳当量，其中二氧化碳、甲烷、氧化亚氮和含氟气体所占的比重分别为 80.03%、12.49%、5.27%和 2.21%，土地利用变化和林业部门的温室气体吸收汇约为 4.21 亿吨二氧化碳当量。因此，扣除温室气体吸收汇后，2005 年中国温室气体净排放总量约为 70.46 亿吨二氧化碳当量，其中二氧化碳、甲烷、氧化亚氮和含氟气体的所占的比重分别为 78.82%、13.25%、5.59%和 2.34%（见表 2-3 和表 2-4）。

表 2-3 2005 年中国温室气体排放总量 单位：万吨二氧化碳当量

温室气体排放源	二氧化碳	甲烷	氧化亚氮	氢氟碳化物	全氟化碳	六氟化硫	合计
温室气体排放总量	597557	93282	39370	14890	570	1040	746709
能源活动	540431	32403	4030				576864
工业生产过程	56860		3410	14890	570	1040	76770
农业活动		52857	29140				81997
废弃物处理	266	8022	2790				11078
土地利用变化与林业	−42153	66	7				−42080
温室气体净排放总量（扣除土地利用变化与林业吸收汇）	555404	93348	39377	14890	570	1040	704629

注：全球增温潜势采用《IPCC 第二次评估报告》给出的 100 年时间尺度下的数值。

表 2-4 2005 年中国温室气体排放构成

温室气体	包括土地利用变化和林业		不包括土地利用变化和林业	
	二氧化碳当量/万吨	比重/%	二氧化碳当量/万吨	比重/%
二氧化碳	555404	78.82	597557	80.03
甲烷	93348	13.25	93282	12.49
氧化亚氮	39377	5.59	39370	5.27
含氟气体	16500	2.34	16500	2.21
合计	704629	100	746709	100

注：由于四舍五入的原因，表中各分项之和与总计可能有微小的出入。

2005 年以后中国温室气体排放量尚无公开数据，以上排放数据仅供参考。

2-13 我国二氧化碳、甲烷和氧化亚氮的排放源主要有哪些？

能源活动和工业生产过程是我国二氧化碳排放的主要来源。2005 年我国二氧化碳排放量为 59.76 亿吨，其中能源活动排放 54.04 亿吨，占 90.4%，工业生产过程排放 5.69 亿吨，占 9.5%，固体废弃物焚烧排放 266 万吨，份额微小。土地利用变化与林业活动吸收二氧化碳 4.22 亿吨。2005 年我国二氧化碳净排放量为 55.54 亿吨。

我国甲烷排放主要来源于农业活动，能源活动和废弃物处理。2005 年我国甲烷排放量为 4445.5 万吨，其中农业活动排放 2516.9 万吨，占 56.62%，能源活动排放 1542.9 万吨，占 34.71%，废弃物处理排放 382.4 万吨，占 8.60%。此外，森林转化也有少量甲烷排放，约为 3.1 万吨。

我国氧化亚氮排放主要来源于农业活动，能源活动、工业生产过程和废弃物处理也有一定排放。2005 年我国氧化亚氮排放为 127.1 万吨，其中农业活动排放为 93.8 万吨，占 73.79%，能源活动排放 13.4 万吨，占 10.54%，工业生产过程排放 10.6 万吨，占 8.34%，废弃物处理排放 9.3 万吨，占 7.32%，土地利用变化和林业排放 0.02 万吨，占 0.01%。

2005 年我国二氧化碳、甲烷和氧化亚氮排放清单见表 2-5。

表 2-5 2005 年我国二氧化碳、甲烷和氧化亚氮排放清单 单位：万吨

温室气体排放源与吸收汇的种类	二氧化碳	甲烷	氧化亚氮
总排放量(净排放)	555404	4445	127

续表

温室气体排放源与吸收汇的种类	二氧化碳	甲烷	氧化亚氮
1. 能源活动	540431	1543	13
燃料燃烧	540431	229	13
能源生产和加工转换	240828	3	
制造业＋建筑业	211403		
交通	41574	13	4
商业	13680		
居民	26273		
农业	6673		
生物质燃烧(以能源利用为目的)		216	6
逃逸排放		1314	
油气系统		22	
煤炭开采		1292	
2. 工业生产过程	56860		11
水泥生产	41167		
石灰生产	8562		
钢铁生产	4695		
电石生产	1032		
石灰石和白云石使用	1404		
己二酸生产			6
硝酸生产			5
3. 农业活动		2517	94
动物肠道发酵		1438	
动物粪便管理		286	27
水稻种植		793	
农用地			67
4. 土地利用变化和林业	－42153	3.1	0.02
森林和其他木质生物质储量变化	－44634		
森林转化	2481	3.1	0.02
5. 废弃物处置	266	382	9
固体废物处理		220	
污水处理		162	9
废弃物焚烧处理	266		

数据来源：《中国气候变化第二次国家信息通报》。

2-14 我国能源活动产生多少温室气体排放?

中国能源活动温室气体排放的范围包括燃料燃烧和逃逸排放两部分，前者包括化石燃料燃烧和生物质燃烧，估算气体为二氧化碳、甲烷和氧化亚氮；后者包括煤炭开采和矿后活动及废弃矿井的逃逸排放、石油和天然气系统的逃逸排放，估算气体为甲烷。

2005 年中国能源活动的温室气体排放量共计 57.70 亿吨二氧化碳当量，其中燃料燃烧排放 54.94 亿吨二氧化碳当量，占 95.2%，逃逸排放 2.76 亿吨二氧化碳当量，约占 4.78%。排放总量中二氧化碳排放量为 54.04 亿吨，约占能源活动温室气体总排放量的 93.7%，甲烷排放量为 3.24 亿吨二氧化碳当量，约占 5.6%，氧化亚氮排放量为 0.41 亿吨二氧化碳当量，约占 0.7%（见表 2-6）。

表 2-6　2005 年我国能源活动温室气体排放量

能源活动	CO_2/亿吨	CH_4/万吨	N_2O/万吨	折二氧化碳当量/亿吨
1. 化石燃料燃烧	54.04	12.6	7.0	54.29
2. 生物质燃烧	—	216.3	6.4	0.65
3. 煤炭开采逃逸	—	1292.2	—	2.71
4. 油气系统逃逸	—	21.8	—	0.046
能源活动合计	54.04	1542.9	13.4	57.70

2005 年中国能源活动的二氧化碳排放量为 54.04 亿吨，全部来源于化石燃料燃烧。其中能源生产和加工转换部门排放 24.08 亿吨，占 44.55%，其绝对排放量和排放比重都比 1994 年有显著上升；制造业和建筑业排放 21.14 亿吨，占 39.11%；交通部门排放 4.16 亿吨，占 7.70%；居民部门排放 2.63 亿吨，占 4.87%；商业部门排放 1.37 亿吨，占 2.53%；其他部门（农业）排放 0.67 亿吨，占 1.24%（见图 2-1）。

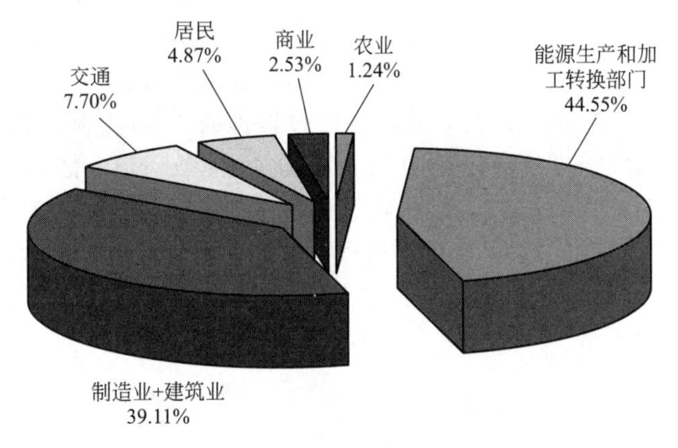

图 2-1　能源活动分部门二氧化碳排放构成

2005 年我国能源活动甲烷排放约 1542.9 万吨。煤炭开采和矿后活动、生物质燃烧和石油及天然气系统是主要排放源。如表 2-7 所示，2005 年我国煤炭开采、矿后活动以及废弃矿井甲烷逃逸排放量共 1292.2 万吨，占能源活动甲烷排放的 83.75%，其中煤炭生产甲烷排放量约 1141.1 万吨，扣除被回收利用量 67 万吨，净排放量约 1074.1 万吨，占 83.1%；矿后活动排放 205.3 万吨，废弃矿井排放 12.7 万吨。2005 年我国生物质能燃烧甲烷排放量约 216.3 万吨，其中以薪柴和秸秆燃烧为主要排放源，动物粪便和木炭的排放量较小。2005 年我国油气系统甲烷逃逸排放约 21.8 万吨，其中天然气开采、常规原油开采、天然气输送活动等环节为重要排放源，其排放量所占比重分别为 26.2%、22.8%和 16.1%。2005 年我国移动源化石燃料燃烧甲烷的排放量约为 12.6 万吨，其中 97.5%来自道路交通。

表 2-7　2005 年我国煤炭开采相关活动甲烷逃逸排放量

井工开采 /10^6 m^3	露天开采 /10^6 m^3	采后活动 /10^6 m^3	废弃矿井 /10^6 m^3	利用量 /10^6 m^3	排放总量	
					/10^6 m^3	万吨
16798.2	234	3063.8	190.2	1000	19286.2	1292.2

注：甲烷密度为 0.67kg/m^3。

2005 年我国能源活动氧化亚氮排放为 13.4 万吨，其中生物质燃料燃烧排放约 6.4 万吨，占 47.76%，为最大排放源；其次为移动源化石燃料燃烧排放，约为 4 万吨，占 29.85%；火力发电约排放 3 约万吨，占 22.39%。

2-15　我国主要工业生产过程排放的温室气体有多少?

这里所指的工业生产过程温室气体排放不包括所用能源引起的排放。

根据我国工业生产活动状况，对我国工业生产过程温室气体排放界定的排放源包括：水泥、石灰、钢铁、电石、己二酸、硝酸、半导体、一氯二氟甲烷、铝、镁等产品生产过程；臭氧消耗物质替代生产和使用；电力设备制造和运行；石灰石和白云石的使用。涉及的温室气体包括二氧化碳、氧化亚氮、氢氟碳化物、全氟化碳和六氟化硫等五种气体，其中二氧化碳排放中估算了水泥、石灰、钢铁、电石生产过程以及石灰石和白云石使用过程中的排放量，氧化亚氮只估算了己二酸和硝酸生产过程中的排放量。

目前完成的核算是 2005 年我国工业生产过程中的二氧化碳排放，排放量约为 5.69 亿吨。其中水泥生产为主要排放源，排放约 4.11 亿吨二氧化碳，占 72.4%。石灰生产、钢铁生产、电石生产、石灰石和白云石使用排放分别为 0.85 亿吨、0.47 亿吨、0.1 亿吨和 0.14 亿吨，分别占 15.1%、8.3%、1.8%和 2.5%。氧化亚氮排放量约为 10.63 万吨，其中己二酸生产过程排放 5.95 万吨，占 56%，硝酸生产过程排放 4.68 万吨，占 44%。含氟气体排放量为 1.65 亿吨二氧化碳当量，其中氢氟碳化物排放 1.49 亿吨二氧化碳当量，占 90.27%，六氟化硫排放 0.11 亿吨二氧化碳当量，占 6.33%，全氟化碳排放 0.05 亿吨二氧化碳当量，占 3.40%。一氯二氟甲烷生产过程排放的氢氟碳化物是最大的含氟气体排放源，以三氟甲烷（HFC-23）为主，其排放量占含氟气体排放总量的 64.43%。各行业排放温室气体所占比例如图 2-2 所示。

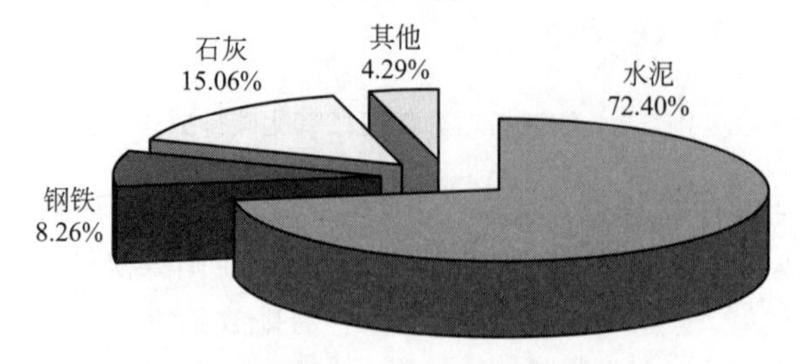

图 2-2　工业生产过程二氧化碳排放构成

2-16　我国各省（直辖市、自治区）CO_2 排放状况如何?

省级温室气体排放清单不同于国家温室气体清单，省际物质和人口流通频繁且没有完整的记录，导致省级温室气体清单边界较为模糊。本书采用的温室气体排放数据是不同研究机构的研究成果，方法上不完全相同，仅作读者了解省级温室气体排放状况时参考。

从全国二氧化碳排放源分析，主要排放源为化石能源的使用，工业过程二氧化碳排放占比最大的是水泥生产造成的排放。为便于比较，文献［21］对中国除西藏外的 30 个省区 2000 年到 2007 年的化石燃料燃烧引起的 CO_2 排放和水泥生产工艺过程所引起的 CO_2 排放量分别进行了计算，得到了各省区 CO_2 的排放总量，如表 2-8 所示。

表 2-8 各省区化石燃料燃烧和水泥生产的 CO_2 排放总量 单位：万吨 CO_2

地区	2000 年	2001 年	2002 年	2003 年	2004 年	2005 年	2006 年	2007 年
北京	10848.60	10821.37	10729.25	11169.06	12503.20	12838.44	13199.23	13955.08
天津	9001.51	9450.09	9807.83	10765.92	12228.60	13102.55	13983.11	14854.79
河北	33138.47	34393.44	38414.75	43883.47	51144.49	62844.66	67978.64	74273.68
山西	33185.93	37310.89	45529.03	51515.53	54371.63	59396.01	65853.85	67999.84
内蒙古	13705.68	14632.25	16116.70	20998.46	26662.46	33050.38	38929.29	45060.24
辽宁	36986.72	36928.37	38267.18	41665.44	45816.00	52438.42	56556.22	61355.84
吉林	12044.65	12623.61	13137.95	14916.79	16055.35	19739.15	21494.52	22705.74
黑龙江	19975.59	19389.12	19211.08	21492.95	23263.10	26419.49	27992.45	30131.14
上海	18002.18	18593.63	19001.17	21494.77	22516.87	24230.90	24171.12	24748.80
江苏	26957.08	27393.06	29698.77	34208.95	41440.07	52831.30	57987.45	62502.75
浙江	18661.46	19357.68	21258.26	25396.31	29714.49	34479.42	38802.58	43141.89
安徽	15924.98	16889.19	17659.46	19837.40	20616.95	21761.25	23797.06	26632.29
福建	7449.49	7587.11	8783.39	10562.20	12184.47	15016.46	16575.28	18849.00
江西	7720.01	7994.94	8445.80	10080.75	12223.64	13613.37	14958.83	16471.27
山东	29491.37	34399.54	37478.35	45971.66	58278.96	78211.76	87988.98	96521.60
河南	23205.50	24995.24	27005.88	27683.86	38560.29	46689.19	53052.88	59148.58
湖北	18426.96	18120.54	19356.61	21694.66	23874.40	26565.61	29503.68	32592.82
湖南	11064.29	12405.09	13214.66	14997.49	18229.90	24975.33	26885.05	29782.40
广东	27060.75	28088.04	30375.97	34191.32	38574.67	43054.81	48161.64	51980.14
广西	6634.92	6611.49	6916.37	8174.93	10406.59	11945.62	13122.24	15058.40
海南	1028.63	1359.90	1337.28	2394.53	2142.15	1812.30	2709.68	4740.81
重庆	8067.13	7669.76	8345.84	7692.16	8571.05	10280.13	11220.60	12279.24
四川	14551.00	14723.54	16786.42	21216.33	24006.58	24161.53	27040.05	30497.27
贵州	11710.94	11504.95	12017.77	15453.50	17880.70	19604.08	22802.17	24396.79
云南	8396.31	8832.36	10148.65	13411.64	16583.96	19541.91	21570.93	22583.24
陕西	8937.06	10268.34	11568.80	13312.34	16609.51	19069.70	23120.46	25673.67
甘肃	9235.33	9483.38	10052.97	11287.11	12827.22	13928.81	14838.01	16481.44
青海	1536.75	1846.83	1941.52	2217.69	2383.95	2559.30	3185.04	3545.97
宁夏	2718.67	4156.90	5056.84	7324.15	7023.02	7801.94	8584.55	9713.83
新疆	10758.98	11094.26	11536.80	12576.77	14313.52	16315.63	18520.51	20230.80

根据 2007 年各省区 CO_2 排放总量可以看出，2007 年排放量较低的省区是青海、海南、宁夏等，而排放总量较多的省份是山东、河北、山西、江苏、辽宁等，其中山东最多。与此

同时，对 2007 年各省区的化石燃料燃烧和水泥生产导致的 CO_2 排放量进行了比较。结果表明，各省区化石燃料燃烧导致的 CO_2 排放量占主要地位，所占比例在 88%以上。

总排放量反映了一个地区总体的碳排放情况。从 2000 年到 2007 年各省区的 CO_2 历史累计排放量来看，山东、河北、山西、辽宁、江苏排前五位，排放量最大。而一些西部省份，如青海的历史累计排放量最低，宁夏、重庆、广西等一些西部省区也相对较低。另外，从各省区 8 年排放总量平均增长率来看，海南平均增长速度最快，为 29.73%，其次是宁夏、内蒙古、山东。对比历史累计排放量海南的排放总量是最低的，其排放增长率反而最快。而北京、上海这两个经济较发达的直辖市 CO_2 排放总量的平均增长率却最慢。

2-17 北京市近年温室气体排放情况如何?

文献［22］在核算北京市碳排放状况时，将碳排放源分为能源活动、工业生产过程、农业林业及其土地利用、废弃物处理等部分分别进行核算，采用的计算二氧化碳绝对排放总量公式如下：二氧化碳绝对排放总量＝能源活动产生的二氧化碳量＋工业生产过程的二氧化碳量＋城市垃圾处理所产生的二氧化碳量-森林的二氧化碳吸收量。2000 年至 2011 年北京市碳排放量核算结果如表 2-9 所示。

表 2-9 2000～2011 年北京市碳排放量 单位：万吨

年份	能源活动	工业生产	废弃物处理	林业吸收	绝对排放总量
2000	10735.84949	422.597	175.17	924.92334	10408.69
2001	10760.84048	413.399	92.79	924.92334	10342.11
2002	11319.73596	451.724	96.42	924.92334	10942.96
2003	11798.62382	450.702	127.53	966.96531	11409.89
2004	13037.64062	615.4995	147.3	966.96531	12833.47
2005	13981.6951	604.9218	175.53	966.96531	13795.18
2006	14920.67876	648.6634	185.85	966.96531	14788.23
2007	15867.62674	596.4903	185.85	966.96531	15683
2008	15963.82018	450.0888	201.837	966.96531	15648.78
2009	16539.90177	550.5514	200.73	1008.41094	16282.77
2010	17484.49498	536.039	191.97	1040.6133	17171.89
2011	17572.10645	602.98	190.29	1041.40842	17323.97

根据计算结果，北京市碳排放量逐年增长，但增长率却出现一定的起伏变化，2004 年的增长率达到最高的 11%左右，之后增长率逐渐下降，2008 年由于奥运会的举办，增长率出现了负值。纵观碳排放的四个方面，能源活动是碳排放增长的主要因素，工业生产与废弃物处理产生的二氧化碳较少，且总量上下起伏，随着北京市人工造林面积的不断扩大，森林碳汇能力不断增强。

利用北京市常住人口的数据计算出北京市人均绝对碳排放，得出的 2011 年的结果为人均 8.58 吨。

2-18 河北省近年温室气体排放情况如何?

河北省作为中国的工业大省，碳减排的压力更是巨大，如何在保证经济稳健快速发展的基础上降低碳排放量，是摆在河北省当前的重要课题。

文献［23］对河北省的碳排放量进行了测算。河北省能源消费产生的碳排放，涉及的终端能源消费包括煤炭、石油、天然气、水电和其他能源五类。水电和其他能源中的风能、太阳能通常视为零碳能源，不需计算碳排放量。其他能源中的生物质能源由于数据缺损，暂忽略不计。结合河北省常住人口、地区生产总值，计算出河北省人均碳排放量及地区单位生产总值的碳排放量。2000～2011年河北省二氧化碳排放情况见表2-10。

表2-10 河北省2000～2011年碳排放状况

年份	碳排放量/万吨	碳排放强度/(吨/万元)	人均碳排放量/(吨/人)
2000	8186.11	1.19	1.23
2001	8878.83	1.19	1.33
2002	9809.32	1.19	1.46
2003	11234.08	1.23	1.66
2004	12687.26	1.23	1.86
2005	14530.81	1.24	2.12
2006	15957.66	1.20	2.31
2007	17300.09	1.15	2.49
2008	17831.12	1.08	2.55
2009	18635.64	1.03	2.65
2010	19974.39	0.98	2.78
2011	21296.55	0.94	2.94

2-19 山西省近年温室气体排放情况如何？

根据文献［24］对山西省能源、工业生产、农业、林业、废弃物处理5部门CO_2、N_2O、CH_4这三种关键温室气体排放进行的动态分析和排放评价，能源消费活动是山西省温室气体的重要排放源。

山西省温室气体排放呈快速上升趋势，能源消费的增加是导致山西省温室气体排放增长的主要原因，林业碳汇能力有待提高。2000～2012年间温室排放量从3.28亿吨上升为13.06亿吨，年均增长8.15%（见表2-11）。从温室气体构成看，能源使用造成温室气体排放占全省总排放量的94%以上，特殊工业排放占5%以下，这是山西省作为煤炭大省的显著特征。

表2-11 山西省温室气体构成及排放量 单位：万吨CO_2

年份	能源活动	特殊工业	农业	林业	废弃物处理	总量
2000	31123.39	970.72	982.00	−411.53	173.62	32838.21
2001	34611.40	1138.02	963.85	−411.53	183.11	36484.86
2002	41882.89	1241.54	965.15	−406.45	193.59	43876.73
2003	48286.52	1496.99	950.83	−406.45	189.02	50516.90
2004	52182.93	1758.55	929.01	−370.94	195.99	54695.54
2005	56781.88	2304.95	954.56	−370.94	205.06	59875.51
2006	68278.94	2698.75	697.29	−370.94	207.90	71511.94

续表

年份	能源活动	特殊工业	农业	林业	废弃物处理	总量
2007	72332.04	3201.12	595.35	−370.94	215.90	75973.46
2008	68198.73	2934.45	560.78	−370.94	217.82	71540.84
2009	79918.11	3307.83	555.54	−448.97	207.14	83539.64
2010	112945.93	4009.95	545.38	−448.97	214.87	117267.15
2011	125667.16	4550.23	541.41	−448.97	217.75	130527.58
2012	125348.91	4943.54	573.46	−448.97	223.67	130640.61

山西省人均温室气体排放量和万元增加值温室气体排放量如表 2-12 所示。由表可见，人均二氧化碳排放量由 2000 年的 9.96 吨增加到 2012 年的 36.18 吨，增长 263%。万元地区 GDP 增加值碳排放量一直保持很高水平，由 2000 年的 28.36 吨增加到 2012 年的 35.38 吨，增长 24.8%。

表 2-12　山西省人均、万元 GDP 温室气体排放量

年份	人均温室气体排放/(吨/人)	万元 GDP 温室气体/(吨/万元)	年份	人均温室气体排放/(吨/人)	万元 GDP 温室气体/(吨/万元)
2000	9.96	28.36	2007	22.39	32.02
2001	11.15	29.09	2008	20.97	27.50
2002	13.32	32.07	2009	24.38	29.41
2003	15.24	33.56	2010	32.84	37.37
2004	16.40	33.01	2011	36.33	38.06
2005	17.85	32.46	2012	36.18	35.38
2006	21.19	34.41			

2-20　内蒙古自治区近年温室气体排放情况如何?

文献［25］对内蒙古自治区 2010 年的温室气体排放进行了核算分析，分析表明居民部门产生的碳排放量所占比例最高为 25.7169%，其次是电力和热力的生产和供应业部门与金属冶炼及压延加工业部门，排放量所占比例分别为 18.4775%和 16.3682%。从排放总量的角度来看，能源的碳排放总量最大，为 26952.776 万吨，所占比例为 54.94%。

内蒙古自治区 2010 年国民经济各部门碳排放量见表 2-13。

表 2-13　内蒙古自治区 2010 年国民经济核算部门碳排放数据表　　单位：万吨

国民经济核算部门	能源			工业过程和产品使用	农业		废弃物		合计	比例/%
	固定源燃烧	移动源燃烧	溢散排放		种植业	畜牧业	固体废弃物	废水		
农林牧渔业	639.44				1437.7818	1865.9694			3943.1912	8.0382
煤炭开采和洗选业			132.633					1.594	134.227	0.2736
石油和天然气开采业			9.933					0.016	9.949	0.0203

续表

国民经济核算部门	能源			工业过程和产品使用	农业		废弃物		合计	比例/%
	固定源燃烧	移动源燃烧	溢散排放		种植业	畜牧业	固体废弃物	废水		
金属矿采选业	463.5							0.176	463.676	0.9452
非金属矿及其他矿采选业	170.96							0.003	170.963	0.3485
食品制造及烟草加工业	332							1.545	333.545	0.6799
纺织业	52.59							0.522	53.112	0.1083
纺织服装鞋帽皮革羽绒及其制品业	7.22							0.155	7.375	0.0150
木材加工及家具制造业	51.66							0.014	51.674	0.1053
造纸印刷及文教体育用品制造业	78.72							2.778	81.498	0.1661
石油加工、炼焦及核燃料加工业	1435.47							0.455	1435.925	2.9271
化学工业				229.17					229.17	0.4672
非金属矿物制品业	1013.31							0.048	1013.358	2.0657
金属冶炼及压延加工业	8028.77							0.783	8029.553	16.3682
金属制品业	54.48							0.018	54.498	0.1111
通用、专用设备制造业	45.55							0.033	45.583	0.0929
交通运输设备制造业	23.6							0.0003	23.6003	0.0481
电气机械及器材制造业	20.46							0.001	20.461	0.0417
通信设备、计算机及其他电子设备制造业	3.56							0.014	3.574	0.0073
仪器仪表及文化办公用机械制造业	0.19							0.0001	0.1901	0.0004
工艺品及其他制造业	4.28								4.28	0.0087
废品废料							85.806		85.806	0.1749
电力、热力的生产和供应业	9062.9							1.406	9064.306	18.4775

续表

国民经济核算部门	能源			工业过程和产品使用	农业		废弃物		合计	比例/%
	固定源燃烧	移动源燃烧	溢散排放		种植业	畜牧业	固体废弃物	废水		
燃气生产和供应业	103.81								103.81	0.2116
水的生产和供应业	41.92							0.168	42.088	0.0858
建筑业	149.56			5858.9433					6008.5033	12.2483
交通运输及仓储业		1971.32							1971.32	4.0185
邮政业		1846.48							1846.48	3.7640
信息传输、计算机服务和软件业	27.57								27.57	0.0562
批发和零售业	474.99								474.99	0.9683
住宿和餐饮业	474.99								474.99	0.9683
金融业	10.92								10.92	0.0223
房地产业	46.79								46.79	0.0954
租赁和商务服务业	21.1								21.1	0.0430
研究与试验发展业	4.59								4.59	0.0094
综合技术服务业	4.59								4.59	0.0094
水利、环境和公共设施管理业	29.32								29.32	0.0598
居民服务和其他服务业	21.1								21.1	0.0430
教育	29.2								29.2	0.0595
卫生、社会保障和社会福利业	18.7								18.7	0.0381
文化、体育和娱乐业	11.73								11.73	0.0239
公共管理和社会组织	32.87								32.87	0.0670
居民							12615.637		12615.637	25.7169
小计	22992.41	3817.8	142.566	6088.1133	1437.7818	1865.9694	12701.443	9.7294		
合计	26952.776			6088.1133	3303.7512		12711.1724		49055.8129	100

2-21 湖北省近年温室气体排放情况如何?

湖北省 2001~2010 年的碳排放量如表 2-14 所示。

由表可见，湖北省碳排放量逐年增加，且增速整体呈上升态势，至 2010 年接近同期增速。从碳排放源看，能源消费持续增加且增速高于碳排放总量变化水平，是造成碳排放增加的主要原因。废弃物和种植业碳排放变化幅度不大，畜牧业碳排放有所降低，种植业播种面积与其碳排放呈现非一致的变化趋势，结合十年间我国农业发展政策可以做出解释。2004 年后，中央一号文件连续多年关注农业问题，不断加大农业投入和政策扶持力度，极大地调动了农民的生产积极性，农业生产资料投入逐年增加，农药、化肥、农膜等过度使用不仅造成碳排放增加，也容易造成较严重的土壤污染，降低农地质量。

湖北省碳排放结构中，能源消费是最大的碳排放源，占比逐年增加，且远远超过 IPCC 给出的 75%的最低水平，一定程度上说明湖北省存在能源消费过度的现象。从产业结构看，第二产业是主要碳排放源，且利用效率较其他产业低，资源在产业结构间的配置效率仍然较低。土地承载碳排放方面，城镇居民点及工矿用地的碳排放量最高，其次是交通水利及其他用地。建设用地能源消耗较高，几乎没有碳汇能力，是生态系统中最主要的碳排放用地类型，对碳平衡影响最大。

表 2-14 湖北省 2001～2010 年碳排放量

年份	能源消费		种植业		废弃物		畜牧业		碳排放总量/万吨
	排放量/万吨	占比	排放量/万吨	占比	排放量/万吨	占比	排放量/万吨	占比	
2001	3019.35	0.81	418.38	0.11	12.95	<0.01	254.98	0.07	3705.66
2002	3238.50	0.82	422.71	0.11	13.33	<0.01	255.63	0.07	3930.18
2003	3564.97	0.84	434.54	0.10	13.82	<0.01	254.35	0.06	4267.68
2004	3805.69	0.82	461.19	0.10	14.44	<0.01	347.86	0.08	4629.17
2005	4053.22	0.85	467.93	0.10	15.16	<0.01	250.07	0.05	4786.37
2006	4444.23	0.86	474.00	0.09	15.88	<0.01	220.15	0.04	5154.26
2007	4943.41	0.87	484.07	0.09	16.09	<0.01	221.70	0.04	5665.27
2008	5219.71	0.87	510.76	0.09	16.19	<0.01	230.62	0.04	5977.28
2009	5956.94	0.88	527.36	0.08	16.28	<0.01	241.28	0.04	6741.85
2010	6950.83	0.90	538.15	0.07	16.36	<0.01	235.13	0.03	7740.47

2-22 湖南省近年温室气体排放情况如何？

依据 IPCC 和中国省级温室气体清单编制指南，文献［26］核算了 1995～2011 年湖南省温室气体排放量，并对其动态作了分析。结果表明 2011 湖南省温室气体排放总量为 594.7MtCO_2。主要温室气体 CO_2、CH_4 和 N_2O 的排放量分别为 471.3Mt、100.8Mt 和 22.6MtCO_2，占排放总量的比例依次为 79.25%、16.95%和 3.79%。能源消费是湖南省温室气体排放的主要来源，2011 年的排放量达 421.5 MtCO_2，占排放总量的 70.87%。林业呈现为碳汇效应，2011 年的值为 18.2MtCO_2，消解温室气体排放量的 3.06%。研究时段内温室气体从 241.7MtCO_2 增长为 594.7MtCO_2，年均增长率达 9.12%。可分为三个阶段，其中 1995～1999 年波动降低，1999～2003 年缓慢上升，2003～2011 年快速增长，变化率依次为－3.32%、4.69%和 17.37%。能源利用效率明显提高，万元 GDP 温室气体排放量由 1995 年的 10.64tCO_2/万元减少到 2011 年的 2.93tCO_2/万元，年均减少 7.75%，但人均温室气体排放量由 3.65tCO_2 增加到 8.07tCO_2，年均增长 5.08%。

2011年湖南省温室气体排放状况见表2-15。

表2-15 湖南省2011年温室气体排放清单

种类	温室气体排放量			温室气体排放 CO_2 当量				GHG比例/%
	CO_2 /10^4t	CH_4 /10^4t	N_2O /10^4t	CO_2 /$MtCO_2e$	CH_4 /$MtCO_2e$	N_2O /$MtCO_2e$	GHG /$MtCO_2e$	
总排放量	47134.97	403.28	7.57	471.4	100.8	22.6	594.7	100.00
净排放量	45312.36	403.28	7.57	453.1	100.8	22.6	576.5	96.94
①能源消耗	42147.06			421.5			421.5	70.87
煤炭	36385.12			363.9			363.9	61.18
焦炭	2670.01			26.7			26.7	4.49
汽油	667.59			6.7			6.7	1.12
煤油	81.96			0.8			0.8	0.14
柴油	1533.41			15.3			15.3	2.58
天然气	306.02			3.1			3.1	0.51
电力	502.95			5.0			5.0	0.85
②工业生产	4987.91			49.9			49.9	8.39
水泥生产	4987.91			49.9			49.9	8.39
③农业部门		166.39	7.57			41.6	22.6	64.2
稻田		102.15			25.5		25.5	4.29
农用地			6.52			19.4	19.4	3.27
动物肠道发酵		37.74			9.4	0.0	9.4	1.59
动物粪便管理		26.5	1.05		6.6	3.1	9.8	1.64
④林业和其他土地利用	−1822.61			−18.2			−18.2	−3.06
林木蓄积	−1811.35			−18.1			−18.1	−3.04
经济林、灌木林	−11.26			−0.1			−0.1	−0.02
⑤废弃物处理		236.89				59.2	59.2	9.96
城市固体废弃物		230.45				57.6	57.6	9.69
生活污水		2.58				0.7	0.7	0.11
工业废水		3.86				1.0	1.0	0.16

注：表中的负号仅表示是固碳。

2-23 广东省近年温室气体排放情况如何?

文献[27]对广东省历年的碳排放数据进行分析发现，自1995年以来，广东碳排放总量以年均8.32%的增速逐年上升。并且以2000年为分水岭，2000年以前保持年均5.31%的低增长，2000年后碳排放量明显加快，以8.70%的年均增长率快速上升，直至2013年排放总量增至30247.8万吨碳。

从另一个方面来看，广东的碳排放强度却不断下降，其中，1995年的碳排放强度是1.20t CO_2/万元，2013年则降至为0.48t CO_2/万元，降低幅度达到了60%。与之截然相反的是，人均碳排放却以6.14%的年均增长率在不断地增长。广东的人均碳排放在1995年是0.97t CO_2/人，2013年则增长到了2.84t CO_2/人，增幅192%。

广东省1995～2013年碳排放状况见表2-16。

表2-16　广东省1995～2013年碳排放数据　　单位：$MtCO_2$

年份	1995	1996	1997	1998	1999	2000	2001
碳排放	7171.07	7545.79	7743.72	8142.01	8821.04	10217.53	10803.47
年份	2002	2003	2004	2005	2006	2007	2008
碳排放	11891.18	13801.23	15892.6	18097.77	19768.76	21819.7	22629.31
年份	2009	2010	2011	2012	2013		
碳排放	23947.74	26719.8	28671.6	29571.8	30247.8		

2-24　重庆市近年温室气体排放情况如何?

文献［28］采用温室气体排放清单方法核算重庆城市区域层面温室气体排放现状，确定重庆排放水平（表2-17）。温室气体排放的核算不仅仅限于CO_2，还包括N_2O和CH_4的排放。除了主要能源活动和工业过程以外，还核算了废弃物处置过程、农业过程、畜牧业过程、湿地过程的温室气体排放。

核算结果显示，1997～2008年重庆市总温室气体排放量呈现出上升趋势，由1997年6636.43万吨二氧化碳上升至2008年的15 338.39万吨二氧化碳，说明伴随着重庆市城市化进程的发展，温室气体排放量呈现正比增长，重庆市面临巨大的减排压力。同时，重庆市单位产值温室气体排放量却不断降低，说明节能减排工作目前已取得了一定成效。在温室气体的排放类别中，增长幅度较大的是一次能源消费过程、外购电力和工业非能源过程，尤其是一次能源燃烧排放。

表2-17　重庆市1997～2008年温室气体排放源和碳汇　单位：万吨二氧化碳

年份	一次能源消费	用电	工业过程	动物消化	水稻田甲烷CH_4	废弃物处理	生产和运输过程逸散	湿地	碳汇	总排放量
1997	4422.2	288.2	358.6	252.4	333.2	1470.0	628.9	17.1	−1134.1	6636.4
1998	4541.7	206.7	475.9	264.4	331.8	1443.3	606.2	17.1	−980.0	6907.0
1999	4866.3	207.2	487.4	283.1	329.2	1435.3	640.6	17.1	−1062.0	7204.2
2000	4949.3	344.2	567.0	289.4	324.3	1443.2	653.3	17.1	−1067.7	7520.1
2001	5161.6	503.7	609.1	292.6	319.0	1451.1	594.1	17.1	−1192.1	7756.2
2002	5401.0	551.4	683.0	301.2	316.1	1451.0	615.7	17.1	−1134.8	8201.7
2003	5808.1	688.6	784.0	308.8	308.3	1452.5	578.4	17.1	−912.8	9033.0
2004	6759.2	887.1	787.6	316.7	312.8	1460.6	695.0	17.1	−1552.2	9683.9
2005	8431.7	1075.1	862.3	322.0	312.3	1465.3	788.8	17.1	−1387.2	11887.5
2006	9087.6	1106.4	1044.9	213.7	280.7	1469.8	914.9	17.1	−1745.5	12389.7
2007	10306.7	928.1	1165.0	187.2	272.3	1436.8	1003.7	17.1	−1570.5	13746.4
2008	10902.3	1208.4	1321.9	204.3	281.2	1437.0	1320.1	17.1	−1353.9	15338.4

2-25　陕西省近年温室气体排放情况如何?

根据2006年IPCC国家温室气体清单指南和省级温室气体清单编制指南提供的温室气体清单编制方法，文献［29］将陕西省温室气体排放源分为能源活动、工业生产、农业、林业、废弃物等五个单元，全面测算了2005～2013年陕西省温室气体排放清单。结果表明2005～2013年陕西省温室气体排放总量和人均碳排放量逐年增长，且有加速趋势，而温室气体吸收总量却增长缓慢，净温室气体排放量增长趋势显著，单位GDP碳排放量呈波动下降趋势。如表2-18所示。

表2-18　陕西省2005～2013年碳排放强度

年份	温室气体排放量/万吨	GDP/亿元	人口/万人	单位GDP碳排放量/(吨/万元)	人均碳排放量/(吨/人)
2005	15042.44	3933.72	3690	3.82	4.08
2006	16364.49	4743.61	3699	3.45	4.42
2007	17450.79	5757.29	3708	3.03	4.71
2008	19678.73	7314.58	3718	2.69	5.29
2009	22356.86	8169.80	3727	2.74	6.00
2010	30123.63	10123.48	3735	2.98	8.07
2011	33850.46	12512.30	3743	2.71	9.04
2012	35556.40	14453.68	3753	2.46	9.47
2013	38382.92	16045.21	3764	2.39	10.20

对陕西省温室气体排放数据进一步分析，发现有以下特点：

(1) 2005～2013年陕西省温室气体排放总量逐年增长且有加速趋势，而温室气体吸收总量却增长缓慢，净温室气体排放量增长趋势显著。能源活动是陕西省温室气体排放量的最大来源，占历年总排放量的78.42%～83.36%；工业生产过程的排放量位居其次，占总排放量的9.57%～14.78%；农业活动是陕西省温室气体排放量的第三来源，占3.11%～9.02%；废弃物温室气体排放量极为微弱，不足2%；林业表现为碳汇功能，每年约有9%的CO_2排放被林业吸收。

(2) 能源生产与加工转换是能源部门温室气体最大的排放源，工业和建筑业是第二大排放源，两者排放量之和占能源部门总排放量的76%～85%，是陕西省温室气体的主要贡献源。碳排放量排名前6位的行业依次为电力热力的生产和供应业、钢铁、化工、建材、石油天然气开采与加工业、有色金属6个行业，CO_2排放量约占工业能源CO_2排放量的80%。

(3) 水泥和钢铁生产过程是工业生产部门温室气体排放的主要贡献源，两者排放量之和占工业生产部门排放量的87.42%～93.64%。

(4) 农用地N_2O排放和动物肠道发酵CH_4排放是农业温室气体排放的主要来源，占农业排放的80%左右。

(5) 固体废弃物填埋处理和工业废水处理CH_4排放是废弃物部门温室气体的主要贡献源，两者之和占废弃物部门排放量的88%左右。

第三节　中国低碳省市试点

2-26　我国首批低碳省区和低碳城市试点有哪些？

国家发改委2010年7月19日发布《关于开展低碳省区和低碳城市试点工作的通知》(发改气候［2010］1587号)，确定在广东、辽宁、湖北、陕西、云南五省和天津、重庆、深圳、厦门、杭州、南昌、贵阳、保定八市开展低碳试点工作。

国家发改委确定的低碳试点任务主要包括：

(1) 编制低碳发展规划　试点省和试点城市要将应对气候变化工作全面纳入本地区“十二五”规划，研究制定试点省和试点城市低碳发展规划。要开展调查研究，明确试点思路，发挥规划综合引导作用，将调整产业结构、优化能源结构、节能增效、增加碳汇等工作结合起来，明确提出本地区控制温室气体排放的行动目标、重点任务和具体措施，降低碳排放强度，积极探索低碳绿色发展模式。

(2) 制定支持低碳绿色发展的配套政策　试点地区要发挥应对气候变化与节能环保、新能源发展、生态建设等方面的协同效应，积极探索有利于节能减排和低碳产业发展的体制机制，实行控制温室气体排放目标责任制，探索有效的政府引导和经济激励政策，研究运用市场机制推动控制温室气体排放目标的落实。

(3) 加快建立以低碳排放为特征的产业体系　试点地区要结合当地产业特色和发展战略，加快低碳技术创新，推进低碳技术研发、示范和产业化，积极运用低碳技术改造提升传统产业，加快发展低碳建筑、低碳交通，培育壮大节能环保、新能源等战略性新兴产业。同时要密切跟踪低碳领域技术进步最新进展，积极推动技术引进消化吸收再创新或与国外的联合研发。

(4) 建立温室气体排放数据统计和管理体系　试点地区要加强温室气体排放统计工作，建立完整的数据收集和核算系统，加强能力建设，提供机构和人员保障。

(5) 积极倡导低碳绿色生活方式和消费模式　试点地区要举办面向各级、各部门领导干部的培训活动，提高决策、执行等环节对气候变化问题的重视程度和认识水平。大力开展宣传教育普及活动，鼓励低碳生活方式和行为，推广使用低碳产品，弘扬低碳生活理念，推动全民广泛参与和自觉行动。

国家发改委要求试点地区要建立由主要领导负责抓总的工作机制，发展改革部门要负责做好相关组织协调工作；试点工作要结合本地实际，突出特色，大胆探索，注重积累成功经验，坚决杜绝概念炒作和搞形象工程。

2-27 我国第二批低碳省区和低碳城市试点有哪些?

2012 年 11 月 26 日国家发改委下发《国家发展改革委关于开展第二批低碳省区和低碳城市试点工作的通知》(发改气候［2012 年］3760 号文件)，确立了我国第二批低碳试点城市和省区。

在第一批试点的基础上，国家发改委统筹考虑各申报地区的工作基础、示范性和试点布局的代表性等因素，确定在北京市、上海市、海南省和石家庄市、秦皇岛市、晋城市、呼伦贝尔市、吉林市、大兴安岭地区、苏州市、淮安市、镇江市、宁波市、温州市、池州市、南平市、景德镇市、赣州市、青岛市、济源市、武汉市、广州市、桂林市、广元市、遵义市、昆明市、延安市、金昌市、乌鲁木齐市开展第二批国家低碳省区和低碳城市试点工作。

国家发改委对第二批低碳省市试点提出了六项具体任务：

(1) 明确工作方向和原则要求　要把全面协调可持续作为开展低碳试点的根本要求，以全面落实经济建设、政治建设、文化建设、社会建设、生态文明建设五位一体总体布局为原则，进一步协调资源、能源、环境、发展与改善人民生活的关系，合理调整空间布局，积极创新体制机制，不断完善政策措施，加快形成绿色低碳发展的新格局，开创生态文明建设新局面。

(2) *编制低碳发展规划* 要结合本地区自然条件、资源禀赋和经济基础等方面情况，积极探索适合本地区的低碳绿色发展模式。发挥规划综合引导作用，将调整产业结构、优化能源结构、节能增效、增加碳汇等工作结合起来。将低碳发展理念融入城市交通规划、土地利用规划等相关规划中。

(3) *建立以低碳、绿色、环保、循环为特征的低碳产业体系* 要结合本地区产业特色和发展战略，加快低碳技术研发示范和推广应用。推广绿色节能建筑，建设低碳交通网络。大力发展低碳的战略性新兴产业和现代服务业。

(4) *建立温室气体排放数据统计和管理体系* 要编制本地区温室气体排放清单，加强温室气体排放统计工作，建立完整的数据收集和核算系统，加强能力建设，为制定地区温室气体减排政策提供依据。

(5) *建立控制温室气体排放目标责任制* 要结合本地实际，确立科学合理的碳排放控制目标，并将减排任务分配到所辖行政区以及重点企业。制定本地区碳排放指标分解和考核办法，对各考核责任主体的减排任务完成情况开展跟踪评估和考核。

(6) *积极倡导低碳绿色生活方式和消费模式* 要推动个人和家庭践行绿色低碳生活理念。引导适度消费，抑制不合理消费，减少一次性用品使用。推广使用低碳产品，拓宽低碳产品销售渠道，引导低碳住房需求模式，倡导公共交通、共乘交通、自行车、步行等低碳出行方式。

至此，我国已确定了6个低碳试点省区，36个低碳试点城市，至今大陆31个省市自治区中除湖南、宁夏、西藏和青海以外，每个地区至少有一个低碳试点城市。低碳试点已经基本在全国全面铺开。

2-28 我国开展的低碳社区试点的主要内容是什么？

为积极探索新型城镇化道路，加强低碳社会建设，倡导低碳生活方式，推动社区低碳化发展，国家发改委于2014年3月21日印发《关于开展低碳社区试点工作的通知》（发改气候［2014］489号），低碳社区试点工作正式展开。

低碳社区试点的目标是，重点在地级以上城市开展低碳社区试点工作。要求国家低碳试点省市率先垂范，大力推动低碳社区试点工作。到“十二五”末，全国开展的低碳社区试点争取达到1000个左右，择优建设一批国家级低碳示范社区。

低碳社区试点重点围绕六个方面开展创建活动：

(1) *以低碳理念统领社区建设全过程* 按照绿色低碳的要求完善试点社区建设规划方案，倡导功能混合的土地利用模式与紧凑的空间布局形态，优化社区土地使用空间、功能布局和社区生活圈，形成低碳高效的空间开发模式。将社区碳排放指标纳入社区规划和建设指标体系，对新开发小区建设方案和既有社区改造方案开展低碳专项评审，促进社区生活方式、运营管理、楼宇建筑、基础设施、生态环境等各方面的绿色低碳化。提高社区建筑和基础设施建设标准，延长建筑使用寿命，避免大拆大建，增强社区适应气候变化和防灾减灾能力。

(2) *培育低碳文化和低碳生活方式* 引导居民树立尊重自然、顺应自然、保护自然的生态文明理念，形成以低碳生活为荣的社会风尚和共建和谐低碳家园的社区文化。开展低碳家庭创建活动，鼓励社区内居民在衣、食、住、用、行等各方面践行低碳理念。制定和发布社区低碳装修、低碳生活指南，引导居民自觉减少能源和资源浪费。倡导清洁炉灶、低碳烹饪、健康饮食，减少食品浪费。鼓励选用低碳节能节水家电产品以及简约包装商品，鼓励采用步行、自行车、公共交通、拼车、搭车等低碳出行方式。完善社区居民低碳生活服务设施，打造社区商业低碳供应链。设立社区低碳宣传教育平台，组织开展多种形式的宣教引导和实践体验活动，推介低碳知识，宣传低碳典型。

（3）探索推行低碳化运营管理模式 加强智慧社区建设，充分利用现代信息手段，实现社区运营管理高效低碳化。推行低碳物业管理和服务新模式，建立居民出行、出游、购物、旧物处置等生活信息电子化智能服务平台，设立方便居民旧物交换和回收利用的“社区低碳小站”。加强垃圾分类管理，提高垃圾资源化率和社区化处理率。开展家庭碳排放统计调查，建立社区水电气热等能源资源数据信息采集平台和社区温室气体排放信息系统。完善社区节能减碳监督管理和奖惩制度，鼓励社区居民、社会组织参与低碳社区建设和管理。通过努力，使试点社区公交分担率达到60%以上，非传统水源利用率达到40%以上，垃圾分类收集率达到30%以上、资源化利用率达到50%以上。

（4）推广节能建筑和绿色建筑 建筑布局、设计要充分考虑气候条件，最大化利用自然采光通风。尽量采用当地建筑材料和低碳建筑材料，大力推广可再生能源建筑应用，鼓励采用低碳技术和低碳设备。执行更严格的绿色建筑和建筑节能标准，试点社区内新建保障性住房应全部达到绿色建筑一星级标准，新建商品房应全部达到绿色建筑二星级及以上标准，既有建筑低碳化改造后应达到当地强制性建筑节能标准。在有条件的地区推广建筑工业化建设模式。

（5）建设高效低碳的基础设施 合理配置社区内商业、休闲、公共服务等设施，提升社区总体服务效率，降低碳排放水平。科学布局社区内公共交通、慢行交通设施，大力发展低碳公共交通工具。加强社区低碳生活配套设施建设，统一规划建设社区公共自行车租赁和电动车充电设施，鼓励在社区发展公共电动车租赁，建设社区配餐服务中心和自助洗衣店等生活服务设施。完善社区给排水、污水处理、中水利用、雨水收集设施。建设社区垃圾分类收集、分选回收、预处理和处理系统。鼓励社区采用太阳能公共照明系统。

（6）营造优美宜居的社区环境 遵从自然规律，社区绿化尽量采用原生植物，建设适合本地气候特色的自然生态系统。加强社区生态环境规划设计，充分利用绿化带隔声减噪，建设满足居民休闲需要的公共绿地和步行绿道。加强社区生态环境用水节约、集约、循环利用，尽量采用雨水、再生水等非传统水源。加强社区公园、广场、文体娱乐场所等公共服务场所建设。

低碳社区试点工作是推进低碳发展、创新社会管理的一项重要工作。国家发改委把低碳社区试点开展情况纳入对各省（区、市）碳强度下降目标责任考核体系。省级发展改革部门组织编制本地区低碳社区试点工作方案，报经国家发改委备案后实施，负责本地区试点社区评选、指导和验收工作。

国家有关部门积极研究制定试点配套支持政策，积极支持试点社区按现有渠道申请享受国家节能减排低碳扶持政策和投资补助。

2-29 我国首批低碳城（镇）试点有哪些地方？主要任务是什么？

为积极探索我国新型工业化、城镇化进程中的绿色低碳发展道路，国家发改委印发了《关于加快推进国家低碳城（镇）试点工作的通知》（发改气候〔2015〕1770号）。选择一批基础条件较好、规划理念先进、发展潜力巨大的城区和城镇，开展国家低碳城（镇）试点，从规划、建设、运营、管理全过程探索各具特色的绿色低碳发展模式，实现产业低碳发展与城市低碳建设相融合，并为全国新型城镇化和低碳发展提供实践经验，发挥引领和示范作用。

在各地推荐的基础上，国家选定广东深圳国际低碳城、广东珠海横琴新区、山东青岛中德生态园、江苏镇江官塘低碳新城、江苏无锡中瑞低碳生态城、云南昆明呈贡低碳新区、湖北武汉花山生态新城、福建三明生态新城作为首批国家低碳城（镇）试点。

首批低碳城（镇）试点的主要任务：

（1）探索城（镇）规划和建设新模式　严格按照低碳发展理念规划产业布局、生活社区、基础设施和生态空间，形成高效集约、功能齐全、舒适便捷的低碳发展空间格局。应充分利用现有基础设施，防止大拆大建。鼓励运用政府和社会资本合作（PPP）、特许经营等方式，引导社会资本参与试点城（镇）重大工程项目建设。

（2）打造低碳生产生活综合体　合理规划布局和建设生产生活设施，探索低碳产业、低碳生活相融合的低碳发展新模式。通过聚集战略性新兴产业和生产型服务业，形成特色鲜明的低碳产业集群，大力发展循环经济和清洁生产。推广绿色低碳建筑，试点城（镇）绿色建筑达标率要达到70%以上。构建低碳交通体系，推行网格式道路布局，构建紧凑高效的公交和慢行交通网络，加快建设新能源汽车配套设施。建设低碳高效的能源供应体系，积极建设可再生能源利用设施，鼓励利用生物质能、地热能、工业余热进行集中供热，鼓励构建智能微电网系统。完善教育、医疗、市政等公共服务设施，培育低碳文化，扩大低碳产品消费，倡导低碳生活。

（3）创建低碳发展政策试验田　鼓励实施有利于试点城（镇）产城融合发展以及低碳产业集聚、低碳能源使用、低碳技术研发的土地、金融、税收、投资、价格、人才政策，开展体制机制创新。鼓励设立低碳发展基金，采用资本金注入、资金补助和贷款贴息等方式，加大对试点的支持力度。

（4）形成低碳技术研发应用高地　通过政府引导，加大对自主创新的投入，支持科研机构入驻试点城（镇），鼓励企业在试点城（镇）设立或迁入低碳技术研发总部，开展研发智能电网、先进储能、分布式能源、高效节能工艺及余能余热规模利用、被动式绿色低碳建筑、新能源汽车、城市能源供应侧和需求侧节能减碳等低碳技术研发。加快低碳技术孵化、成果转化和产业化应用推广。

（5）探索城（镇）低碳运营管理机制　健全职能综合、运作高效、机构精简的管理机制，加强试点城（镇）低碳管理。结合各地电子政务、智慧城市建设，鼓励建设信息化智能管理综合平台，实现政务服务、企业生产、居民生活信息集成、共享和应用，降低人力、资源、物流等要素成本。建立试点城（镇）温室气体排放信息化管理体系，在主要企业建设能源和温室气体数据在线监测系统。

（6）建设低碳发展国际合作平台　在城（镇）低碳规划、建设和管理等方面加强国际交流与合作，引进国际先进技术、人才和资金，优先在试点城（镇）内实施低碳发展国际合作项目，把试点城（镇）打造成应对气候变化国际合作示范窗口。

至此，由国家发改委组织实施的低碳试点已经形成低碳省区和低碳城市、低碳社区、低碳城（镇）等不同层级的低碳试点工作。

2-30　广东省低碳试点开展的主要工作有哪些?

根据国家低碳试点的要求，广东省编制了《广东省低碳试点工作实施方案》，并在2012年1月获得国家发改委批复同意，也是首批试点省市中第一个获得批复的《实施方案》。

按照《实施方案》提出的目标，到2015年，广东省非化石能源占一次性能源消费的比重达到20%，单位生产总值二氧化碳排放比2010年降低19.5%。初步建立控制温室气体排放的市场机制和有利于低碳发展的体制机制，经济发展方式向低碳发展转型取得初步成效，低碳生活方式和消费模式理念成为全社会的广泛共识，生态环境有所改善；到2020年，努力实现全省单位生产总值二氧化碳排放比2005年降低45%以上。

《实施方案》提出对二氧化碳排放总量控制，并以此为基础开展碳排放权交易试点，具有前瞻性和创新性。同时明确推动产业低碳化发展、优化能源结构、节能提高能效、发展低碳交通和建筑、建设绿色广东等重点工作，确立了比较完善的试点保障体系，规划了未来五年试点工作的时间进程，明确了各部门职责分工，具有较强的针对性和可操作性。

为突出示范引导，以点带面推动低碳试点工作，广东省确定了首批低碳试点城市、县（区），即：广州市、珠海市、河源市、江门市4个低碳试点城市；珠海市横琴新区、佛山市禅城区、佛山市顺德区、韶关市乳源县、河源市和平县、梅州市兴宁市、梅州市大埔县、云浮市云安县8个试点县（区）。对低碳试点城市、县（区）的工作要求有五个方面，一要编制低碳发展规划，二要探索创新体制机制，三要建立健全工作体系，四要制定完善配套政策，五要积极倡导低碳生产、生活方式。

在每年制定的《广东国家低碳省试点工作要点》中，都明确提出年度工作重点。如2012年《工作要点》提出完善低碳试点管理工作体系：实施碳排放和能源消费总量控制，支持研发推广重点关键低碳技术，完善固定资产投资项目节能评估和审查制度，研究建立控制温室气体排放评价考核制度，加强温室气体排放统计核算工作，加强大气中温室气体监测，建立温室气体排放综合性数据库系统，开展省级低碳试点示范。

2013年，广东省重点推进碳排放权交易试点工作：建立碳排放权管理和交易制度；建立碳排放信息报告和核查制度；建设碳排放权管理和交易电子信息系统；初步建立碳排放权交易一级市场；启动运行碳排放权交易二级市场；积极推进林业碳汇管理制度建设；研究制定碳排放权交易的价格调控监管政策。

2015年重点推进碳排放权交易试点工作：启动碳排放管理和交易省级立法工作，研究起草《广东省碳排放权管理和交易条例》；完善碳排放管理和交易制度体系，完善《广东省企业碳排放信息报告与核查实施细则》《广东省碳排放权配额管理实施细则》等规范性文件，修订完善交易规则等配套文件；建立健全碳排放核算核证体系；扩大碳排放管理和交易范围；大力发展碳金融；完善自愿减排交易机制；推进粤深碳交易市场的互联互通，加强与国内外碳交易市场的交流合作，主动参与全国碳交易市场建设工作。

2016年广东省低碳试点工作要点明确了积极谋划低碳发展战略、深入开展低碳试点示范、加快完善碳排放权交易市场、强化重点领域低碳发展工作、夯实低碳试点工作基础共五大类27项任务。《要点》提出要抓紧推进全省碳排放峰值时间表和路径图、低碳产业发展趋势及布局、碳排放总量和强度“双控”机制、适应气候变化中长期战略、绿色低碳发展评价指标体系等。广东将继续促进碳交易市场活跃，研究出台鼓励投资机构、金融机构参与碳交易的政策措施，研究推出更多的交易产品，吸引更多的社会资本参与碳市场。

2-31　湖北省低碳发展规划确定的主要任务有哪些?

湖北是首批试点省份之一，根据国家的要求，湖北省发改委会同有关部门，共同组织编制了《湖北省低碳发展规划（2011～2015年）》《湖北省低碳产业发展规划》《湖北省低碳交通发展规划》《湖北省绿色建筑发展规划》和《湖北省森林碳汇发展规划》，形成了指导湖北低碳发展的“一总四专”规划体系。

湖北省低碳发展规划（2011～2015年）确定的主要任务有十项：

（1）调整产业结构，构建低碳产业体系　壮大低碳产业，大力培育高新技术产业和战略性新兴产业，优先发展现代服务业，发展低碳农业，推动工业化与信息化，制造业与服务业融合，加快构建结构优化、技术先进、清洁安全、附加值高的低碳产业体系，提高产业核心竞争力。

抑制高耗能高排放行业过快增长，合理控制“两高”行业发展规模和增长速度，重点控制电力、钢铁、有色、建材、石化、造纸等行业的能耗，提高新建项目准入门槛。

推动传统产业低碳化改造，大力培育发展高新技术产业和战略性新兴产业，全面加快现代服务业发展，加快发展低碳农业。

（2）坚持节能增效，合理控制能源消费总量　坚持总量控制与强度限制相结合，强化节能目标责任考核，加快推行合同能源管理，实施重点节能工程，推广先进节能技术和产品，抓好重点领域节能，抑制高耗能产业过快增长，提高能源利用效率。

（3）积极发展低碳能源，优化能源结构　调整和优化能源结构和布局，加快开发利用新能源和可再生能源。优化发展火电，整合利用水电资源，积极开发利用太阳能，有序发展生物质能，高效利用风能。

（4）促进工业低碳发展，控制工业领域碳排放　调整优化产业结构和用能结构，强化从生产源头、生产过程到产品的碳排放管理，形成低能耗、低污染、低排放的工业体系，促进工业低碳发展。

（5）打造低碳交通，促进交通节能减排　完善综合交通运输体系，着力构建节能高效的运输组织体系，加快发展低能耗运输装备，倡导低碳出行。

（6）发展绿色建筑，全面推进建筑节能　严格实施新建建筑节能监管，组织开展既有建筑节能改造，加快可再生能源规模化应用，大力推进绿色建筑发展，深入推进新型墙体材料发展。

（7）加强碳汇建设，提高固碳减碳能力　增加森林生态系统碳汇，继续实施重要湿地恢复与保护工程，建设城市碳汇体系，加强森林碳汇管理体系建设。

（8）推进试点示范建设，打造低碳发展典范　扎实推进低碳试点示范城市建设，开展低碳园区试点示范，推进低碳企业试点，开展低碳社区试点示范。

（9）倡导低碳消费，推广低碳生活方式　大力宣传低碳生活方式，创造低碳消费有利条件，推动公共型低碳消费和全社会低碳行动。

（10）加强基础能力建设，创新低碳发展体制机制　建立温室气体排放统计核算和考核评价体系，开展总量控制下的碳排放权交易试点，鼓励开展自愿减排交易。

2-32　湖北省低碳试点实施的七大工程是哪些？

湖北省实施的七大低碳工程为：

（1）工业节能增效工程　实现热电冷联产，促进燃煤工业锅炉（窑炉）改造和余热余压利用，鼓励采用新型高效锅炉系统更新、替代低效锅炉，提高锅炉热效率，支持热电联产企业开展煤拔头技术研发及产业化。在钢铁、建材、石化行业加大余热余压回收利用，实施干法熄焦、炉顶压差发电、烧结余热发电、燃气-蒸汽联合循环发电、新型干法水泥窑纯低温余热发电、玻璃熔窑余热发电、炭黑余热利用等工程。

（2）低碳技术开发应用工程　重点在六大高耗能行业（电力、化学原料及制造业、非金属矿物制品业、金属冶炼、食品制造及农副产品加工、交通运输设备制造业）和运输、农业、环保等领域，大力发展节能减排和提高能效技术。加大碳封存与碳捕获技术研发投入，重点加快富氧燃烧二氧化碳捕获技术的研发及产业化应用。

（3）*新能源综合开发工程* 在规模化集中开发20万千瓦以上大中型风电场的同时，积极稳妥地探索分散式接入风电的开发模式。在有条件的工业园区或结合城市大型公共建筑，发展与建筑物一体化的分布式光伏发电系统。在太阳能资源丰富的水电站和风电场建设光伏发电系统，实现水光互补、风光互补。开展太阳能热发电试点，推进光热发电装备自主化。积极培育太阳能热利用，加快太阳能热水器普及使用。支持“能源林种植－生物柴油（纤维素乙醇）－生物质发电－生物质肥料－能源林种植”的循环经济发展模式；支持大中型畜禽养殖场和养殖场小区、大中城市污水处理厂、有机废弃物排放量大的企业、城市垃圾填埋场建设沼气集中供气或沼气发电项目。

（4）*低碳交通示范工程* 推进武汉、十堰全国低碳交通运输体系建设试点城市建设。推进全国“车、船、路、港”千家企业低碳交通运输专项行动中的33家省内重点企业节能减排专项行动。以湖北客运集团、宜昌交运集团、十堰亨运集团、襄阳神州运业公司、黄冈东方运输集团、荆州先行运输集团、恩施恩运集团以及武汉城市圈和襄阳、宜昌周边客运企业为重点，推进道路客运节能减排；以武汉港务集团、宜昌港务集团、荆州港务集团、华中航运集团等港航企业为重点，推进水路运输节能减排。实施城市公交优先发展工程，推进武汉市“公交都市”建设试点工作；通过购车补贴或者计算减排量奖励的方式，重点支持城市公共交通等行业清洁能源车辆应用。

（5）*绿色建筑示范工程* 重点抓好武汉花山生态新城、武昌滨江商务区“零碳未来城”、咸宁华彬金桂湖低碳示范区等3个城市新区作为绿色建筑集中示范区。积极组织开展绿色低碳生态村镇试点示范，支持武汉光谷·伊托邦绿色低碳小城镇建设。

（6）*循环经济建设工程* 着力实施资源综合利用、“城市矿产”示范基地建设、再制造产业化、餐厨废弃物资源化利用、产业园区循环化改造、资源循环利用技术推广等一批循环经济重点工程。重点推进武汉、襄阳、宜昌、黄石、十堰、荆州等城市餐厨废弃物资源化利用和无害化处理等工程。

（7）*碳汇造林工程* 推进实施天然林资源保护二期、退耕还林、长江流域防护林体系建设、丹江口库区生态综合治理示范区建设、林业血防、绿色通道生态景观、鄂北岗地防护林带、小流域综合治理等重点工程。

2-33 贵阳市低碳城市试点采取的主要措施有哪些?

贵阳市属于西部欠发达资源型城市，仍处于工业化和城镇化的进程中，开展低碳城市试点，能避免重复传统的经济发展模式，实现跨越式发展。

作为首批低碳试点城市，贵阳市确定采取的重点行动包括：

（1）*建立完善温室气体排放、能源统计监测和考核管理体系* 在《贵阳市低碳发展中长期规划》中进一步细化贵阳市低碳发展各重点领域控制温室气体排放的目标和政策措施。建立温室气体排放统计监测体系和目标分解体系；建立温室气体排放目标考核制度，按年度制订温室气体排放目标和实施方案，并由市人民政府与各责任单位签订目标责任书，进一步明确目标，落实责任，层层分解落实考核指标；强化管理，提高能源利用效率。

（2）*创新低碳发展机制* 完善有利于低碳发展的生态补偿机制，探索环境交易机制，研究重点行业、企业排放权合理分配方案。

（3）*大力推动服务业发展* 大力发展低碳旅游业，打造中国低碳会展城，发展低碳物流产业。

（4）降低单位工业增加值碳排放强度　改造提升资源型产业，推进传统工业低碳化；加快发展生物医药、装备制造产业和战略性新兴产业；加快工业园区建设，推进产业集群发展。

（5）加大可再生能源比重　加快可再生能源建设，加快水能资源开发，增加水电的供应比例；推进地热、太阳能在绿色建筑、低碳社区的应用。

（6）推进重点领域低碳示范　构建低碳城市交通系统；推进建筑节能，发展低碳绿色建筑；大力推进公共机构节能；倡导低碳生活方式与消费模式。

（7）建设绿色贵阳、避暑之都　加强森林资源培育和森林资源管理，增强碳汇。

2-34　镇江市低碳城市试点的经验有哪些?

2012 年 11 月，江苏镇江市被列为全国第二批低碳试点城市。镇江市政府在《镇江市低碳城市试点工作实施方案》基础上，研究出台了一系列低碳城市建设的政策，并进行细化落实，取得显著成效，实现了经济持续发展和碳排放强度逐年下降的双赢。

（一）坚持将低碳理念贯穿经济社会发展全过程

一是以低碳理念引领城市发展。镇江市着力突出绿色低碳的理念，将创建国家低碳示范城市作为其中最为重要的内容之一，鲜明提出到 2020 年左右达到碳排放峰值，通过低碳目标的倒逼机制，在构建绿色生态的城乡发展空间、经济向绿色低碳转型、培植健康文明的生态文化等方面下大力气推进，努力建成生态城市发展、生态产业发展、生态空间有效保护、资源集约和高效利用的示范区。

二是以低碳理念优化城市发展空间。编制出台《镇江市主体功能区规划》，充分体现生态低碳的理念。

三是以低碳理念推动产业转型升级。出台《关于加快推进产业集中集聚集约发展的意见》和《镇江市产业集中集聚集约发展评价考核暂行办法》，坚持园区绩效管理，积极探索市场化运作模式，促进产业提档升级。

（二）把低碳能力建设作为低碳城市建设的重要抓手

不断优化完善以“碳平台”为基础，碳峰值、碳考核、碳评估和碳资产管理为核心内容的城市碳管理体系。率先建设碳平台，在全国首创开发了城市碳排放核算与管理平台，整合了多部门的数据资源，能够全面、直观地展现了全市温室气体排放的状况；开发碳峰值及路径研究系统，包含了峰值测算、路径分析和行动举措三大部分；开发固定资产投资项目碳评估系统，通过测算项目的碳排放总量、碳排放强度以及降碳量等指标，并综合考虑能源、环境、经济、社会 4 个领域的影响因素，设立 8 项关键性指标，科学确定指标权重，建立评估指标体系，从低碳的角度综合评价项目的合理性和先进性；实施碳排放双控考核考核；开发碳资产管理系统，对重点碳排放企业实施煤、电、油、气消耗及工业生产过程碳排放的在线监控和企业碳资产管理；率先建立碳排放统计直报制度。

（三）把重点领域低碳化发展作为低碳城市建设的重要路径

一是扎实推进低碳九大行动。在《镇江市低碳城市试点工作实施方案》基础上，研究出台了《关于加快推进低碳城市建设的意见》（镇政发［2012］80 号），先后制定了 2013、2014 年和 2015 年《镇江低碳城市建设工作计划》，全面实施优化空间布局、发展低碳产业、构建低碳生产模式、碳汇建设、低碳建筑、低碳能源、低碳交通、低碳能力建设、构建低碳生活方式等九大行动，并细化落实到具体项目。

二是广泛开展低碳试点示范。在工业和交通运输企业、景区、机关、学校、小区、村庄等碳排放及碳汇建设7大领域选择165家单位开展低碳试点工作，在低碳产业、低碳生产模式、碳汇建设、低碳建筑、低碳能源、低碳交通、低碳能力建设等7大领域选择25个典型项目作为低碳示范项目重点推进。

三是全力打造低碳产业园区。积极推进低碳产业重大载体建设，形成“多点试点”向“成片集成”推进。

四是大力度淘汰落后产能，化解过剩产能。

五是开展零碳示范区研究和规划。

（四）把体制机制创新作为低碳城市建设的有效保障

一是构建绿色政绩考核体系。突出产业“三集”、突出现代服务业发展、突出碳排放、突出淘汰落后产能，科学调整调优国民经济和社会发展指标体系。

二是落实项目化推进机制。将低碳城市建设重点指标、任务和项目纳入市级机关党政目标管理考核体系。每年将低碳九大行动分解细化成具体目标任务，按月督查、每季调度低碳建设项目，确保项目按序时推进。

三是探索建立生态补偿机制。在市级财政设立生态补偿专项基金，用于支持主体功能区中生态红线控制区的生态补偿、污染土壤修复、生态产业园建设。在全市树立碳有价、碳补偿的理念，促进企业未雨绸缪，主动减排。

四是构建全民参与机制。加大宣传力度，倡导低碳生活方式，在中国镇江和金山网设置低碳城市建设专栏，建立“美丽镇江·低碳城市”新浪机构微博，每周发送低碳手机报。通过长期的宣传，低碳生活、低碳发展的理念深入人心，市民知晓度、参与度都明显提升。

2-35 低碳试点城市的特色有哪些？

试点城市的低碳发展领域较为全面，所有试点省市都在产业、能源、环境、生活等不同领域同时推进低碳发展。然而各个试点城市均在原有发展战略的基础上，结合当地资源优势和经济特点选取了各自的发展模式，详见表2-19。

表2-19 部分试点城市低碳发展特色

地区	低碳发展特色
广东	按照“加快转型升级、建设幸福广东”核心任务的要求，加快产业转型升级和能源结构调整，积极探索创新低碳发展体制机制，开展低碳市、县、区试点示范建设，实行低碳发展全省总动员
云南	以当地生态资源为优势，大力发展旅游业，加快开发水电，推进森林云南建设
辽宁	围绕老工业基地全面振兴任务，以节约资源、控制污染为主线，以改善生态环境质量为核心，推动传统产业升级，积极发展战略性新兴产业，积极发展核电等清洁能源
陕西	以调整经济结构、优化能源结构、提高能源利用效率和增加森林碳汇为重点，以制度创新、科技创新和政策激励为支撑，努力探索资源富集省“重化工业低碳转型、新兴产业低碳发展”的新模式
湖北	以“两型社会”建设为基础，转变老工业基地的经济粗放发展为特征，加快产业结构调整，着力淘汰落后产能，加强工业、公共机构和农村的节能工作，合理控制能源消费总量，大力发展循环经济
天津	在中新天津生态城的建设中全面贯彻循环经济、低碳发展理念，提倡绿色健康的生活方式和消费模式，建设生态宜居城市
重庆	按照“五个重庆”的总体要求，构建低碳能源体系，合理控制能源消费总量，通过打造两江新区等战略新兴产业核心聚集区打造低碳产业体系，积极推动低碳技术创新，创新低碳市场机制

续表

地区	低碳发展特色
杭州	着力建设低碳经济、低碳交通、低碳建筑、低碳生活、低碳环境、低碳社会“六位一体”的低碳示范城市，建立低碳产业聚集区，大力发展循环经济，加大可再生能源的利用，重点打造低碳交通体系
深圳	打造国际低碳城，助推新型产业，注重循环经济，追求更高生态文明，向“深圳质量”跨越
厦门	建设“宜居厦门”，低碳建筑领域先行，注重城市规划建设，发展低碳交通和低碳生活方式
南昌	以鄱阳湖生态经济区建设作为契机，大力发展服务外包、会展商务、文化旅游等服务业，推广可再生能源的利用，加快推进低碳示范
贵阳	以循环经济为基础，把低碳理念融入“建设生态文明城市”的重大战略，大力推动会展业、物流业、旅游业等服务业，改造提升资源型产业，着力推进先进制造业
保定	以新能源制造产业为支柱，拥有多个国家级新能源研发基地，良好的政策、资源与技术优势为保定市建设低碳城市奠定了坚实的基础

2-36 第一批国家低碳工业园区试点有哪些？

为推进工业低碳转型，工业和信息化部、国家发改委联合组织开展国家低碳工业园区试点。2014 年 7 月 7 日发布《工业和信息化部 发展改革委关于印发国家低碳工业园区试点名单（第一批）的通知》（工信部联节〔2014〕287 号），确定了第一批 55 家试点园区。国家低碳工业园区试点名单（第一批）如下见表 2-20。

表 2-20 国家低碳工业园区试点名单（第一批）及产业特色

申报省区	园区名称	产业特色
北京	中关村永丰产业基地	新材料、电子信息、新能源、生物医药等
北京	北京采育经济开发区	装备制造
天津	天津滨海高新技术产业开发区华苑科技园	信息产业、现代服务业
天津	天津经济技术开发区	通讯、汽车、装备制造、石油化工等
河北	唐山高新技术产业开发区	机器人、汽车零部件、智能仪器仪表、新材料等
山西	山西太原高新技术产业开发区	煤化工、电子信息、光电、生命科学等
内蒙古	内蒙古乌海经济开发区	煤焦化工、新型建材
内蒙古	内蒙古鄂托克经济开发区	煤炭、电力、冶金、化工、建材
内蒙古	赤峰红山经济开发区	有色、医药、装备制造、纺织、能源电力
辽宁	沈阳经济技术开发区	装备制造、汽车及零部件、医药化工
辽宁	大连经济技术开发区	石油化工、先进装备制造业、电子信息、航空冶金新材料、生物制药等
吉林	吉林化学工业循环经济示范园区	石油化工
吉林	长春经济技术开发区	汽车及配件、生物化工
吉林	延吉国家高新技术产业开发区	生物制药、软件与信息业、卷烟
黑龙江	齐齐哈尔高新技术产业开发区	重型装备制造、农业
黑龙江	大庆高新技术产业开发区	新兴装备制造、石油化工
上海	上海化学工业区	化工
上海	上海金桥经济技术开发区	汽车、信息通讯、现代家电、生物医药及食品
江苏	中国宜兴环保科技工业园	节能环保产业

续表

申报省区	园区名称	产业特色
江苏	苏州工业园区	电子信息
江苏	泰州医药高新技术产业开发区	现代医药产业
浙江	浙江嘉兴秀洲工业园区	纺织、装备制造、新能源与新材料等产业
浙江	杭州经济技术开发区	机械制造、汽车及零配件、电子通讯、生物制药等
浙江	温州经济技术开发区	先进装备制造业、汽车零部件制造、物流业和轻纺服装业
浙江	宁波经济技术开发区	石油化工、钢铁、汽车及零配件、能源等
安徽	合肥经济技术开发区	家电、装备制造、汽车等
安徽	池州经济技术开发区	有色金属、建材行业、电子信息、高端装备制造
福建	长泰经济开发区	文体用品、光电照明、高端装备、生物医药
江西	新余高新技术产业开发区	光伏、风电、新材料、节能环保、钢铁深加工
江西	南昌高新技术产业开发区	生物制药、光伏光电、航空、新材料、电子信息
山东	临沂经济技术开发区	工程机械、化工、新能源
山东	日照经济技术开发区	汽车及配件、造纸、粮油加工
山东	青岛国家高新技术产业开发区	石油化工、先进装备制造产业(含汽车)、电子信息、航空冶金新材料、海洋船舶工程
河南	郑州高新技术产业开发区	电子信息、新材料、生物医药、新能源、节能环保
河南	洛阳高新区	生物医药、新材料、节能环保、智能装备制造
湖北	青山经济开发区	重化工、钢铁
湖北	孝感高新技术产业开发区(孝感园区)	电子信息、汽车及零部件、先进装备制造、纺织服装、造纸
湖北	黄金山工业园区	新材料、装备制造、电子信息、生物医药
湖南	湘潭高新技术产业开发区	新能源装备
湖南	湖南岳阳绿色化工产业园	精细化工、化工新材料
湖南	益阳高新技术产业开发区	电子信息
广东	东莞松山湖高新技术产业开发区	电子信息
广西	南宁高新技术产业开发区	生物工程及医药、电子信息产品制造、汽车零部件、机电产品制造
海南	海南老城经济开发区	电子信息、新材料、能源和石油化工
重庆	重庆璧山工业园区	电子信息、食品医药、装备制造(含汽摩产业)、制鞋业
重庆	重庆双桥工业园区	汽车整车及零部件、现代机械制造、再生资源循环经济产业
四川	达州经济开发区	能源化工、冶金建材、汽车机械、生产性服务业
贵州	贵阳国家高新技术产业开发区	新能源、新材料、高端装备制造、生物医药、电子信息、光电
贵州	遵义经济技术开发区	装备制造、特色轻工、电子信息
陕西	西安高新技术产业开发区	电子信息、先进制造、生物医药
甘肃	嘉峪关经济技术开发区(工业园区)	钢铁及上下游加工
青海	青海省格尔木昆仑经济开发区(格尔木业园)	盐湖化工、油气化工、新能源

续表

申报省区	园区名称	产业特色
青海	西宁(国家级)经济技术开发区甘河工业园区	有色金属、黑色金属、化工、水泥
宁夏	宁夏石嘴山高新技术产业园区	新材料、汽车及零部件制造、机械制造
新疆	乌鲁木齐高新技术产业开发区(新市区)	新能源、新材料、装备制造、煤炭与石油化工、电子信息、生物医药

2-37 创建国家低碳工业园区的主要内容有哪些?

工业是我国温室气体的主要排放源，以产业集群为特征的产业园区已经成为我国经济发展的重要形式，开展国家低碳工业园区建设试点工作，是当前推动产业低碳发展的重要切入点和着力点，对于推动工业低碳发展意义重大。

进行国家低碳工业园试点可以充分发挥工业园区集聚功能，把低碳发展的理念和方法贯彻于园区空间布局、产业规划和基础设施建设的各个方面，整合完善产业链，调整产业结构和产品结构，提高园区能源、资源利用效率，降低单位工业增加值碳排放。

为此，工业和信息化部、国家发改委确定的低碳工业园创建内容包括：

(1) *大力推进低碳生产* 加强低碳生产设计，围绕工业生产源头、过程和产品三个重点，把低碳发展的理念和方法落实到企业生产全过程。提高园区能源、资源利用效率，加快传统制造业转型升级，通过原料替代、改善生产工艺、改进设备使用等措施，加快钢铁、建材、有色、石化和化工等重点用能行业低碳化改造，降低工业生产中化石能源消耗的碳排放，减少工业过程温室气体排放。积极推动低碳新型产业的发展，培育一批引领未来产业发展方向、具有国际竞争力的低碳产业和企业，发展生产性服务业等，推动园区产业低碳化发展。改善工业用能结构，推行分布式能源，建设园区智能微电网，提高生产过程中太阳能、风能、生物质能等可再生能源使用比例。优化产业链和生产组织模式，建立企业间、产业间相互衔接、相互耦合、相互共生的低碳产业链，促进资源集约利用、废物交换利用、废水循环利用、能量梯级利用。制定严格的园区低碳生产和入园标准，对高碳落后产能和企业进行强制性淘汰，对入园企业和新建项目实行低碳门槛管理。

(2) *积极开展低碳技术创新与应用* 建立低碳技术创新研发、孵化和推广应用的公共综合服务平台，推动企业低碳技术的研发、应用和产业化发展。瞄准全球新一代低碳技术发展方向，积极支持重大原创性核心低碳技术的研发，形成一批拥有自主知识产权的技术成果，引领我国产业低碳发展。开发应用源头减量、零排放技术，利用低碳技术推动传统产业的改造升级。组织开发先进适用的低碳技术、低碳工艺和低碳装备，推动新型低碳产业发展。以先进适用技术和关键共性技术为重点，制定低碳技术推广实施方案，促进低碳新技术、新工艺、新设备和新材料的推广应用，带动重点行业碳排放强度大幅度下降。建立低碳技术创新和推广应用的激励机制和融资平台，增强园区低碳技术创新能力和推广应用水平。

(3) *创新低碳管理* 建立健全园区碳管理制度，编制碳排放清单，建设园区碳排放信息管理平台，强化从生产源头、生产过程到产品的生命周期碳排放管理。加强企业碳排放的统计、监测、报告和核查体系建设，建立完善企业碳排放数据管理和分析系统，挖掘碳减排潜力。加强企业碳管理能力建设，增强企业低碳生产意识，提高碳管理水平。鼓励支持园区企业参加碳排放交易试点，建立碳排放总量控制和排放权有偿获取与交易的市场机制。推行低碳产品认证制度等，多途径探索企业碳管理新模式。

(4) 加强低碳基础设施建设 制定园区低碳发展规划，完善空间布局，优化交通物流系统，对园区水、电、气等基础设施建设或改造实行低碳化、智能化。加快淘汰小锅炉等低效供能设施，推广集中供热和热电冷三联供设施，提高能源利用效率。推广新能源和可再生能源的使用，鼓励在建筑、交通设施中安装太阳能、风能等可再生能源利用设施，提高园区可再生能源利用比例。完善园区垃圾分类收集、运输和处置体系以及污水管网和处理设施建设，提高废弃物资源化利用率。制定和实施低碳厂房标准，加强新建厂房低碳规划设计，加强对既有厂房的节能改造，提高厂房运行过程的能源利用效率，降低厂房生命周期碳排放。

(5) 加强国际合作 多途径、多层次地积极开展国际合作，把园区建设作为我国低碳产业国际合作的实验平台、交流平台和示范平台。加强低碳技术国际合作，跟踪国际低碳技术研发的前沿领域，积极引进尖端低碳技术，建立完善低碳技术合作研发、消化吸收、再创新、推广应用和产业化发展机制。加强低碳管理合作，利用现有国际合作机制、渠道和资金，积极开展温室气体核算、监测和核查等合作，开展企业温室气体管理能力建设，引进低碳产品认证等先进碳管理理念和方法，提高碳管理水平。创新低碳产业国际合作机制，在园区层面探索形成政府牵线与企业联姻、政府推动与市场运作的国际合作机制，扩大国际合作领域。加强园区低碳发展的国际宣传，通过举办国际论坛、参加国际会展等方式，展示园区低碳发展成就。

第四节 中国“十三五”碳减排目标与措施

2-38 我国“十三五”控制温室气体排放的目标是什么？

《国民经济和社会发展第十三个五年规划纲要》中提出，“十三五”期间中国单位GDP二氧化碳排放减少18%的目标。为完成这一目标，国务院2016年10月27日印发《“十三五”控制温室气体排放工作方案》(国发〔2016〕61号)，对温室气体减排进行具体安排。

《方案》进一步明确了控制温室气体排放主要目标：到2020年，单位国内生产总值二氧化碳排放比2015年下降18%，碳排放总量得到有效控制。氢氟碳化物、甲烷、氧化亚氮、全氟化碳、六氟化硫等非二氧化碳温室气体控排力度进一步加大。碳汇能力显著增强。支持优化开发区域碳排放率先达到峰值，力争部分重化工业2020年左右实现率先达峰，能源体系、产业体系和消费领域低碳转型取得积极成效。全国碳排放权交易市场启动运行，应对气候变化法律法规和标准体系初步建立，统计核算、评价考核和责任追究制度得到健全，低碳试点示范不断深化，减污减碳协同作用进一步加强，公众低碳意识明显提升。

为实现“十三五”碳减排目标，国家将强化保障各项政策措施的落实：

(1) 加强组织领导 发挥好国家应对气候变化领导小组协调联络办公室的统筹协调和监督落实职能。各省(区、市)要将大幅度降低二氧化碳排放强度纳入本地区经济社会发展规划、年度计划和政府工作报告，制定具体工作方案，建立完善工作机制，逐步健全控制温室气体排放的监督和管理体制。各有关部门要根据职责分工，按照相关专项规划和工作方案，切实抓好落实。

(2) 强化目标责任考核 要加强对省级人民政府控制温室气体排放目标完成情况的评估、考核，建立责任追究制度。各有关部门要建立年度控制温室气体排放工作任务完成情况的跟踪评估机制。考核评估结果向社会公开，接受舆论监督。建立碳排放控制目标预测预警机制，推动各地方、各部门落实低碳发展工作任务。

（3）加大资金投入　各地区、各有关部门要围绕实现“十三五”控制温室气体排放目标，统筹各种资金来源，切实加大资金投入，确保本方案各项任务的落实。

（4）做好宣传引导　加强应对气候变化国内外宣传和科普教育，利用好全国低碳日、联合国气候变化大会等重要节点和新媒体平台，广泛开展丰富多样的宣传活动，提升全民低碳意识。加强应对气候变化传播培训，提升媒体从业人员报道的专业水平。建立应对气候变化公众参与机制，在政策制定、重大项目工程决策等领域，鼓励社会公众广泛参与，营造积极应对气候变化的良好社会氛围。

2-39　我国能源领域碳减排将采取哪些措施？

“十三五”期间，国家将在能源领域采取的碳减排措施主要包括：

（1）加强能源碳排放指标控制　实施能源消费总量和强度双控，基本形成以低碳能源满足新增能源需求的能源发展格局。到2020年，能源消费总量控制在50亿吨标准煤以内，单位国内生产总值能源消费比2015年下降15%，非化石能源比重达到15%。大型发电集团单位供电二氧化碳排放控制在550g CO_2/(kW·h)以内。

（2）大力推进能源节约　坚持节约优先的能源战略，合理引导能源需求，提升能源利用效率。严格实施节能评估审查，强化节能监察。推动工业、建筑、交通、公共机构等重点领域节能降耗。实施全民节能行动计划，组织开展重点节能工程。健全节能标准体系，加强能源计量监管和服务，实施能效领跑者引领行动。推行合同能源管理，推动节能服务产业健康发展。

（3）加快发展非化石能源　积极有序推进水电开发，安全高效发展核电，稳步发展风电，加快发展太阳能发电，积极发展地热能、生物质能和海洋能。到2020年，力争常规水电装机达到3.4亿千瓦，风电装机达到2亿千瓦，光伏装机达到1亿千瓦，核电装机达到5800万千瓦，在建容量达到3000万千瓦以上。加强智慧能源体系建设，推行节能低碳电力调度，提升非化石能源电力消纳能力。

（4）优化利用化石能源　控制煤炭消费总量，2020年控制在42亿吨左右。推动雾霾严重地区和城市在2017年后继续实现煤炭消费负增长。加强煤炭清洁高效利用，大幅削减散煤利用。加快推进居民采暖用煤替代工作，积极推进工业窑炉、采暖锅炉“煤改气”，大力推进天然气、电力替代交通燃油，积极发展天然气发电和分布式能源。在煤基行业和油气开采行业开展碳捕集、利用和封存的规模化产业示范，控制煤化工等行业碳排放。积极开发利用天然气、煤层气、页岩气，加强放空天然气和油田伴生气回收利用，到2020年天然气占能源消费总量比重提高到10%左右。

2-40　我国在低碳产业体系建设方面将采取哪些措施？

不同产业的碳排放强度有很大差别，国家将在“十三五”期间采取多项措施建设低碳产业体系：

（1）加快产业结构调整　将低碳发展作为新常态下经济提质增效的重要动力，推动产业结构转型升级。依法依规有序淘汰落后产能和过剩产能。运用高新技术和先进适用技术改造传统产业，延伸产业链、提高附加值，提升企业低碳竞争力。转变出口模式，严格控制“两高一资”产品出口，着力优化出口结构。加快发展绿色低碳产业，打造绿色低碳供应链。积极发展战略性新兴产业，大力发展服务业，2020年战略性新兴产业增加值占国内生产总值的比重力争达到15%，服务业增加值占国内生产总值的比重达到56%。

(2) 控制工业领域排放 2020年单位工业增加值二氧化碳排放量比2015年下降22%，工业领域二氧化碳排放总量趋于稳定，钢铁、建材等重点行业二氧化碳排放总量得到有效控制。积极推广低碳新工艺、新技术，加强企业能源和碳排放管理体系建设，强化企业碳排放管理，主要高耗能产品单位产品碳排放达到国际先进水平。实施低碳标杆引领计划，推动重点行业企业开展碳排放对标活动。积极控制工业过程温室气体排放，制定实施控制氢氟碳化物排放行动方案，有效控制三氟甲烷，基本实现达标排放，“十三五”期间累计减排二氧化碳当量11亿吨以上，逐步减少二氟一氯甲烷受控用途的生产和使用，到2020年在基准线水平（2010年产量）上产量减少35%。推进工业领域碳捕集、利用和封存试点示范，并做好环境风险评价。

(3) 大力发展低碳农业 坚持减缓与适应协同，降低农业领域温室气体排放。实施化肥使用量零增长行动，推广测土配方施肥，减少农田氧化亚氮排放，到2020年实现农田氧化亚氮排放达到峰值。控制农田甲烷排放，选育高产低排放良种，改善水分和肥料管理。实施耕地质量保护与提升行动，推广秸秆还田，增施有机肥，加强高标准农田建设。因地制宜建设畜禽养殖场大中型沼气工程。控制畜禽温室气体排放，推进标准化规模养殖，推进畜禽废弃物综合利用，到2020年规模化养殖场、养殖小区配套建设废弃物处理设施比例达到75%以上。开展低碳农业试点示范。

(4) 增加生态系统碳汇 加快造林绿化步伐，推进国土绿化行动，继续实施天然林保护、退耕还林还草、三北及长江流域防护林体系建设、京津风沙源治理、石漠化综合治理等重点生态工程；全面加强森林经营，实施森林质量精准提升工程，着力增加森林碳汇。强化森林资源保护和灾害防控，减少森林碳排放。到2020年，森林覆盖率达到23.04%，森林蓄积量达到165亿立方米。加强湿地保护与恢复，稳定并增强湿地固碳能力。推进退牧还草等草原生态保护建设工程，推行禁牧、休牧、轮牧和草畜平衡制度，加强草原灾害防治，积极增加草原碳汇，到2020年草原综合植被盖度达到56%。探索开展海洋等生态系统碳汇试点。

2-41 我国不同区域低碳发展的措施有哪些区别？

我国地域广阔，资源条件不同，经济发展水平差异较大，因此，低碳发展目标的要求也有所不同。因此，国家对不同区域提出了不同的目标，将采取不同的低碳发展措施。

(1) 实施分类指导的碳排放强度控制 综合考虑各省（区、市）发展阶段、资源禀赋、战略定位、生态环保等因素，分类确定省级碳排放控制目标。“十三五”期间，北京、天津、河北、上海、江苏、浙江、山东、广东碳排放强度分别下降20.5%，福建、江西、河南、湖北、重庆、四川分别下降19.5%，山西、辽宁、吉林、安徽、湖南、贵州、云南、陕西分别下降18%，内蒙古、黑龙江、广西、甘肃、宁夏分别下降17%，海南、西藏、青海、新疆分别下降12%。

(2) 推动部分区域率先达峰 支持优化开发区域在2020年前实现碳排放率先达峰。鼓励其他区域提出峰值目标，明确达峰路线图，在部分发达省市研究探索开展碳排放总量控制。鼓励“中国达峰先锋城市联盟”城市和其他具备条件的城市加大减排力度，完善政策措施，力争提前完成达峰目标。

(3) 创新区域低碳发展试点示范 选择条件成熟的限制开发区域和禁止开发区域、生态功能区、工矿区、城镇等开展近零碳排放区示范工程，到2020年建设50个示范项目。以碳排放峰值和碳排放总量控制为重点，将国家低碳城市试点扩大到100个城市。探索产城融合低碳发展模式，将国家低碳城（镇）试点扩大到30个城（镇）。深化国家低碳工业园区试点，将试点扩大到80个园区，组织创建20个国家低碳产业示范园区。推动开展1000个左右低碳社区试点，组织创建100个国家低碳示范社区。组织开展低碳商业、低碳旅游、低碳企业试点。以投资政策引导、强化金融支持为重点，推动开展气候投融资试点工作。做好各类试点经验总结和推广，形成一批各具特色的低碳发展模式。

(4) *支持贫困地区低碳发展* 根据区域主体功能，确立不同地区扶贫开发思路。将低碳发展纳入扶贫开发目标任务体系，制定支持贫困地区低碳发展的差别化扶持政策和评价指标体系，形成适合不同地区的差异化低碳发展模式。分片区制定贫困地区产业政策，加快特色产业发展，避免盲目接收高耗能、高污染产业转移。建立扶贫与低碳发展联动工作机制，推动发达地区与贫困地区开展低碳产业和技术协作。推进“低碳扶贫”，倡导企业与贫困村结对开展低碳扶贫活动。鼓励大力开发贫困地区碳减排项目，推动贫困地区碳减排项目进入国内外碳排放权交易市场。改进扶贫资金使用方式和配置模式。

2-42 我国在城镇化发展中将采取哪些低碳措施?

城镇化是我国“十三五”经济发展的主要措施之一，城镇化将大幅增加第一产业到第二产业的转移，无疑将增加碳排放。根据“十三五”低碳发展目标，国家将采取切实措施推动城镇化低碳发展。

(1) *加强城乡低碳化建设和管理* 在城乡规划中落实低碳理念和要求，优化城市功能和空间布局，科学划定城市开发边界，探索集约、智能、绿色、低碳的新型城镇化模式，开展城市碳排放精细化管理，鼓励编制城市低碳发展规划。提高基础设施和建筑质量，防止大拆大建。推进既有建筑节能改造，强化新建建筑节能，推广绿色建筑，到2020年城镇绿色建筑占新建建筑比重达到50%。强化宾馆、办公楼、商场等商业和公共建筑低碳化运营管理。在农村地区推动建筑节能，引导生活用能方式向清洁低碳转变，建设绿色低碳村镇。因地制宜推广余热利用、高效热泵、可再生能源、分布式能源、绿色建材、绿色照明、屋顶墙体绿化等低碳技术。推广绿色施工和住宅产业化建设模式，积极开展绿色生态城区和零碳排放建筑试点示范。

(2) *建设低碳交通运输体系* 推进现代综合交通运输体系建设，加快发展铁路、水运等低碳运输方式，推动航空、航海、公路运输低碳发展，发展低碳物流，到2020年，营运货车、营运客车、营运船舶单位运输周转量二氧化碳排放比2015年分别下降8%、2.6%、7%，城市客运单位客运量二氧化碳排放比2015年下降12.5%。完善公交优先的城市交通运输体系，发展城市轨道交通、智能交通和慢行交通，鼓励绿色出行。鼓励使用节能、清洁能源和新能源运输工具，完善配套基础设施建设，到2020年，纯电动汽车和插电式混合动力汽车生产能力达到200万辆，累计产销量超过500万辆。严格实施乘用车燃料消耗量限值标准，提高重型商用车燃料消耗量限值标准，研究新车碳排放标准。深入实施低碳交通示范工程。

(3) *加强废弃物资源化利用和低碳化处置* 创新城乡社区生活垃圾处理理念，合理布局便捷回收设施，科学配置社区垃圾收集系统，在有条件的社区设立智能型自动回收机，鼓励资源回收利用企业在社区建立分支机构。建设餐厨垃圾等社区化处理设施，提高垃圾社区化处理率。鼓励垃圾分类和生活用品的回收再利用。推进工业垃圾、建筑垃圾、污水处理厂污泥等废弃物无害化处理和资源化利用，在具备条件的地区鼓励发展垃圾焚烧发电等多种处理利用方式，有效减少全社会的物耗和碳排放。开展垃圾填埋场、污水处理厂甲烷收集利用及与常规污染物协同处理工作。

(4) 倡导低碳生活方式 树立绿色低碳的价值观和消费观，弘扬以低碳为荣的社会新风尚。积极践行低碳理念，鼓励使用节能低碳节水产品，反对过度包装。提倡低碳餐饮，推行“光盘行动”，遏制食品浪费。倡导低碳居住，推广普及节水器具。倡导“135”绿色低碳出行方式（1千米以内步行，3千米以内骑自行车，5千米左右乘坐公共交通工具），鼓励购买小排量汽车、节能与新能源汽车。

2-43 在低碳技术方面，我国在“十三五”期间采取哪些措施？

技术进步是低碳发展的重要措施，但由于低碳发展受到人类重视的时间相对较晚，低碳技术还比较缺乏，减少碳排放还有大量技术措施有待突破。为此，“十三五”要加强低碳科技创新，促进低碳发展。

(1) 加强气候变化基础研究 加强应对气候变化基础研究、技术研发和战略政策研究基地建设。深化气候变化的事实、过程、机理研究，加强气候变化影响与风险、减缓与适应的基础研究。加强大数据、云计算等互联网技术与低碳发展融合研究。加强生产消费全过程碳排放计量、核算体系及控排政策研究。开展低碳发展与经济社会、资源环境的耦合效应研究。编制国家应对气候变化科技发展专项规划，评估低碳技术研究进展。编制第四次气候变化国家评估报告。积极参与政府间气候变化专门委员会（IPCC）第六次评估报告相关研究。

(2) 加快低碳技术研发与示范 研发能源、工业、建筑、交通、农业、林业、海洋等重点领域经济适用的低碳技术。建立低碳技术孵化器，鼓励利用现有政府投资基金，引导创业投资基金等市场资金，加快推动低碳技术进步。

(3) 加大低碳技术推广应用力度 定期更新国家重点节能低碳技术推广目录、节能减排与低碳技术成果转化推广清单。提高核心技术研发、制造、系统集成和产业化能力，对减排效果好、应用前景广阔的关键产品组织规模化生产。加快建立政产学研用有效结合机制，引导企业、高校、科研院所建立低碳技术创新联盟，形成技术研发、示范应用和产业化联动机制。增强大学科技园、企业孵化器、产业化基地、高新区对低碳技术产业化的支持力度。在国家低碳试点和国家可持续发展创新示范区等重点地区，加强低碳技术集中示范应用。

2-44 我国在低碳发展基础能力建设方面将采取哪些措施？

实施低碳发展，需要有比较坚实的基础，如排放数据、政策标准、低碳专业机构、低碳人才。目前，我国在这一领域的相应条件还比较差，与低碳发展目标的要求还有一定距离，因此，“十三五”期间将加强低碳发展基础能力的建设。

(1) 完善应对气候变化法律法规和标准体系 推动制订应对气候变化法，适时修订完善应对气候变化相关政策法规。研究制定重点行业、重点产品温室气体排放核算标准、建筑低碳运行标准、碳捕集利用与封存标准等，完善低碳产品标准、标识和认证制度。加强节能监察，强化能效标准实施，促进能效提升和碳减排。

(2) 加强温室气体排放统计与核算 加强应对气候变化统计工作，完善应对气候变化统计指标体系和温室气体排放统计制度，强化能源、工业、农业、林业、废弃物处理等相关统计，加强统计基础工作和能力建设。加强热力、电力、煤炭等重点领域温室气体排放因子计算与监测方法研究，完善重点行业企业温室气体排放核算指南。定期编制国家和省级温室气体排放清单，实行重点企（事）业单位温室气体排放数据报告制度，建立温室气体排放数据信息系统。完善温室气体排放计量和监测体系，推动重点排放单位健全能源消费和温室气体排放台账记录。逐步建立完善省市两级行政区域能源碳排放年度核算方法和报告制度，提高数据质量。

（3）建立温室气体排放信息披露制度　定期公布我国低碳发展目标实现及政策行动进展情况，建立温室气体排放数据信息发布平台，研究建立国家应对气候变化公报制度。推动地方温室气体排放数据信息公开。推动建立企业温室气体排放信息披露制度，鼓励企业主动公开温室气体排放信息，国有企业、上市公司、纳入碳排放权交易市场的企业要率先公布温室气体排放信息和控排行动措施。

（4）完善低碳发展政策体系　加大中央及地方预算内资金对低碳发展的支持力度。出台综合配套政策，完善气候投融资机制，更好发挥中国清洁发展机制基金作用，积极运用政府和社会资本合作（PPP）模式及绿色债券等手段，支持应对气候变化和低碳发展工作。发挥政府引导作用，完善涵盖节能、环保、低碳等要求的政府绿色采购制度，开展低碳机关、低碳校园、低碳医院等创建活动。研究有利于低碳发展的税收政策。加快推进能源价格形成机制改革，规范并逐步取消不利于节能减碳的化石能源补贴。完善区域低碳发展协作联动机制。

（5）加强机构和人才队伍建设　编制应对气候变化能力建设方案，加快培养技术研发、产业管理、国际合作、政策研究等各类专业人才，积极培育第三方服务机构和市场中介组织，发展低碳产业联盟和社会团体，加强气候变化研究后备队伍建设。积极推进应对气候变化基础研究、技术研发等各领域的国际合作，加强人员国际交流，实施高层次人才培养和引进计划。强化应对气候变化教育教学内容，开展“低碳进课堂”活动。加强对各级领导干部、企业管理者等培训，增强政策制定者和企业家的低碳战略决策能力。

第三章 碳核算与碳核查

第一节 碳排放核算依据

3-1 碳排放核算的国际标准有哪些?

碳排放核算是碳减排量计算、碳交易的基础。目前国际权威组织如国际标准化组织（ISO）、世界资源研究所（WRI）和世界可持续发展工商理事会（WBCSD）、英国标准协会（BSI）等均已发布相关的碳排放核算标准（表 3-1），涵盖了国家、企业（组织）、产品和服务、个人等层面。

表 3-1 国际碳排放评价相关标准

核算层面	标准或规范名称	发布时间	适用范围	制定组织	核算方法
终端消耗碳排放	ISO 14064	2006	企业、项目	ISO	对企业或项目现有终端排放源的监测和审计
	GHG Protocol	2004	企业、项目	WRI/WBCSD	
全生命周期碳排放	PAS 2050	2008	产品、服务	BSI	建立数据库和模型，对产品/服务全生命周期碳排放进行核算
	ISO 14040/14044	2006	产品、服务	ISO	
	Product and Supply Chain GHG Protocol		产品、服务	WRI/WBCSD	
	ISO 14067	2013	产品、服务	ISO	

（1）ISO 14064　2006 年 3 月国际标准化组织（ISO）公布了 ISO 14064 系列温室气体核查验证标准。作为一项国际标准，规定了统一的温室气体资料和数据管理、汇报和验证模式。通过使用此标准化的方法、计算和验证排放量数值，可确保组织、项目层面温室气体排放量化、监测、报告及审定与核查的一致性、透明度和可信性，可以指导政府和企业测量和控制温室气体排放，促进了 GHG 减排和碳交易。ISO 14064（2006）标准由三部分组成：

① ISO 14064-1　《组织的温室气体排放和消减的量化、监测和报告规范》，详细规定了在组织（或企业、公司）层次上 GHG 清单的设计、制定、管理和报告的原则和要求，包括确定 GHG 排放边界、量化 GHG 的排放和清除以及识别企业改善 GHG 管理措施或活动等方面的要求。

② ISO 14064-2 《项目的温室气体排放和消减的量化、监测和报告规范》，针对专门用来减少GHG排放或增加GHG清除的项目（或基于项目的活动），给出项目的基准线情景及对照基准线情景进行监测、量化和报告的原则和要求，并提供GHG项目审定和核查的基础。

③ ISO 14064-3 《温室气体声明验证和确认指导规范》，详细规定了GHG排放清单核查及GHG项目审定或核查的原则和要求，说明GHG的审定和核查过程，并规定具体内容。

（2）GHG Protocol 又称“温室气体议定书”，是一项由世界资源研究所（WRI）和世界可持续发展工商理事会（WBCSD）经过长达10年合作，集合全世界商界、政府界、环保团体共170余个跨国组织的力量，创建的一个权威的、有影响力的温室气体排放核算项目。议定书提供几乎所有的温室气体度量标准和项目的计算框架，2004年发布的议定书内容包括两部分：①温室气体议定书企业核算与报告准则，为一套步骤式指南，协助公司量化及报告温室气体排放量；②温室气体议定书项目量化准则，为一份量化温室气体削减计划减量值的指南。这份议定书同时成为国际标准化组织ISO编制ISO 14064（2006）的基础。标准仿效财务核算标准，根据企业拥有的不同排放换或设施，认定其排放责任。

GHG Protocol标准范围涵盖京都议定书中的六种温室气体，并将排放源分为3种不同范围，即直接排放、间接排放和其他间接排放，避免了大范围重复计算的问题，为企业、项目提供温室气体核算的标准化方法，从而降低了核算成本；同时为企业和组织参与自愿性或强制性碳减排机制提供基础数据。

ISO 14064和GHG Protocol在世界各国被广泛应用，也是中国发布企业温室气体核算指南、标准的重要参考依据。

PAS 2050、ISO 14040/14044、Product and Supply Chain GHG Protocol、ISO 14067四个标准是针对产品和服务的温室气体核算标准。

3-2 我国发布了哪些行业温室气体排放核算指南？

为建立完善温室气体统计核算制度，构建国家、地方、企业三级温室气体排放核算工作体系，实行重点企业直接报送温室气体排放数据制度的工作任务，国家发改委组织制定了重点行业企业温室气体排放核算方法与报告指南，是开展碳排放权交易、建立企业温室气体排放报告制度、完善温室气体排放统计核算体系等相关工作的重要依据。

国家发改委2013年10月15日发布（发改办气候［2013］2526号）的首批10个行业企业温室气体排放核算方法与报告指南（试行）如下：

①《中国发电企业温室气体排放核算方法与报告指南（试行）》

②《中国电网企业温室气体排放核算方法与报告指南（试行）》

③《中国钢铁生产企业温室气体排放核算方法与报告指南（试行）》

④《中国化工生产企业温室气体排放核算方法与报告指南（试行）》

⑤《中国电解铝生产企业温室气体排放核算方法与报告指南（试行）》

⑥《中国镁冶炼企业温室气体排放核算方法与报告指南（试行）》

⑦《中国平板玻璃生产企业温室气体排放核算方法与报告指南（试行）》

⑧《中国水泥生产企业温室气体排放核算方法与报告指南（试行）》

⑨《中国陶瓷生产企业温室气体排放核算方法与报告指南（试行）》

⑩《中国民航企业温室气体排放核算方法与报告格式指南（试行）》

2014年12月3日国家发改委发布了第二批四个行业的温室气体排放核算指南（发改办气候［2014］2920号）：

①《中国石油和天然气生产企业温室气体排放核算方法与报告指南（试行）》

②《中国石油化工企业温室气体排放核算方法与报告指南（试行）》

③《中国独立焦化企业温室气体排放核算方法与报告指南（试行）》

④《中国煤炭生产企业温室气体排放核算方法与报告指南（试行）》

2015年7月6日国家发改委印发第三批10个行业企业温室气体核算方法与报告指南（试行）的通知（发改办气候［2015］1722号）：

①《造纸和纸制品生产企业温室气体排放核算方法与报告指南（试行）》

②《其他有色金属冶炼和压延加工业企业温室气体排放核算方法与报告指南（试行）》

③《电子设备制造企业温室气体排放核算方法与报告指南（试行）》

④《机械设备制造企业温室气体排放核算方法与报告指南（试行）》

⑤《矿山企业温室气体排放核算方法与报告指南（试行）》

⑥《食品、烟草及酒、饮料和精制茶企业温室气体排放核算方法与报告指南（试行）》

⑦《公共建筑运营单位（企业）温室气体排放核算方法和报告指南（试行）》

⑧《陆上交通运输企业温室气体排放核算方法与报告指南（试行）》

⑨《氟化工企业温室气体排放核算方法与报告指南（试行）》

⑩《工业其他行业企业温室气体排放核算方法与报告指南（试行）》

分三批发布的24个《指南》是我国企业进行温室气体核算的主要依据。与ISO 14064相比，对企业监测成本较高、不确定性较大、贡献细微（$<1\%$）的排放源，《指南》不要求企业核算和报告，使得《指南》可操作性很强，核算的碳排放量可核实、可溯源。经过一段时间的试行，国家发改委又组织专家对《指南》进行了完善，首批10个《指南》现已升级到国家标准，并于2016年6月1日正式生效（见第二章），其余《指南》未来也将陆续升级成为国家标准。

3-3 温室气体自愿减排方法学有哪些？

国家发改委自2013年3月以来共发布了12批200个温室气体自愿减排方法学，是中国核证碳减排（CCER）温室气体减排量核算的依据。其中第一批和第三批公布的方法学主要源自清洁发展机制（CDM）方法学。各批次发布的方法学如下：

（1）2013年3月5日国家发改委发布第一批温室气体自愿减排方法学（发改办气候［2013］550号），共52个方法学，详见表3-2。

表3-2 温室气体自愿减排方法学（第一批）

CDM方法学编号	自愿减排方法学编号	中文名	翻译版本号
ACM0002	CM-001-V01	可再生能源联网发电	13.0.0版
ACM0005	CM-002-V01	水泥生产中增加混材的比例	7.1.0版
ACM0008	CM-003-V01	回收煤层气、煤矿瓦斯和通风瓦斯用于发电、动力、供热和/或通过火炬或无焰氧化分解	7.0版
ACM0011	CM-004-V01	现有电厂从煤和/或燃油到天然气的燃料转换	2.2版
ACM0012	CM-005-V01	通过废能回收减排温室气体	4.0.0版
ACM0013	CM-006-V01	使用低碳技术的新建并网化石燃料电厂	5.0.0版

续表

CDM方法学编号	自愿减排方法学编号	中文名	翻译版本号
ACM0014	CM-007-V01	工业废水处理过程中温室气体减排	5.0.0版
ACM0015	CM-008-V01	应用非碳酸盐原料生产水泥熟料	3.0版
ACM0019	CM-009-V01	硝酸生产过程中所产生N_2O的减排	1.0.0版
AM0001	CM-010-V01	HFC-23废气焚烧	6.0.0版
AM0019	CM-011-V01	替代单个化石燃料发电项目部分电力的可再生能源项目	2.0版
AM0029	CM-012-V01	并网的天然气发电	3.0版
AM0034	CM-013-V01	硝酸厂氨氧化炉内的N_2O催化分解	5.1.1版
AM0037	CM-014-V01	减少油田伴生气的燃放或排空并用做原料	2.1版
AM0048	CM-015-V01	新建热电联产设施向多个用户供电和/或供蒸汽并取代使用碳含量较高燃料的联网/离网的蒸汽和电力生产	3.1.0版
AM0049	CM-016-V01	在工业设施中利用气体燃料生产能源	3.0版
AM0053	CM-017-V01	向天然气输配网中注入生物甲烷	3.0.0版
AM0044	CM-018-V01	在工业或区域供暖部门中通过锅炉改造或替换提高能源效率	2.0.0版
AM0058	CM-019-V01	引入新的集中供热一次热网系统	3.1版
AM0064	CM-020-V01	地下硬岩贵金属或基底金属矿中的甲烷回收利用或分解	3.0.0版
AM0070	CM-021-V01	民用节能冰箱的制造	3.1.0版
AM0072	CM-022-V01	供热中使用地热替代化石燃料	2.0版
AM0087	CM-023-V01	新建天然气电厂向电网或单个用户供电	2.0版
AM0089	CM-024-V01	利用汽油和植物油混合原料生产柴油	1.1.0版
AM0099	CM-025-V01	现有热电联产电厂中安装天然气燃气轮机	1.1.0版
AM0100	CM-026-V01	太阳能—燃气联合循环电站	1.1.0版
AMS-I. C.	CMS-001-V01	用户使用的热能,可包括或不包括电能	19.0版
AMS-I. D.	CMS-002-V01	联网的可再生能源发电	17.0版
AMS-I. F.	CMS-003-V01	自用及微电网的可再生能源发电	2.0版
AMS-I. G	CMS-004-V01	植物油生产并在固定设施中用作能源	1.0版
AMS-I. H	CMS-005-V01	生物柴油生产并在固定设施中用作能源	1.0版
AMS-II. A	CMS-006-V01	供应侧能源效率提高—传送和输配	10.0版
AMS-II. B	CMS-007-V01	供应侧能源效率提高—生产	9.0版
AMS-II. D	CMS-008-V01	针对工业设施的提高能效和燃料转换措施	12.0版
AMS-II. F	CMS-009-V01	针对农业设施与活动的提高能效和燃料转换措施	10.0版
AMS-II. G	CMS-010-V01	使用不可再生生物质供热的能效措施	4.0版
AMS-II. J	CMS-011-V01	需求侧高效照明技术	4.0版
AMS-II. L.	CMS-012-V01	户外和街道的高效照明	01版
AMS-II. N	CMS-013-V01	在建筑内安装节能照明和/或控制装置	1.0版
AMS-II. O	CMS-014-V01	高效家用电器的扩散	1.0版

续表

CDM 方法学编号	自愿减排方法学编号	中文名	翻译版本号
AMS-III. AN	CMS-015-V01	在现有的制造业中的化石燃料转换	2.0 版
AMS-III. AO	CMS-016-V01	通过可控厌氧分解进行甲烷回收	1.0 版
AMS-III. AU	CMS-017-V01	在水稻栽培中通过调整供水管理实践来实现减少甲烷的排放	3.0 版
AMS-III. AV	CMS-018-V01	低温室气体排放的水净化系统	3.0 版
AMS-III. Z	CMS-019-V01	砖生产中的燃料转换、工艺改进及提高能效	4.0 版
AMS-III. BB	CMS-020-V01	通过电网扩展及新建微型电网向社区供电	1.0 版
AMS-III. D	CMS-021-V01	动物粪便管理系统甲烷回收	19.0 版
AMS-III. G	CMS-022-V01	垃圾填埋气回收	8.0 版
AMS-III. L	CMS-023-V01	通过控制的高温分解避免生物质腐烂产生甲烷	2.0 版
AMS-III. M	CMS-024-V01	通过回收纸张生产过程中的苏打减少电力消费	2.0 版
AMS-III. Q.	CMS-025-V01	废能回收利用(废气/废热/废压)项目	4.0 版
AMS-III. R	CMS-026-V01	家庭或小农场农业活动甲烷回收	3.0 版

(2) 2013 年 10 月 25 日国家发改委发布第二批温室气体自愿减排方法学（发改办气候[2013] 2634 号），共 2 个方法学，详见表 3-3。

表 3-3 温室气体自愿减排方法学（第二批）

方法学编号	方法学名称
AR- CM-001-V01	碳汇造林项目方法学
AR- CM-002-V01	竹子造林碳汇项目方法学

(3) 2014 年 1 月 15 日国家发改委发布第三批温室气体自愿减排方法学（国家发改委公告 2014 年第 1 号），共 123 个方法学，见表 3-4～表 3-6。

表 3-4 温室气体自愿减排方法学（第三批，常规项目）

CDM 方法学编号	自愿减排方法学编号	中文名	原版本号
ACM0007	CM-027-V01	单循环转为联合循环发电	06.1.0 版
ACM0016	CM-028-V01	快速公交项目	03.0.0 版
AM0009	CM-029-V01	燃放或排空油田伴生气的回收利用	06.0.0 版
AM0014	CM-030-V01	天然气热电联产	4.0 版
AM0028	CM-031-V01	硝酸或己内酰胺生产尾气中 N_2O 的催化分解	05.1.0 版
AM0031	CM-032-V01	快速公交系统	04.0.0 版
AM0035	CM-033-V01	电网中的 SF_6 减排	01 版
AM0061	CM-034-V01	现有电厂的改造和/或能效提高	2.1 版
AM0088	CM-035-V01	利用液化天然气气化中的冷能进行空气分离	1.0 版
AM0097	CM-036-V01	安装高压直流输电线路	1.0.0 版
AM0102	CM-037-V01	新建联产设施将热和电供给新建工业用户并将多余的电上网或者提供给其他用户	1.0.0 版
AM0107	CM-038-V01	新建天然气热电联产电厂	2.0 版

续表

CDM 方法学编号	自愿减排方法学编号	中文名	原版本号
AM0017	CM-039-V01	通过蒸汽阀更换和冷凝水回收提高蒸汽系统效率	2.0 版
AM0020	CM-040-V01	抽水中的能效提高	2.0 版
AM0023	CM-041-V01	减少天然气管道压缩机或门站泄露	4.0.0 版
AM0043	CM-042-V01	通过采用聚乙烯管替代旧铸铁管或无阴极保护钢管减少天然气管网泄漏	2.0 版
AM0046	CM-043-V01	向住户发放高效的电灯泡	2.0 版
AM0050	CM-044-V01	合成氨-尿素生产中的原料转换	3.0.0 版
AM0055	CM-045-V01	精炼厂废气的回收利用	2.0.0 版
AM0063	CM-046-V01	从工业设施废气中回收 CO_2 替代 CO_2 生产中的化石燃料使用	1.2.0 版
AM0065	CM-047-V01	镁工业中使用其他防护气体代替 SF_6	2.1 版
AM0071	CM-048-V01	使用低 GWP 值制冷剂的民用冰箱的制造和维护	2.0 版
AM0074	CM-049-V01	利用以前燃放或排空的渗漏气为燃料新建联网电厂	3.0.0 版
AM0078	CM-050-V01	在 LCD 制造中安装减排设施减少 SF_6 排放	2.0.0 版
AM0090	CM-051-V01	货物运输方式从公路运输转变到水运或铁路运输	1.1.0 版
AM0091	CM-052-V01	新建建筑物中的能效技术及燃料转换	1.0.0 版
AM0092	CM-053-V01	半导体行业中替换清洗化学气相沉积(CVD)反应器的全氟化合物(PFC)气体	1.0.0 版
AM0096	CM-054-V01	半导体生产设施中安装减排系统减少 CF_4 排放	1.0.0 版
ACM0017	CM-055-V01	生产生物柴油作为燃料使用	2.1.0 版
AM0018	CM-056-V01	蒸汽系统优化	3.0.0 版
AM0021	CM-057-V01	现有己二酸生产厂中的 N_2O 分解	3.0 版
AM0027	CM-058-V01	在无机化合物生产中以可再生来源的 CO_2 替代来自化石或矿物来源的 CO_2	2.1 版
AM0030	CM-059-V01	原铝冶炼中通过降低阳极效应减少 PFC 排放	4.0.0 版
AM0045	CM-060-V01	独立电网系统的联网	2.0 版
AM0051	CM-061-V01	硝酸生产厂中 N_2O 的二级催化分解	2.0 版
AM0059	CM-062-V01	减少原铝冶炼炉中的温室气体排放	1.1 版
AM0062	CM-063-V01	通过改造透平提高电厂的能效	2.0 版
AM0076	CM-064-V01	在现有工业设施中实施的化石燃料三联产项目	1.0 版
AM0077	CM-065-V01	回收排空或燃放的油井气并供应给专门终端用户	1.0 版
AM0079	CM-066-V01	从检测设施中使用气体绝缘的电气设备中回收 SF_6	2.0 版
AM0095	CM-067-V01	基于来自新建钢铁厂的废气的联合循环发电	1.0.0 版
AM0098	CM-068-V01	利用氨厂尾气生产蒸汽	1.0.0 版
AM0101	CM-069-V01	高速客运铁路系统	1.0.0 版
ACM0003	CM-070-V01	水泥或者生石灰生产中利用替代燃料或低碳燃料部分替代化石燃料	7.4.1 版

续表

CDM 方法学编号	自愿减排方法学编号	中文名	原版本号
AM0007	CM-071-V01	季节性运行的生物质热电联产厂的最低成本燃料选择分析	1.0 版
ACM0022	CM-072-V01	多选垃圾处理方式	1.0.0 版
AM0036	CM-073-V01	供热锅炉使用生物质废弃物替代化石燃料	4.0.0 版
AM0038	CM-074-V01	硅合金和铁合金生产中提高现有埋弧炉的电效率	3.0.0 版
ACM0006	CM-075-V01	生物质废弃物热电联产项目	12.1.0 版
AM0042	CM-076-V01	应用来自新建的专门种植园的生物质进行并网发电	2.1 版
ACM0001	CM-077-V01	垃圾填埋气项目	13.0.0 版
AM0054	CM-078-V01	通过引入油/水乳化技术提高锅炉的效率	2.0 版
AM0056	CM-079-V01	通过对化石燃料蒸汽锅炉的替换或改造提高能效，包括可能的燃料替代	1.0 版
AM0057	CM-080-V01	生物质废弃物用作纸浆、硬纸板、纤维板或生物油生产的原料以避免排放	3.0.1 版
AM0060	CM-081-V01	通过更换新的高效冷却器节电	1.1 版
AM0066	CM-082-V01	海绵铁生产中利用余热预热原材料减少温室气体排放	2.0 版
AM0067	CM-083-V01	在配电电网中安装高效率的变压器	2.0 版
AM0068	CM-084-V01	改造铁合金生产设施提高能效	1.0 版
AM0069	CM-085-V01	生物基甲烷用作生产城市燃气的原料和燃料	2.0 版
AM0073	CM-086-V01	通过将多个地点的粪便收集后进行集中处理减排温室气体	1.0 版
ACM0009	CM-087-V01	从煤或石油到天然气的燃料替代	4.0.0 版
AM0080	CM-088-V01	通过在有氧污水处理厂处理污水减少温室气体排放	1.0 版
AM0081	CM-089-V01	将焦炭厂的废气转化为二甲醚用作燃料，减少其火炬燃烧或排空	1.0 版
ACM0010	CM-090-V01	粪便管理系统中的温室气体减排	2.0.0 版
AM0083	CM-091-V01	通过现场通风避免垃圾填埋气排放	1.0.1 版
ACM0018	CM-092-V01	纯发电厂利用生物废弃物发电	2.0.0 版
ACM0020	CM-093-V01	在联网电站中混燃生物质废弃物产热和/或发电	1.0.0 版
AM0093	CM-094-V01	通过被动通风避免垃圾填埋场的垃圾填埋气排放	1.0.1 版
AM0094	CM-095-V01	以家庭或机构为对象的生物质炉具和/或加热器的发放	2.0.0 版

表 3-5 温室气体自愿减排方法学（第三批，小型项目）

CDM 方法学编号	自愿减排方法学编号	中文名	翻译版本号
AMS-I. J	CMS-027-V01	太阳能热水系统(SWH)	1.0 版
AMS-I. K	CMS-028-V01	户用太阳能灶	1.0 版
AMS-II. E	CMS-029-V01	针对建筑的提高能效和燃料转换措施	10.0 版
AMS-III. AQ.	CMS-030-V01	在交通运输中引入生物压缩天然气	1.0 版

续表

CDM 方法学编号	自愿减排方法学编号	中文名	翻译版本号
AMS-II. K	CMS-031-V01	向商业建筑供能的热电联产或三联产系统	2.0 版
AMS-III. AG	CMS-032-V01	从高碳电网电力转换至低碳化石燃料的使用	2.0 版
AMS-III. AR	CMS-033-V01	使用 LED 照明系统替代基于化石燃料的照明	3.0 版
AMS-III. AY	CMS-034-V01	现有和新建公交线路中引入液化天然气汽车	1.0 版
AMS-I. B.	CMS-035-V01	用户使用的机械能，可包括或不包括电能	10.0 版
AMS-I. L.	CMS-036-V01	使用可再生能源进行农村社区电气化	1.0 版
AMS-II. H.	CMS-037-V01	通过将向工业设备提供能源服务的设施集中化提高能效	3.0 版
AMS-II. I.	CMS-038-V01	来自工业设备的废弃能量的有效利用	1.0 版
AMS-III. AA	CMS-039-V01	使用改造技术提高交通能效	1.0 版
AMS-III. AB	CMS-040-V01	在独立商业冷藏柜中避免 HFC 的排放	1.0 版
AMS-III. AE	CMS-041-V01	新建住宅楼中的提高能效和可再生能源利用	1.0 版
AMS-III. AI	CMS-042-V01	通过回收已用的硫酸进行减排	1.0 版
AMS-III. AK	CMS-043-V01	生物柴油的生产和运输目的使用	1.0 版
AMS-III. AL	CMS-044-V01	单循环转为联合循环发电	1.0 版
AMS-III. AM	CMS-045-V01	热电联产/三联产系统中的化石燃料转换	2.0 版
AMS-III. AP	CMS-046-V01	通过使用适配后的怠速停止装置提高交通能效	2.0 版
AMS-III. AT	CMS-047-V01	通过在商业货运车辆上安装数字式转速记录器提高能效	2.0 版
AMS-III. C	CMS-048-V01	通过电动和混合动力汽车实现减排	13.0 版
AMS-III. J	CMS-049-V01	避免工业过程使用通过化石燃料燃烧生产的 CO_2 作为原材料	3.0 版
AMS-III. K	CMS-050-V01	焦炭生产由开放式转换为机械化，避免生产中的甲烷排放	5.0 版
AMS-III. N	CMS-051-V01	聚氨酯硬泡生产中避免 HFC 排放	3.0 版
AMS-III. P	CMS-052-V01	冶炼设施中废气的回收和利用	1.0 版
AMS-III. S	CMS-053-V01	商用车队中引入低排放车辆/技术	3.0 版
AMS-III. T	CMS-054-V01	植物油的生产及在交通运输中的使用	2.0 版
AMS-III. U	CMS-055-V01	大运量快速交通系统中使用缆车	1.0 版
AMS-III. W	CMS-056-V01	非烃采矿活动中甲烷的捕获和销毁	2.0 版
AMS-III. X	CMS-057-V01	家庭冰箱的能效提高及 HFC-134a 回收	2.0 版
AMS-I. A.	CMS-058-V01	用户自行发电类项目	15.0 版
AMS-III. AC.	CMS-059-V01	使用燃料电池进行发电或产热	1.0 版
AMS-III. AH.	CMS-060-V01	从高碳燃料组合转向低碳燃料组合	1.0 版
AMS-III. AJ.	CMS-061-V01	从固体废物中回收材料及循环利用	3.0 版
AMS-I. E	CMS-062-V01	用户热利用中替换非可再生的生物质	4.0 版
AMS-I. I	CMS-063-V01	家庭/小型用户应用沼气/生物质产热	4.0 版
AMS-II. C	CMS-064-V01	针对特定技术的需求侧能源效率提高	13.0 版

续表

CDM 方法学编号	自愿减排方法学编号	中文名	翻译版本号
AMS-III. V.	CMS-065-V01	钢厂安装粉尘/废渣回收系统，减少高炉中焦炭的消耗	1.0 版
AMS-III. A.	CMS-066-V01	现有农田酸性土壤中通过大豆-草的循环种植中通过接种菌的使用减少合成氮肥的使用	2.0 版
AMS-III. AD.	CMS-067-V01	水硬性石灰生产中的减排	1.0 版
AMS-III. AF	CMS-068-V01	通过挖掘并堆肥部分腐烂的城市固体垃圾(MSW)避免甲烷的排放	1.0 版
AMS-III. AS	CMS-069-V01	在现有生产设施中从化石燃料到生物质的转换	1.0 版
AMS-III. AW	CMS-070-V01	通过电网扩张向农村社区供电	1.0 版
AMS-III. AX	CMS-071-V01	在固体废弃物处置场建设甲烷氧化层	1.0 版
AMS-III. B.	CMS-072-V01	化石燃料转换	16.0 版
AMS - III. BA	CMS-073-V01	电子垃圾回收与再利用	1.0 版
AMS-III. Y.	CMS-074-V01	从污水或粪便处理系统中分离固体避免甲烷排放	3.0 版
AMS-III. F.	CMS-075-V01	通过堆肥避免甲烷排放	11.0 版
AMS-III. H.	CMS-076-V01	废水处理中的甲烷回收	16.0 版
AMS-III. I.	CMS-077-V01	废水处理过程通过使用有氧系统替代厌氧系统避免甲烷的产生	8.0 版
AMS-III. O.	CMS-078-V01	使用从沼气中提取的甲烷制氢	1.0 版

表 3-6　温室气体自愿减排方法学(第三批，农林项目)

方法学编号	方法学名称
AR-CM-003-V01	森林经营碳汇项目方法学
AR-CM-004-V01	可持续草地管理温室气体减排计量与监测方法学

(4) 2014 年 4 月 8 日国家发改委发布第四批温室气体自愿减排方法学（国家发改委公告 2014 年第 6 号），共 1 个方法学，详见表 3-7。

表 3-7　温室气体自愿减排方法学（第四批）

方法学编号	方法学名称
CM-096-V01	气体绝缘金属封闭组合电器 SF6 减排计量与监测方法学

(5) 2015 年 1 月 20 日国家发改委发布第五批温室气体自愿减排方法学（国家发改委公告 2015 年第 2 号），共 3 个方法学，详见表 3-8。

表 3-8　温室气体自愿减排方法学（第五批）

方法学编号	方法学名称
CM-097-V01	新建或改造电力线路中使用节能导线或电缆
CM-098-V01	电动汽车充电站及充电桩温室气体减排方法学
CM-099-V01	小规模非煤矿区生态修复项目方法学

(6) 2016 年 1 月 25 日国家发改委发布第六批温室气体自愿减排方法学（发改办气候备［2016］35 号），共 7 个方法学，详见表 3-9。

表 3-9 温室气体自愿减排方法学（第六批）

方法学编号	方法学名称
AR- CM-005-V01	竹林经营碳汇项目方法学
CM-100-V01	废弃农作物秸秆替代木材生产人造板项目减排方法学
CM-101-V01	预拌混凝土生产工艺温室气体减排基准线和监测方法学
CM-102-V01	特高压输电系统温室气体减排方法学
CM-103-V01	焦炉煤气回收制液化天然气(LNG)方法学
CMS-079-V01	配电网中使用无功补偿装置温室气体减排方法学
CMS-080-V01	在新建或现有可再生能源发电厂新建储能电站

（7）2016 年 5 月 23 日国家发改委发布第七批温室气体自愿减排方法学（发改办气候备［2016］247 号），共 3 个方法学，详见表 3-10。

表 3-10 温室气体自愿减排方法学（第七批）

方法学编号	方法学名称
CMS-081-V01	反刍动物减排项目方法学
CMS-082-V01	畜禽粪便堆肥管理减排项目方法学
CM-104-V01	利用建筑垃圾再生微粉制备低碳预拌混凝土减少水泥比例项目方法学

（8）2016 年 6 月 3 日国家发改委发布第八批温室气体自愿减排方法学（发改办气候备［2016］270 号），共 1 个方法学，详见表 3-11。

表 3-11 温室气体自愿减排方法学（第八批）

方法学编号	方法学名称
CMS-083-V01	保护性耕作减排增汇项目方法学

（9）2016 年 7 月 18 日国家发改委发布第九批温室气体自愿减排方法学（发改办气候备［2016］334 号），共 1 个方法学，详见表 3-12。

表 3-12 温室气体自愿减排方法学（第九批）

方法学编号	方法学名称
CM-105-V01	公共自行车项目方法学

（10）2016 年 7 月 28 日国家发改委发布第十批温室气体自愿减排方法学（发改办气候备［2016］347 号），共 4 个方法学，详见表 3-13。

表 3-13 温室气体自愿减排方法学（第十批）

方法学编号	方法学名称
CMS-084-V01	生活垃圾辐射热解处理技术温室气体排放方法学
CMS-085-V01	转底炉处理冶金固废生产金属化球团技术温室气体减排方法学
CMS-086-V01	采用能效提高措施降低车船温室气体排放方法学
CM-106-V01	生物质燃气的生产和销售方法学

（11）2016 年 8 月 12 日国家发改委发布第十一批温室气体自愿减排方法学（发改办气候备［2016］375 号），共 1 个方法学，详见表 3-14。

表 3-14 温室气体自愿减排方法学（第十一批）

方法学编号	方法学名称
CM-107-V01	利用粪便管理系统产生的沼气制取并利用生物天然气温室气体减排方法学

（12）2016 年 8 月 31 日国家发改委发布第十二批温室气体自愿减排方法学（发改办气候备［2016］397 号），共 2 个方法学，详见表 3-15。

表 3-15 温室气体自愿减排方法学（第十二批）

方法学编号	方法学名称
CM-108-V01	蓄热式电石新工艺温室气体减排方法学
CM-109-V01	气基竖炉直接还原炼铁技术温室气体减排方法学

另外，2016 年 1 月 25 日国家发改委发布了 5 个温室气体自愿减排方法学的修订（发改办气候备［2016］36 号），详见表 3-16。

表 3-16 温室气体自愿减排方法学（修订）

原方法学编号	原方法学名称	修订后方法学编号	修订后方法学名称
CM-001-V01	可再生能源发电并网项目的整合基准线方法学	CM-001-V02	可再生能源并网发电方法学
CM-003-V01	回收煤层气、煤矿瓦斯和通风瓦斯用于发电、动力、供热和/或通过火炬或无焰氧化分解	CM-003-V02	回收煤层气、煤矿瓦斯和通风瓦斯用于发电、动力、供热和/或通过火炬或无焰氧化分解
CM-005-V01	通过废能回收减排温室气体	CM-005-V02	通过废能回收减排温室气体
CM-008-V01	应用非碳酸盐原料生产水泥熟料	CM-008-V02	应用非碳酸盐原料生产水泥熟料
CMS-001-V01	用户使用的热能，可包括或不包括电能	CMS-001-V02	用户使用的热能，可包括或不包括电能

3-4 排放因子是怎么确定的？

排放因子是指与活动水平数据相对应的系数，用于量化单位活动水平的温室气体排放量。排放因子通常基于抽样测量或统计分析获得，表示在给定操作条件下某一活动水平的代表性排放率。如吨煤、吨燃料油、立方米天然气排放的 CO_2 量，吨碳酸盐产生的 CO_2 量，吨硝酸产量生产过程产生的 N_2O 排放量，电力的排放因子为 $tCO_2/(MW \cdot h)$。

化石燃料的排放因子可根据其含碳量、碳氧化率及 C 转变成 CO_2 的分子量关系计算，即含碳量乘以 44/12 得到。所以，化石燃料的排放因子可根据检测化石燃料的含碳量得到。

有条件的企业可委托有资质的专业机构定期检测燃料的含碳量，企业如果有满足资质标准的检测条件也可自行检测。燃料含碳量的测定应遵循 GB/T 476、GB/T 13610、GB/T 8984 等相关标准，其中对煤炭应在每批次燃料入厂时或每月至少进行一次检测，并根据燃料入厂量或月消费量加权平均作为该煤种的含碳量。对油品可在每批次燃料入厂时或每季度进行一次检测，取算术平均值作为该油品的含碳量。对天然气等气体燃料可在每批次燃料入厂时或每半年至少检测一次气体组分，然后根据每种气体组分的体积分数及该组分化学分子式中碳原子的数目按下式计算含碳量。

$$CC_j = \sum_n \left(\frac{12 \times CN_n \times \varphi_n}{22.4} \times 10 \right)$$

式中 CC_j——待测气体 j 的含碳量，$tC/10^4m^3$[1]；

φ_n——待测气体每种气体组分 n 的体积分数，取值范围 0～1，例如 95%的体积分数取值为 0.95；

CN_n——气体组分 n 化学分子式中碳原子的数目；

12——碳的摩尔质量，kg/kmol；

22.4——标准状况下理想气体摩尔体积，$m^3/kmol$。

多数企业并不具备检测条件，所以国标 GB/T 32151 温室气体排放核算与报告要求（分行业）提供了部分排放源的排放因子推荐值。如表 3-17、表 3-18。

表 3-17　常见碳酸盐的 CO_2 排放因子缺省值

碳酸盐	排放因子/(tCO_2/t)	碳酸盐	排放因子/(tCO_2/t)
$CaCO_3$	0.4397	$BaCO_3$	0.2230
$MgCO_3$	0.5220	Li_2CO_3	0.5955
Na_2CO_3	0.4149	K_2CO_3	0.3184
$NaHCO_3$	0.5237	$SrCO_3$	0.2980
$FeCO_3$	0.3799	$CaMg(CO_3)_2$	0.4773
$MnCO_3$	0.3829		

注：不同行业标准中所给出的推荐值略有区别。

表 3-18　硝酸生产过程 N_2O 生成因子缺省值

技术类型	生成因子/($kgN_2O/tHNO_3$)	备注
高压法	13.9	高压法指氨的氧化和 NO_x 吸收均在 0.71～1.2MPa 的压力下进行
中压法	11.77	中压法指氨的氧化和 NO_x 吸收均在 0.35～0.6MPa 的压力下进行
常压法	9.72	常压法指氨的氧化与 NO_x 吸收均在常压下进行
双加压法	8.0	双加压法指氨的氧化采用中压(0.35～0.6MPa)，NO_x 吸收采用高压(1.0～1.5MPa)
综合法	7.5	综合法指氨的氧化在常压下进行，NO_x 吸收在 0.3～0.35MPa 下进行

注：数据来源为《省级温室气体清单指南（试行）》。

3-5　我国公布了哪些年的电力排放因子？

目前，我国重点排放单位碳核查所用的电力排放因子，统一规定使用所在区域的电网的电力排放因子。

我国电网分为东北、华北、华东、华中、西北和南方区域电网，不包括西藏自治区、香港特别行政区、澳门特别行政区和台湾省。各区域电网包括的电网边界见表 3-19。由于各区域发电所用化石燃料不同，水电及新能源发电量不同，造成各区域电网的电力排放因子不同。

[1] 如无特殊说明，本章的体积均指标准状况下的体积。

表 3-19 中国区域电网边界

电网名称	覆盖的地理范围
华北区域电网	北京市、天津市、河北省、山西省、山东省、蒙西（除赤峰、通辽、呼伦贝尔和兴安盟外的内蒙古自治区其他地区）
东北区域电网	辽宁省、吉林省、黑龙江省、蒙东（赤峰、通辽、呼伦贝尔和兴安盟）
华东区域电网	上海市、江苏省、浙江省、安徽省、福建省
华中区域电网	河南省、湖北省、湖南省、江西省、四川省、重庆市
西北区域电网	陕西省、甘肃省、青海省、宁夏自治区、新疆自治区
南方区域电网	广东省、广西自治区、云南省、贵州省、海南省

区域电力排放因子按下式计算：

$$EF_{grid,i}=\frac{Em_{grid,i}+\sum_{j}(EF_{grid,j}\times E_{imp,j,i})+\sum_{k}(EF_{k}\times E_{imp,k,i})}{E_{grid,i}+\sum_{j}E_{imp,j,i}+\sum_{k}E_{imp,k,i}}$$

式中 $EF_{grid,i}$——区域电网 i 的平均 CO_2 排放因子，$kgCO_2/(kW \cdot h)$；

$Em_{grid,i}$——区域电网 i 覆盖的地理范围内发电产生的 CO_2 排放量，tCO_2；

$EF_{grid,j}$——向区域电网 i 净送出电量的区域电网 j 的平均 CO_2 排放因子，$kgCO_2/(kW \cdot h)$；

$E_{imp,j,i}$——区域电网 j 向区域电网 i 净送出的电量，$MW \cdot h$；

EF_{k}——向区域电网 i 净出口电量的 k 国发电平均 CO_2 排放因子，$kgCO_2/(kW \cdot h)$；

$E_{imp,k,i}$——k 国向区域电网 i 净出口的电量，$MW \cdot h$；

$E_{grid,i}$——区域电网 i 覆盖的地理范围内年度总发电量，$MW \cdot h$；

i——东北、华北、华东、华中、西北和南方区域电网之一；

j——向区域电网 i 净送出电量的其他区域电网；

k——向区域电网 i 净出口电量的其他国家。

区域电网的电力排放因子计算需要的数据量很大，企业很难搜集。因此，国家发改委进行了统一组织计算，并向社会公布。2010～2012 年度的区域电网电力排放因子如表 3-20。

表 3-20 2010～2012 年中国区域电网平均 CO_2 排放因子 单位：$kgCO_2/(kW \cdot h)$

电网	2010 年	2011 年	2012 年
华北区域电网	0.8845	0.8967	0.8843
东北区域电网	0.8045	0.8189	0.7769
华东区域电网	0.7182	0.7129	0.7035
华中区域电网	0.5676	0.5955	0.5257
西北区域电网	0.6958	0.6860	0.6671
南方区域电网	0.5960	0.5748	0.5271

由于国家发改委没有 2013 年及以后各年的电力排放因子，在企业碳核查时采用 2012 年排放因子。

3-6 各种温室气体的全球变暖潜势是多少？

在国标 GB/T 32150—2015 工业企业温室气体排放核算和报告通则及 GB/T 32151 温室

气体排放核算和报告要求（分为多个行业）中所指的温室气体仅限二氧化碳、甲烷、氧化亚氮、氢氟碳化物、全氟碳化物、六氟化硫和三氟化氮，但实际包括的化学物质更多，而且各种温室气体的温室效应不同。

国际上以二氧化碳的温室效应作为比较基准，在辐射强度上与某种温室气体质量相当的二氧化碳的量称作二氧化碳当量（CO_2e）。将单位质量的某种温室气体在给定时间段内（一般取 100 年）辐射强度的影响与等量二氧化碳辐射强度影响相关联的系数称为全球变暖潜势（GWP）。CO_2 的全球变暖潜势为 1，其他温室气体的全球变暖潜势首先选用采用核算标准中的推荐值，若没有推荐值，可参考表 3-21 中的推荐值。

表 3-21 温室气体的分子式及全球变暖潜势（GWP）值

气体名称	化学分子式	全球变暖潜势
二氧化碳	CO_2	1
甲烷	CH_4	25
氧化亚氮	N_2O	298
蒙特利尔议定书限制的物质		
CFC-11	CCl_3F	4750
CFC-12	CCl_2F_2	10900
CFC-13	$CClF_3$	14400
CFC-113	CCl_2FCClF_2	6130
CFC-114	$CClF_2CClF_2$	10000
CFC-115	$CClF_2CF_3$	7370
哈龙-1301	$CBrF_3$	7140
哈龙-1211	$CBrClF_2$	1890
哈龙-2402	$CBrF_2CBrF_2$	1640
四氟化碳	CCl_4	1400
甲基溴	CH_3Br	5
甲基氯仿	CH_3CCl_3	146
HCFC-22	$CHClF_2$	1810
HCFC-123	$CHCl_2CF_3$	77
HCFC-124	$CHClFCF_3$	609
HCFC-141b	CH_3CCl_2F	725
HCFC-142b	CH_3CClF_2	2310
HCFC-225ca	$CHCl_2CF_2CF_3$	122
HCFC-225cb	$CHClFCF_2CClF_2$	595
氢氟碳化物		
HFC-23	CHF_3	114800
HFC-32	CH_2F_2	675
HFC-125	CHF_2CF_3	3500
HFC-134a	CH_2FCF_3	1430
HFC-143a	CH_3CF_3	4470
HFC-152a	CH_3CHF_2	124
HFC-227ea	CF_3CHFCF_3	3220
HFC-236fa	$CF_3CH_2CF_3$	9810
HFC-245fa	$CHF_2CH_2CF_3$	1030
HFC-365mfc	$CH_3CF_2CH_2CF_3$	794
HFC-43-10mee	$CF_3CHFCHFCF_2CF_3$	1640

续表

气体名称	化学分子式	全球变暖潜势
全氟化合物		
六氟化硫	SF_6	22800
三氟化氮	NF_3	17200
PFC-14	CF_4	7390
PFC-116	C_2F_6	12200
PFC-218	C_3F_8	8830
PFC-318	$c\text{-}C_4F_8$	10300
PFC-3-1-10	C_4F_{10}	8860
PFC-4-1-12	C_5F_{12}	9160
PFC-5-1-14	C_6F_{14}	9300
PFC-9-1-18	$C_{10}F_{18}$	＞7500
三氟甲基五氟化硫	SF_5CF_3	17700
氟化醚		
HFE-125	CHF_2OCF_3	14900
HFE-134	CHF_2OCHF_2	6320
HFE-143a	CH_3OCF_3	756
HCFE-235da2	$CHF_2OCHClCF_3$	350
HFE-245cb2	$CH_3OCF_2CHF_2$	708
HFE-245fa2	$CHF_2OCH_2CF_3$	659
HFE-254cb2	$CH_3OCF_2CHF_2$	359
HFE-347mcc3	$CH_3OCF_2CF_2CF_3$	575
HFE-347pcf2	$CHF_2CF_2OCH_2CF_3$	580
HFE-356pcc3	$CH_3OCF_2CF_2CHF_2$	110
HFE-449sl（HFE-7100）	$C_4F_9OCH_3$	297
HFE-569sf2（HFE-7200）	$C_4F_9OC_2H_5$	59
HFE-43-10-pccc124（H-Galden 1040x）	$CHF_2OCF_2OC_2F_4OCHF_2$	1870
HFE-236ca12（HG-10）	$CH_2OCF_2OCHF_2$	2800
HFE-338pcc13（HG-01）	$CHF_2OCF_2CF_2OCHF_2$	1500
乙基全氟异丁基醚		
PFPMIE	$CF_3OCF(CF_3)CF_2OCF_2OCF_3$	10300
碳氢化合物和其他化合物 - 直接影响		
二甲醚	CH_3OCH_3	1
二氯甲烷	CH_2Cl_2	8.7
氯甲烷	CH_3Cl	13

注：本表引自政府间气候变化专门委员会编写的《气候变化 2007 自然科学基础》技术摘要中的表 TS. 2。

第二节 主要行业温室气体核算方法

3-7 企业温室气体核算的主要步骤有哪些？

企业温室气体排放核算和报告的工作流程可分为四大步骤：

（一）根据开展核算和报告工作的目的，确定温室气体排放核算边界。

（二）进行温室气体排放核算，具体包括：

（1）识别温室气体源与温室气体种类；

（2）选择核算方法；

（3）选择与收集温室气体活动水平数据；

（4）选择或测算排放因子；

（5）计算与汇总温室气体排放量；

（三）核算工作质量保证。

（四）撰写温室气体排放报告。

每一步骤都包含若干环节，见图 3-1。

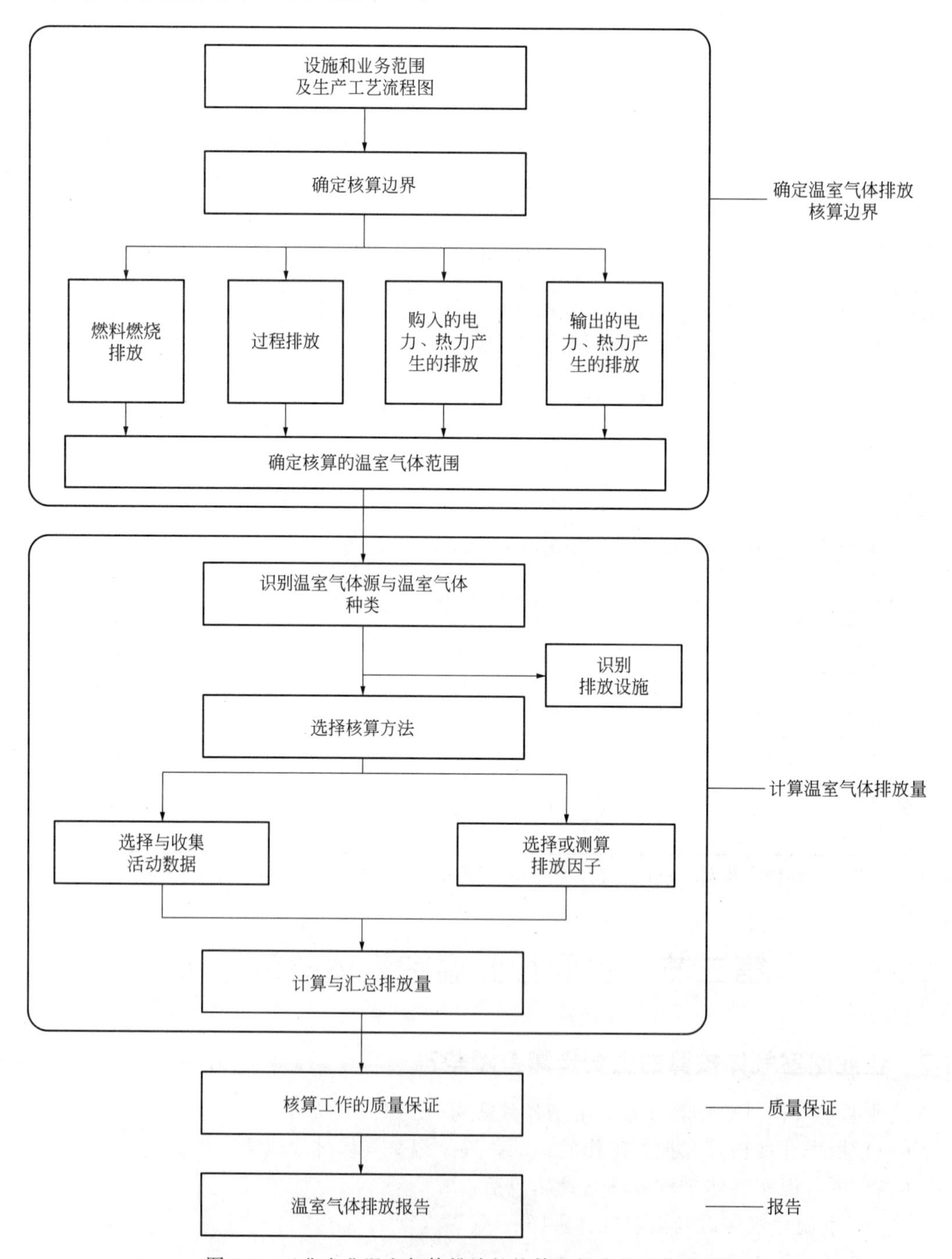

图 3-1　工业企业温室气体排放的核算和报告的工作流程图

3-8　温室气体排放核算边界如何确定？

根据开展温室气体排放核算的目的，企业（报告主体）应确定温室气体排放核算边界与涉及的时间范围，明确工作对象。

报告主体应以企业法人为界，识别、核算和报告所有设施和业务产生的温室气体排放，同时应避免重复计算或漏算。设施和业务范围应包括直接生产系统、辅助生产系统和直接为生产服务的附属生产系统。

核算边界的确定宜参考设施和业务范围及生产工艺流程图。

核算边界应包括：燃料燃烧排放、过程排放、购入的电力热力产生的排放、输出的电力热力产生的排放等。其中，生物质燃料燃烧产生的温室气体排放应单独核算，并在报告中给予说明，但不计入温室气体排放总量。报告主体内生活用能导致的排放原则上不在核算范围内。

核算的温室气体范围包括：二氧化碳、甲烷、氧化亚氮、氢氟碳化物、全氟碳化物、六氟化硫和三氟化氮。报告主体应根据实际情况在上述范围中确定温室气体种类。

3-9　如何识别温室气体源与温室气体种类？

在确定了核算边界范围后，需对各类温室气体源（向大气中排放温室气体的物理单元或过程）进行识别，并识别出企业排放的温室气体种类。

企业（排放主体）的实际生产过程是千变万化的，实际排放源及温室气体种类需根据具体情况分析。表 3-22 列出一些主要的排放源和相应温室气体可供参考。

表 3-22　温室气体源与温室气体种类示意表

<table>
<tr><th rowspan="2">核算边界</th><th rowspan="2">温室气体源类型</th><th colspan="2">排放源举例</th></tr>
<tr><th>排放源</th><th>温室气体种类</th></tr>
<tr><td rowspan="2">燃料燃烧排放</td><td>固定燃烧源</td><td>电站锅炉
燃气轮机
工业锅炉
熔炼炉</td><td>CO_2</td></tr>
<tr><td>移动燃烧源</td><td>汽车
火车
船舶
飞机</td><td>CO_2</td></tr>
<tr><td rowspan="3">过程排放</td><td>生产过程排放源</td><td>氧化铝回转炉
合成氨造气炉
石灰窑
水泥回转炉
水泥立窑</td><td>CO_2、CH_4、N_2O</td></tr>
<tr><td>废弃物处理处置过程排放源</td><td>污水处理系统</td><td>CO_2、CH_4</td></tr>
<tr><td>逸散排放源</td><td>矿坑
天然气处理设施
变压器</td><td>CH_4、SF_6</td></tr>
</table>

续表

核算边界	温室气体源类型	排放源举例	
		排放源	温室气体种类
购入的电力与热力产生的排放	由报告主体外输入的电力、热力或蒸汽消耗源	电加热炉窑 电动机系统 泵系统 风机系统 变压器、调压器 压缩机械 制冷设备 交流电焊机 照明设备	CO_2、SF_6
特殊排放	生物质燃料燃烧源	生物燃料汽车 生物燃料飞机 生物质锅炉	CO_2、CH_4
	产品隐含碳	钢铁产品	CO_2

表中“生产过程排放源”在很多情况下也同时消耗能源，此处的分类更多关注其能够产生“过程排放”的属性，但在后续核算步骤中，也不应忽视其由于能源消耗引起的排放。

表中“特殊排放”中的销售或供给其他企业的能源物质对应的排放对应的排放源属于“燃料燃烧排放”或“企业净购入的电力与热力产生的排放”。

在所确定的核算边界中，如果包含重点设施，则宜对重点设施进行单独识别。重点设施包括但不限于：发电锅炉、燃气轮机、工业锅炉、高炉、氧化铝回转炉、合成氨造气炉、石灰窑、水泥回转炉、水泥立窑、污水处理系统等。

3-10 如何选择碳核算方法？

在对排放单位进行碳核算前，应选择能得出准确、一致、可再现结果的核算方法，并在报告中对核算方法的选择加以说明。如果在不同次报告中核算方法有变化，企业应在报告中对变化后的方法进行说明，并解释变化原因。

碳排放核算方法包括两种类型：

（1）计算：

——排放因子法；

——物料平衡法。

（2）实测：

——持续性测量；

——间歇性测量。

（一）排放因子法

采用排放因子法计算时，温室气体排放量为活动水平数据与温室气体排放因子的乘积，计算公式如下：

$$E_{GHG}=AD\times EF\times GWP$$

式中　E_{GHG}——温室气体排放量，tCO_2e；

AD——温室气体活动水平数据，单位根据具体排放源确定；

EF——温室气体排放因子，单位与活动数据的单位匹配；

GWP——全球变暖潜势，数值可参考政府间气候变化专门委员会（IPCC）提供的数据。

在计算燃料燃烧排放时，排放因子也可为含碳量、碳氧化率及二氧化碳折算系数（44/12）的乘积。

（二）物料平衡法

使用物料平衡法计算时，根据质量守恒定律，用输入物料中的含碳量减去输出物料中的含碳量进行平衡计算得到二氧化碳排放量，计算公式如下：

$$E_{GHG}=\left[\sum(M_I\times CC_I)-\sum(M_o\times CC_o)\right]\times w\times GWP$$

式中　E_{GHG}——温室气体排放量，tCO_2e；

M_I——输入物料的量，单位根据具体排放源确定；

M_o——输出物料的量，单位根据具体排放源确定；

CC_I——输入物料的含碳量，单位与输入物料的量的单位相匹配；

CC_o——输出物料的含碳量，单位与输出物料的量的单位相匹配；

w——碳质量转化为温室气体质量的转换系数；

GWP——全球变暖潜势，数值可参考政府间气候变化专门委员会（IPCC）提供的数据。

本公式只适用于含碳温室气体的计算。如需计算其他温室气体排放量，可依据质量平衡的原则确定计算公式。

（三）实测法

通过安装监测仪器、设备（如烟气排放连续监测系统，CEMS），并采用相关技术文件中要求的方法测量温室气体源排放到大气中的温室气体量。

在进行核算方法的选择时，应按照一定的优先级对核算方法进行选择。选择核算方法可参考的因素包括：

（1）核算结果的数据准确度要求；

（2）可获得的计算用数据情况；

（3）排放源的可识别程度。

3-11　企业温室气体排放总量如何计算？

企业（排放单位）的各种温室气体都需折算成二氧化碳当量（CO_2e），排放总量计算公式如下：

$$E=E_{燃烧}+E_{过程}+E_{购入电}-E_{输出电}+E_{购入热}-E_{输出热}-E_{回收利用}$$

式中　E——温室气体排放总量，tCO_2e；

$E_{燃烧}$——燃料燃烧产生的温室气体排放量总和，tCO_2e；

$E_{过程}$——过程温室气体排放量总和，tCO_2e；

$E_{购入电}$——购入的电力所产生的二氧化碳排放，tCO_2e；

$E_{输出电}$——输出的电力所产生的二氧化碳排放，tCO_2e；

$E_{购入热}$——输入的热力所产生的二氧化碳排放，tCO_2e；

$E_{输出热}$——输出的热力所产生的二氧化碳排放，tCO_2e；

$E_{回收利用}$——燃料燃烧、工艺过程产生的温室气体经回收作为生产原料自用或作为产品外供所对应的温室气体排放量，tCO_2e。

总排放量由燃料燃烧排放、过程排放、购入电力、输出电力、购入热力、输出热力、二氧化碳回收利用量七部分组成。

对不同的行业，除过程排放核算方法不同外，其余各项排放的核算方法相同。

3-12　燃料燃烧二氧化碳排放如何核算？

燃料燃烧产生的温室气体包括核算主体的各种燃料燃烧后产生的温室气体，是燃烧后的温室气体排放量之和。公式表示为：

$$E_{燃烧}=\sum_{i=1}^{n}(AD_i \times EF_i)$$

式中　$E_{燃烧}$——核算和报告期内消耗的燃料燃烧产生的二氧化碳排放，tCO_2；

AD_i——核算和报告期内消耗的第 i 种燃料的活动水平，GJ；

EF_i——第 i 种燃料的二氧化碳排放因子，tCO_2/GJ；

i——燃料类型代号。

（一）活动水平

核算和报告期内消耗的第 i 种燃料的活动水平 AD_i 按下式计算：

$$AD_i=NCV_i \times FC_i$$

式中　NCV_i——核算和报告期内第 i 种燃料的平均低位发热量，对固体或液体燃料，单位为 GJ/t；对气体燃料，单位为 $GJ/10^4m^3$；

FC_i——核算和报告期内第 i 种燃料的净消耗量，对固体或液体燃料，单位为 t；对气体燃料，单位为 10^4m^3。

分品种的燃料燃烧活动水平数据应根据企业能源消费台账或统计报表来确定，等于流入企业边界且明确送往各类燃烧设备作为燃料燃烧的部分，不包括工业生产过程产生的副产品或可燃废气被回收并作为燃料燃烧的部分。

（二）燃料的二氧化碳排放因子

燃料的二氧化碳排放因子计算式为：

$$EF_i=CC_i \times OF_i \times \frac{44}{12}$$

式中　CC_i——第 i 种燃料的单位热值含碳量，tC/GJ；

OF_i——第 i 种燃料的碳氧化率，以%表示。

（1）燃料含碳量

有条件的企业可自行或委托有资质的专业机构定期检测燃料的含碳量，对常见商品燃料也可定期检测燃料的低位发热量，再按公式计算燃料的含碳量。

燃料含碳量的测定应遵循《GB/T 476 煤中碳和氢的测量方法》、《SH/T 0656 石油产品及润滑剂中碳、氢、氮测定法（元素分析仪法）》、《GB/T 13610 天然气的组成分析气相色谱法》、或《GB/T 8984 气体中一氧化碳、二氧化碳和碳氢化合物的测定（气相色谱法）》等相关标准，其中对煤炭应在每批次燃料入厂时或每月至少进行一次检测，并根据燃料入厂量或月消费量加权平均作为该煤种的含碳量。对油品可在每批次燃料入厂时或每季度进行一次检测，取算术平均值作为该油品的含碳量。对天然气等气体燃料可在每批次燃料入厂时或每半年至少检测一次气体组分，然后根据每种气体组分的体积分数及该组分化学分子式中碳原子的数目计算含碳量：

$$CC_j=\sum_n\left(\frac{12\times CN_n\times \varphi_n}{22.4}\times 10\right)$$

式中　CC_j——待测气体 j 的含碳量，$tC/10^4m^3$；

φ_n——待测气体每种气体组分 n 的体积分数，取值范围 0～1，例如 95%的体积分数取值为 0.95；

CN_n——气体组分 n 化学分子式中碳原子的数目；

12——碳的摩尔质量，kg/kmol；

22.4——标准状况下理想气体摩尔体积，$m^3/kmol$。

没有条件实测燃料含碳量的，可定期检测燃料的低位发热量，并按下式计算燃料的含碳量：

$$CC_j=NCV_j\times EF_j$$

式中　CC_j——化石燃料品种 j 的含碳量，对固体和液体燃料，单位为 tC/t；对气体燃料，单位为 $tC/10^4m^3$；

NCV_j——化石燃料品种 j 的低位发热量，对固体和液体燃料，单位为 GJ/t；对气体燃料，单位为 $GJ/10^4m^3$；

EF_j——化石燃料品种 j 的单位热值含碳量，tC/GJ。

燃料低位发热量的测定应遵循《GB/T 213 煤的发热量测定方法》、《GB/T 384 石油产品热值测定法》、《GB/T 22723 天然气能量的测定》等相关标准，其中对煤炭应在每批次燃料入厂时或每月至少进行一次检测，以燃料入厂量或月消费量加权平均作为该燃料品种的低位发热量。对油品可在每批次燃料入厂时或每季度进行一次检测，取算术平均值作为该油品的低位发热量。对天然气等气体燃料可在每批次燃料入厂时或每半年进行一次检测，取算术平均值作为低位发热量。

不具备测试条件的企业，可直接选用相应核算标准附录推荐的缺省值。

(2) 燃料碳氧化率

液体燃料的碳氧化率一律取缺省值 0.98，气体燃料的碳氧化率一律取缺省值 0.99。

不同行业使用固体燃料的设备有所区别，因而固体燃料的碳氧化率不同。实际核算时应参考相应核算标准或《核算指南》按燃料品种取缺省值。

3-13　购入和输出电力的二氧化碳排放如何核算？

（一）计算公式

购入电力产生的二氧化碳排放量按下式计算：

$$E_{购入电,i}=AD_{购入电,i}\times EF_{电}$$

式中　$E_{购入电,i}$——核算单元 i 购入电力所产生的二氧化碳排放量，tCO_2；

$AD_{购入电,i}$——核算期内核算单元 i 购入电力，MW·h；

$EF_{电}$——区域电网年平均供电排放因子，$tCO_2/(MW\cdot h)$。

输出电力产生的二氧化碳排放量按下式计算：

$$E_{输出电,i}=AD_{输出电,i}\times EF_{电}$$

式中　$E_{输出电,i}$——核算单元 i 输出电力所产生的二氧化碳排放量，tCO_2；

$AD_{输出电,i}$——核算期内核算单元 i 输出电力，MW·h；

$EF_{电}$——区域电网年平均供电排放因子，$tCO_2/(MW·h)$。

也可以采用净购入电力（输入电力－输出电力）计算碳排放量。

（二）活动水平数据的获取

企业净购入的电力消费量，以企业和电网公司结算的电表读数或企业能源消费台账或统计报表为依据，等于购入电量与外供电量的净差，若净差为负值，则记为零。

（三）排放因子数据的获取

电力供应的 CO_2 排放因子应根据企业生产地址及目前的东北、华北、华东、华中、西北、南方电网划分，采用国家发改委公布的相应电网的平均供电二氧化碳排放因子，并随政府主管部门发布的最新数据进行更新。

根据碳交易的要求，进行配额分配前需计算产品的碳排放。在计算产品的碳排放量时，如果企业用电全部是外购，则直接采用电网的平均供电二氧化碳排放因子。如果企业有自发电，则需首先核算自发电的供电二氧化碳排放因子（核算方法见发电行业碳排放核算部分），然后计算自发电、外购电的电力加权平均排放因子，采用加权平均排放因子计算产品的碳排放量。

3-14 购入和输出热力的二氧化碳排放如何核算?

（一）计算公式

购入热力产生的二氧化碳排放量按下式计算：

$$E_{购入热,i}=AD_{购入热,i}\times EF_{热}$$

式中 $E_{购入热,i}$——核算单元 i 购入热力所产生的二氧化碳排放量，tCO_2；

$AD_{购入热,i}$——核算期内核算单元 i 购入热力，GJ；

$EF_{热}$——热力消费的排放因子，tCO_2/GJ。

输出热力产生的二氧化碳排放量按下式计算：

$$E_{输出热,i}=AD_{输出热,i}\times EF_{热}$$

式中 $E_{输出热,i}$——核算单元 i 输出热力所产生的二氧化碳排放量，tCO_2；

$AD_{输出热,i}$——核算期内核算单元 i 输出热力，GJ；

$EF_{热}$——热力消费的排放因子，tCO_2/GJ。

也可以采用净购入热力（购入热力－输出热力）计算碳排放量。

（二）活动水平数据的获取

购入、输出热力需分别按热水、蒸汽采用相应的计算方法。以质量单位计量的热水，可按下式转换为外购热量：

$$AD_{热水}=Ma_{w}\times(T_{w}-20)\times 4.1868\times 10^{-3}$$

式中 $AD_{热水}$——热水的热量，GJ；

Ma_{w}——热水的质量，t；

T_{w}——热水温度，℃；

4.1868——水在常温常压下的比热容，kJ/(kg·℃)。

以蒸汽质量计量的外购、输出热力按下式计算热量：

$$AD_{蒸汽}=Ma_{st}\times(En_{st}-83.74)\times 10^{-3}$$

式中 $AD_{蒸汽}$——蒸汽的热量，GJ；

Ma_{st}——蒸汽的质量，t；

En_{st}——蒸汽所对应的温度、压力下每千克蒸汽的热焓，kJ/kg，饱和蒸汽和过热蒸汽的热焓可分别参考核算标准或《核算指南》的附录，或采用有关软件计算出焓值。

企业净购入的热力消费量，以热力购售结算凭证或企业能源消费台账或统计报表为据，等于购入蒸汽、热水的总热量与外供蒸汽、热水的总热量之差，若为负值，则记为零。

（三）排放因子数据的获取

热力供应的 CO_2 排放因子应优先采用供热单位提供的 CO_2 排放因子，不能提供则按 0.11tCO_2/GJ 计。

3-15 发电企业温室气体排放如何核算?

发电企业温室气体排放的核算依据是《温室气体排放核算与报告要求第 1 部分：发电企业》（GB/T 32151.1—2015），及《中国发电企业温室气体排放核算方法与报告指南（试行）》。

发电企业的全部排放包括燃料燃烧的二氧化碳排放、燃煤发电企业脱硫过程的二氧化碳排放、企业购入使用电力产生的二氧化碳排放。对于生物质混合燃料燃烧发电的二氧化碳排放，仅统计混合燃料中化石燃料（如燃煤）的二氧化碳排放；对于垃圾焚烧发电引起的二氧化碳排放，仅统计发电中使用化石燃料（如燃煤）的二氧化碳排放。

发电企业的温室气体排放计算公式如下：

$$E=E_{燃烧}+E_{脱硫}+E_{电}$$

式中 E——二氧化碳排放总量，tCO_2；

$E_{燃烧}$——燃料燃烧产生的二氧化碳排放量；tCO_2；

$E_{脱硫}$——脱硫过程产生的二氧化碳排放量，tCO_2；

$E_{电}$——购入使用电力产生的二氧化碳排放量，tCO_2。

燃料燃烧的二氧化碳排放、购入电力产生的二氧化碳排放的计算方法与前述相同，此处不再重复（下文遇此内容时均不再重复）。

与一般工业行业的锅炉不同，发电企业燃煤锅炉的碳氧化率应根据灰渣数据进行核算，计算式为：

$$OF_{煤}=1-\frac{G_{渣}\times C_{渣}+G_{灰}\times C_{灰}/\eta_{除尘}}{FC_{煤}\times NCV_{煤}\times CC_{煤}}$$

式中 $OF_{煤}$——燃煤的碳氧化率，以%表示；

$G_{渣}$——全年的炉渣产量，t；

$C_{渣}$——炉渣的平均含碳量，以%表示；

$G_{灰}$——全年的飞灰产量，t；

$C_{灰}$——飞灰的平均含碳量，以%表示；

$\eta_{除尘}$——除尘系统平均除尘效率，以%表示；

$FC_{煤}$——燃煤的消耗量，t；

$NCV_{煤}$——燃煤的平均低位发热量，GJ/t；

$CC_{煤}$——燃煤单位热值含碳量，tC/GJ。

企业无法获得灰、渣相关数据时，可采用核算标准推荐值，发电企业燃煤的碳氧化率一律取为98%。

对于燃煤机组，应考虑脱硫过程的二氧化碳排放，通过碳酸盐的消耗量×排放因子得出。按如下公式计算：

$$E_{脱硫} = \sum_{k} CAL_{k} \times EF_{k}$$

式中 $E_{脱硫}$——脱硫过程的二氧化碳排放量，tCO_2；

CAL_k——第k种脱硫剂中碳酸盐消耗量，t；

EF_k——第k种脱硫剂中碳酸盐的排放因子，tCO_2/t；

k——脱硫剂类型。

发电企业的购入使用电力指企业维修期间外购的电力，数量相对较小。

作者对一发电企业温室气体排放量的核算见表3-23。

表3-23　发电厂2014年温室气体排放量汇总表

源类别	温室气体实物量/t	温室气体 CO_2 当量/tCO_2e
燃料燃烧 CO_2 排放	4450283.30	4450283.30
脱硫过程 CO_2 排放	26864.87	26864.87
净购入使用的电力和热力引起的 CO_2 排放	139.91	139.91
企业温室气体排放总量		4477288.08

3-16　电网企业温室气体排放如何核算?

电网企业温室气体排放的核算依据是《温室气体排放核算与报告要求第2部分：电网企业》（GB/T 32151.2—2015）和《中国电网企业温室气体排放核算方法与报告指南（试行）》。

电网企业的核算主体应以直辖市或省级电网企业为边界，核算报告期的温室气体排放。

电网企业的温室气体排放指使用六氟化硫设备检修与退役过程产生中的六氟化硫的排放，以及输配电损失所对应的电力生产环节产生的二氧化碳排放。具体计算公式为：

$$E = E_{SF_6} + E_{网损}$$

式中 E——温室气体排放总量，tCO_2e；

E_{SF_6}——使用六氟化硫设备检修与退役过程中产生的六氟化硫排放量，tCO_2e；

$E_{网损}$——输配电损失引起的二氧化碳排放总量，tCO_2e。

电网企业中使用六氟化硫设备修理与退役过程的排放按下式计算：

$$E_{SF_6} = \left[\sum_{i}(REC_{容量,i} - REC_{回收,i}) + \sum_{j}(REP_{容量,j} - REP_{回收,j})\right] \times GWP_{SF_6} \times 10^{-3}$$

式中 E_{SF_6}——使用六氟化硫设备检修与退役过程中产生的排放，tCO_2e；

$REC_{容量,i}$——退役设备i的六氟化硫容量，以铭牌数据表示，kg；

$REC_{回收,i}$——退役设备i的六氟化硫实际回收量，kg；

$REP_{容量,j}$——检修设备j的六氟化硫容量，以铭牌数据表示，kg；

$REP_{回收,j}$——检修设备j的六氟化硫实际回收量，kg；

GWP_{SF_6}——六氟化硫的全球变暖潜势，23900。

电网企业的二氧化碳排放主要来自由于输配电线路上的电量损耗而产生的温室气体排

放，该损耗由供电量和售电量计算得出，以兆瓦时为单位。电量的测量方法和计量设备标准应遵循 GB 16934、GB 17167、GB 17215、GB/T 25095 和 DL/T 448 的相关规定。

电网企业输配电电量损耗产生的排放量按下式计算：

$$E_{网损}=AD_{网损}\times EF_{电网}\times GWP_{CO_2}$$

式中　$E_{网损}$——输配电损失引起的二氧化碳排放总量，tCO_2e；

$AD_{网损}$——输配电损耗的电量，MW•h；

$EF_{电网}$——区域电网年平均供电排放因子，$tCO_2e/(MW•h)$。

供电量按下式计算：

$$EL_{供电}=EL_{上网}+EL_{输入}-EL_{输出}$$

式中　$EL_{供电}$——供电量，MW•h；

$EL_{上网}$——电厂上网电量，MW•h；

$EL_{输入}$——自外省输入电量，MW•h；

$EL_{输出}$——向外省输出电量，MW•h。

3-17　化工生产企业温室气体排放如何核算?

（一）核算依据

化工生产企业是指主要以化学方法生产基础化学原料、化肥、农药、涂料、颜料、油墨或类似产品、合成材料、化学纤维、橡胶、塑料、专用或日用化学产品的生产企业。如以生产乙烯、电石、合成氨、甲醇等产品为主的企业。

化工企业温室气体排放的核算依据是《温室气体排放核算与报告要求第 10 部分：化工生产企业》（GB/T 32151.10—2015）和《中国化工生产企业温室气体排放核算方法与报告指南（试行）》。

（二）碳源流识别

识别化工企业的碳源流（流入或流出企业边界的燃料、含碳的原材料、含碳的产品或含碳的废物）是正确进行碳核算的基础。碳源流识别过程如图 3-2 所示。

（三）核算方法

化工企业的温室气体排放为各个核算单元的燃料燃烧 CO_2 排放、生产过程 CO_2 排放和氧化亚氮排放、购入电力和热力消费引起的 CO_2 排放之和，同时扣除企业回收且外供的 CO_2 量，以及输出电力和热力所对应的 CO_2 排放量，计算式如下：

$$E=\sum_i(E_{燃烧,i}+E_{过程,i}+E_{购入电,i}+E_{购入热,i}-R_{CO_2回收,i}-E_{输出电,i}-E_{输出热,i})$$

式中　E——报告主体的温室气体排放总量，tCO_2e；

$E_{燃烧,i}$——核算单元 i 的燃料燃烧产生的二氧化碳排放量，tCO_2e；

$E_{过程,i}$——核算单元 i 的工业生产过程产生的各种温室气体排放总量，tCO_2e；

$E_{购入电,i}$——核算单元 i 的购入电力产生的二氧化碳排放，tCO_2e；

$E_{购入热,i}$——核算单元 i 的购入热力产生的二氧化碳排放，tCO_2e；

$R_{CO_2回收,i}$——核算单元 i 回收且外供的二氧化碳量，tCO_2e；

$E_{输出电,i}$——核算单元 i 的输出电力产生的二氧化碳排放，tCO_2e；

$E_{输出热,i}$——核算单元 i 的输出热力产生的二氧化碳排放，tCO_2e；

i——核算单元编号。

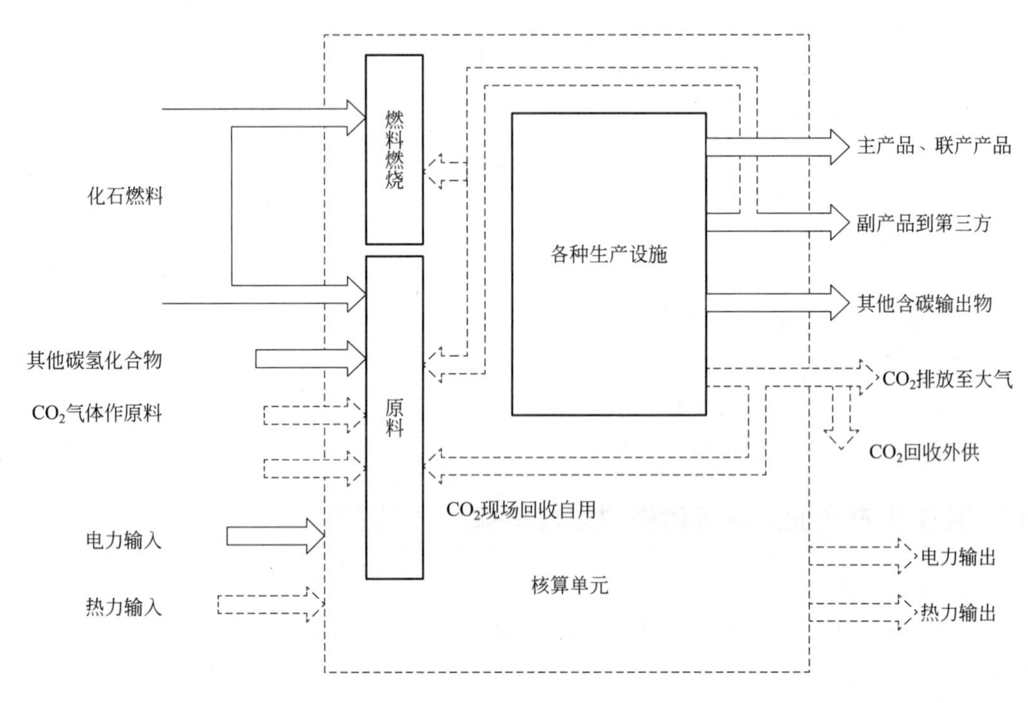

图 3-2 化工企业碳源流识别示意图

化工企业过程排放量等于工业生产过程中不同种类的温室气体排放的二氧化碳当量之和，计算式如下：

$$E_{过程,i}=E_{CO_2过程,i}\times GWP_{CO_2}+E_{N_2O过程,i}\times GWP_{N_2O}$$

其中：

$$E_{CO_2过程,i}=E_{CO_2原料,i}+E_{CO_2碳酸盐,i}$$

$$E_{N_2O过程,i}=E_{N_2O硝酸,i}+E_{N_2O己二酸,i}$$

燃料和其他碳氢化合物用作原材料产生的 CO_2 排放，根据原材料输入的碳量以及产品输出的碳量按碳质量平衡法计算。

碳酸盐使用过程产生的 CO_2 排放根据每种碳酸盐的使用量及其 CO_2 排放因子计算。

部分化工企业设有热电站，其碳排放量的核算方法采用发电企业的核算方法。

作者对一电石企业温室气体排放量的核算见表 3-24。

表 3-24 电石生产企业 2015 年温室气体排放量汇总表

源类别	温室气体实物量/t	温室气体 CO_2 当量/tCO_2e
燃料燃烧 CO_2 排放	77.80	77.80
工业生产过程 CO_2 排放	140499.17	140499.17
工业生产过程 N_2O 排放	0.00	0.00
CO_2 回收利用量	0.00	0.00
企业净购入的电力和热力消费引起的 CO_2 排放	414608.65	414608.65
温室气体排放总量	555185.62	555185.62

3-18　独立焦化企业温室气体排放如何核算?

(一) 核算依据

独立焦化企业温室气体排放的核算依据是《中国独立焦化企业温室气体排放核算方法与报告指南(试行)》。

独立焦化企业是指以生产焦炭(半焦)为主且非附属于钢铁联合企业的焦化企业,属于以煤炭为原料的能源加工转换企业。

独立焦化企业的生产工艺主要有常规机焦炉(半焦炉)、热回收焦炉,对其进行碳核算的方法有所不同。

常规机焦炉(半焦炉)在煤干馏过程产生的荒煤气,通过火炬系统将产生的 CO_2 排放,小部分还将通过焦炉放散管以 CO_2、CO、CH_4 和其他碳氢化合物的形式排入大气。鉴于通常没有流量监测,且其中的非 CO_2 气体在大气中经历数日至 10 年左右的时间最终也氧化为 CO_2,因此炼焦过程的工业生产过程排放将通过碳质量平衡法统一核算和报告为 CO_2 排放。

对热回收焦炉,鉴于煤气在炉内直接燃烧,只有在焦炉事故状态下才可能产生烟气暂短的外泄排放,由于几率极低,由此产生的少量排放,将通过碳质量平衡法一并计算在热回收焦炉内煤气的燃料燃烧 CO_2 排放中,故不再对炼焦过程计算工业生产过程排放。

(二) 核算和报告边界

独立焦化企业温室气体排放的核算和报告边界如图 3-3 所示。

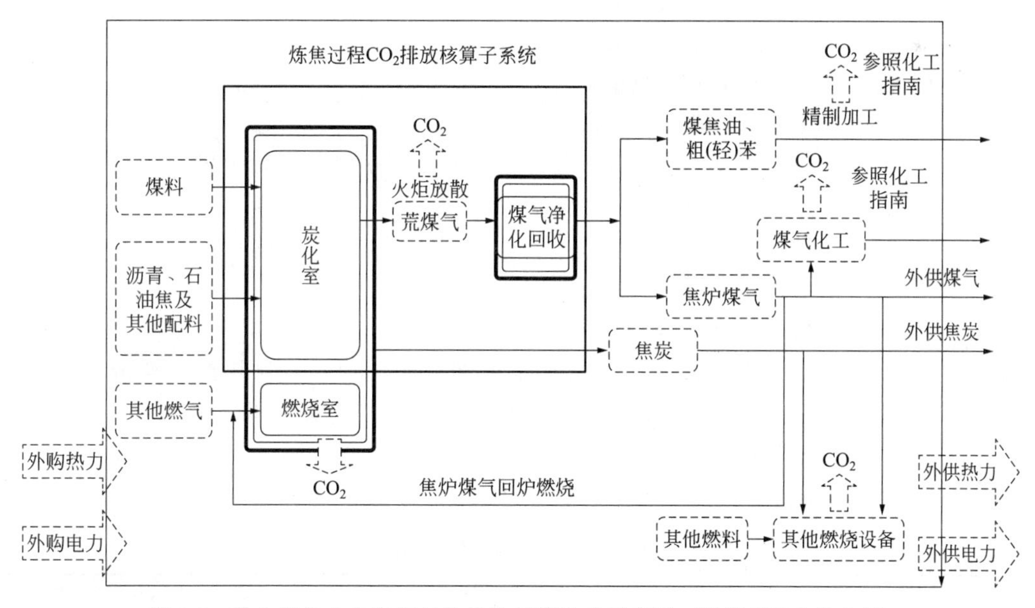

图 3-3　独立焦化企业温室气体排放核算边界示意图(以常规机焦炉为例)

(三) 核算方法

独立焦化企业的温室气体排放总量应等于燃料燃烧 CO_2 排放量,加上工业生产过程 CO_2 排放量,减去企业 CO_2 回收利用量,再加上企业净购入电力和热力隐含的 CO_2 排放量:

$$E_{GHG}=E_{CO_2\_燃烧}+\sum E_{CO_2\_过程}-R_{CO_2\_回收}+E_{CO_2\_净电}+E_{CO_2\_净热}$$

式中　E_{GHG}——报告主体的温室气体排放总量，tCO_2；

$E_{CO_2\_燃烧}$——核算边界内各种燃烧设备燃烧化石燃料产生的 CO_2 排放量，tCO_2；

$E_{CO_2\_过程}$——核算边界内各种工业生产过程产生的 CO_2 排放量，tCO_2；

$R_{CO_2\_回收}$——企业的 CO_2 回收利用量，tCO_2；

$E_{CO_2\_净电}$——报告主体净购入电力隐含的 CO_2 排放量，tCO_2；

$E_{CO_2\_净热}$——报告主体净购入热力隐含的 CO_2 排放量，tCO_2。

燃料燃烧的碳排放分为焦炉燃烧室燃料燃烧 CO_2 排放、其他燃烧设备燃料燃烧 CO_2 排放两部分，需分别计算。

（四）炼焦过程碳排放核算

常规机焦炉（半焦炉）放散管和火炬系统的荒煤气流量通常难以监测，故推荐用碳质量平衡法来核算炼焦过程的 CO_2 排放。以焦炉炭化室到煤气净化与化产品回收工段作为一个相对独立的子系统，根据输入该系统的炼焦原料与输出系统的焦炭、焦炉煤气、煤焦油、粗（轻）苯等进行碳质量平衡核算出子系统的碳损失，并假定损失的碳全部转化成 CO_2 被排放到大气中。公式如下：

$$E_{CO_2\_炼焦}=\left[\sum_r(PM_r\times CC_r)-COK\times CC_{COK}-COG\times CC_{COG}-\sum_P(BY_p\times CC_p)\right]\times\frac{44}{12}$$

式中　$E_{CO_2\_炼焦}$——炼焦过程的 CO_2 排放量，tCO_2；

PM_r——进入到焦炉炭化室的炼焦原料 r（包括炼焦洗精煤、沥青、石油焦、其他配料等）的质量，t；

CC_r——炼焦原料 r 的含碳量，tC/t；

COK——焦炉产出的焦炭量，t；

CC_{COK}——焦炭的含碳量，tC/t；

COG——净化回收的焦炉煤气量（包括其中回炉燃烧的焦炉煤气部分），10^4m^3；

CC_{COG}——焦炉煤气的含碳量，$tC/10^4m^3$；

BY_P——煤气净化过程中回收的各类型副产品 P，如煤焦油、粗（轻）苯等的产量，t；

CC_P——副产品 P 的含碳量，tC/t。

报告主体如果还从事煤焦油加工、苯加工精制，或焦炉煤气制甲醇、合成氨、尿素、LNG/CNG 等化工产品，则还需要核算和报告这些工业生产过程的 CO_2 排放。计算方法按照化工生产企业温室气体排放核算方法。

作者对一焦化企业温室气体排放量的核算见表 3-25。

表 3-25　焦化企业 2015 年温室气体排放量汇总表

源类别	温室气体实物量/t	温室气体 CO_2 当量/tCO_2e
燃料燃烧 CO_2 排放	161690	161690
工业生产过程 CO_2 排放	133984	133984
净购入使用的电力引起的 CO_2 排放	38080	38080
净购入使用的热力引起的 CO_2 排放	0	0
企业温室气体排放总量/tCO_2e		333754

3-19 氟化工企业温室气体排放如何核算?

(一) 核算依据

氟化工企业是指生产氟化烷烃及消耗臭氧层物质（ODS）替代品、无机氟化物、含氟聚合物、含氟精细化学品的企业。

氟化工企业温室气体排放的核算依据是《氟化工企业温室气体排放核算方法与报告指南（试行）》。

(二) 排放源和温室气体种类识别

氟化工企业温室气体的排放源和气体种类，主要包括5个部分：

(1) 化石燃料燃烧 CO_2 排放；

(2) HCFC-22（一氯二氟甲烷）生产过程 HFC-23（三氟甲烷）排放。如果安装了 HFC-23 回收或销毁装置，还应扣除回收或销毁的 HFC-23 量；

(3) 销毁的 HFC-23 转化的 CO_2 排放。指报告主体如果安装了 HFC-23 销毁装置，在减少 HFC-23 排放的同时，被销毁掉的那部分 HFC-23 中的碳转化成 CO_2，从而增加的 CO_2 排放；

(4) HFCs/PFCs/SF6 生产过程的副产物及逃逸排放。参考 1996 年及 2006 年 IPCC 国家温室气体清单编制指南，HFCs/PFCs/SF6 生产过程的副产物和逃逸排放采用相同的方法一并计算；

(5) 净购入电力和热力的隐 CO_2 排放。

5个部分排放可图示表示为图 3-4。

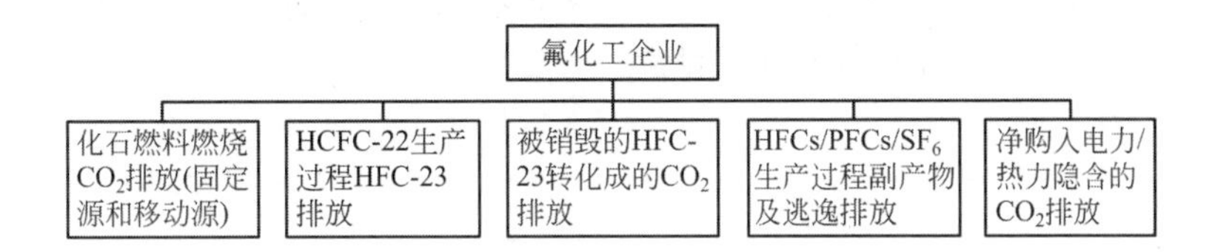

图 3-4 氟化工企业温室气体排放源及气体种类示意图

(三) 温室气体排放总量计算

氟化工企业碳温室气体排放量计算公式如下：

$$E_{GHG\_氟化工}=E_{CO_2\_燃烧}+E_{HFC-23,HCFC-22}\times GWP_{HFC-23}+E_{CO_2\_HFC-23销毁}+\sum_j E_{FCs,j\_生产}\times GWP_{FCs,j}+E_{CO_2\_净电}+E_{CO_2\_净热}$$

式中 $E_{HFC-23,HCFC-22}$——报告主体 HCFC-22 生产过程的 HFC-23 排放（已减去 HFC-23 回收量及销毁量），tHFC-23；

GWP_{HFC-23}——HFC-23 相比 CO_2 的全球变暖潜势（GWP）值；

$E_{CO_2\_HFC-23销毁}$——被销毁的 HFC-23 转化成 CO_2 而增排的那部分 CO_2 排放量；

$E_{FCs,j\_生产}$—— $HFCs/PFCs/SF_6$ 生产过程副产物及逃逸排放，单位为吨该种 HFCs 或 PFCs 或 SF6；j 为 HFCs 或 PFCs 或 SF_6 的品种编号；

$GWP_{FCs,j}$——该种 HFCs 或 PFCs 或 SF6 相比 CO_2 的 GWP 值。

3-20 石油和天然气生产企业温室气体排放如何核算?

（一）核算依据

石油天然气生产指在陆地或海洋，对天然原油、液态或气态天然气的开采过程，包括油气勘探、钻井、集输、分离处理、存储、运输等活动。

石油天然气生产企业温室气体排放的核算依据是《中国石油天然气生产企业温室气体排放核算方法与报告指南（试行）》。

（二）排放源和气体种类

石油天然气生产企业应核算的排放源类别和气体种类包括：

（1）燃料燃烧 CO_2 排放。

（2）火炬燃烧排放，出于安全等目的，石油天然气生产企业通常将各生产活动产生的可燃废气集中到一至数只火炬系统中进行排放前的燃烧处理。火炬燃烧除了生成 CO_2 排放外，还可能产生少量的 CH_4 排放，石油天然气生产的火炬系统需同时核算 CO_2 和 CH_4 排放。

（3）工艺放空排放，主要指石油天然气生产各业务环节通过工艺装置泄放口或安全阀门有意释放到大气中的 CH_4 或 CO_2 气体，如驱动气动装置运转的天然气排放、泄压排放、设备吹扫排放、工艺过程尾气排放、储罐溶解气排放等。石油天然气生产企业业务环节较多且各具特色，其工艺放空排放应区分不同业务环节分开核算。

（4）CH_4 逃逸排放，主要是指石油天然气生产各业务环节由于设备泄漏产生的无组织 CH_4 排放。

（5）CH_4 回收利用量。

（6）CO_2 回收利用量。因缺乏适当的核算方法暂不考虑 CO_2 地质埋存或驱油的减排问题。

（7）净购入电力和热力隐含的 CO_2 排放。

参见图 3-5 表示。

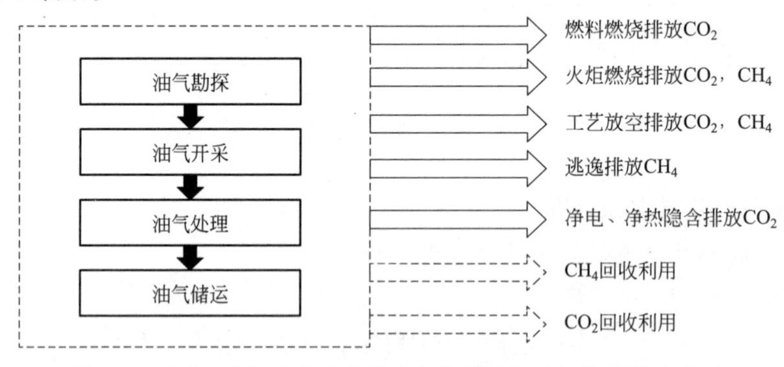

图 3-5 石油天然气生产业务温室气体排放源及气体种类示意图

（三）核算方法

报告主体的温室气体（GHG）排放总量计算公式如下：

$$E_{GHG}=E_{CO_2\_燃烧}+E_{GHG\_火炬}+\sum_{s}(E_{GHG\_工艺}+E_{GHG\_逃逸})_s-R_{CH_4\_回收}\times GWP_{CH_4}-R_{CO_2\_回收}+E_{CO_2\_净电}+E_{CO_2\_净热}$$

式中 $E_{GHG\_火炬}$——企业因火炬燃烧导致的温室气体排放，tCO_2e；

$E_{GHG\_工艺}$——企业各业务类型的工艺放空排放，tCO_2e；

$E_{GHG\_逃逸}$——企业各业务类型的设备逃逸排放，tCO_2e；

s——企业涉及的业务类型，包括油气勘探、油气开采、油气处理、油气储运业务；

$R_{CH_4\_回收}$——企业的 CH_4 回收利用量，tCH_4；

GWP_{CH_4}—— CH_4 相比 CO_2 的全球变暖潜势（GWP）值，取值21。

石油天然气生产企业火炬燃烧可分为正常工况下的火炬气燃烧及由于事故导致的火炬气燃烧两种，考虑到两种火炬气的数据监测基础不同，建议分别核算。

3-21　石油化工企业温室气体排放如何核算?

（一）核算依据

石油化工企业指以石油、天然气为主要原料，生产石油产品和石油化工产品的企业，包括炼油厂、石油化工厂、石油化纤厂等，或由上述工厂联合组成的企业。

石油化工企业温室气体排放的核算依据是《中国石油化工企业温室气体排放核算方法与报告指南（试行）》。

（二）排放源和气体种类

石油化工企业报告主体应核算的排放源类别和气体种类包括：

（1）燃料燃烧 CO_2 排放，主要指炼油与石油化工生产中化石燃料用于动力或热力供应的燃烧过程产生的 CO_2 排放。

（2）火炬燃烧 CO_2 排放，出于安全等目的，石化企业通常将各生产活动中产生的可燃废气集中到一至数只火炬系统中进行排放前的燃烧处理。鉴于石油化工企业的火炬气甲烷含量很低，进行碳核算时仅要求核算火炬系统的 CO_2 排放。

（3）工业生产过程 CO_2 排放，报告主体在石油炼制与石油化工环节的工业生产过程 CO_2 排放按装置分别核算。催化裂化装置、催化重整装置、其他生产装置催化剂烧焦再生、制氢装置、焦化装置、石油焦煅烧装置、氧化沥青装置、乙烯裂解装置、乙二醇/环氧乙烷生产装置、其他产品生产装置等。报告主体的工业生产过程 CO_2 排放量应等于各个装置的工业生产过程 CO_2 排放之和。

报告主体如果除石油产品和石油化工产品之外，还存在其他产品生产活动且伴有温室气体排放的，还应参照其生产活动所属行业的企业温室气体排放核算方法与报告指南，核算并报告这些温室气体排放。

（4）CO_2 收利用量，包括企业回收燃料燃烧或工业生产过程产生的 CO_2 作为生产原料自用的部分，以及作为产品外供给其他单位的部分，CO_2 回收利用量可从企业总排放量中予以扣除。

（5）净购入电力和热力隐含的 CO_2 排放。

（三）核算方法

石油化工企业的温室气体（GHG）排放总量计算式如下：

$$E_{GHG}=E_{CO_2\_燃烧}+E_{CO_2\_火炬}+E_{CO_2\_过程}-R_{CO_2\_回收}+E_{CO_2\_净电}+E_{CO_2\_净热}$$

式中　$E_{CO_2\_火炬}$——企业火炬燃烧导致的 CO_2 直接排放，tCO_2；

$E_{CO_2\_过程}$——企业的工业生产过程 CO_2 排放，tCO_2。

石油化工生产企业火炬燃烧可分为正常工况下的火炬气燃烧及由于事故导致的火炬气燃烧两种，两种火炬气的数据监测基础不同，因此分别核算：

$$E_{CO_2\_火炬}=E_{CO_2\_正常火炬}+E_{CO_2\_事故火炬}$$

（四）工业生产过程 CO_2 排放

石油化工企业生产运营边界内涉及的工业生产过程排放装置主要包括：催化裂化装置、催化重整装置、制氢装置、焦化装置、石油焦煅烧装置、氧化沥青装置、乙烯裂解装置、乙二醇/环氧乙烷生产装置等。企业的工业生产过程 CO_2 排放量应等于各装置的工业生产过程 CO_2 排放之和。

（1）催化裂化装置　核算烧焦过程碳排放。

（2）催化重整装置　对烧焦排放量进行核算。

（3）其他生产装置催化剂烧焦再生　核算烧焦过程碳排放。

（4）制氢装置　采用碳质量平衡法核算制氢过程中的工业生产过程碳排放。

（5）焦化装置　延迟焦化装置不计算工业生产过程排放；流化焦化装置中流化床燃烧器烧除附着在焦炭粒子上的多余焦炭所产生的 CO_2 排放，核算烧焦过程排放；灵活焦化装置也不计算工业生产过程排放。

（6）石油焦煅烧装置　采用碳质量平衡法核算装置的 CO_2 排放。

（7）氧化沥青装置　可以采用连续监测或估算工艺过程中的 CO_2 排放量。

（8）乙烯裂解装置　核算炉管内壁结焦后的烧焦排放。

（9）乙二醇/环氧乙烷生产装置　采用碳质量平衡法计算碳排放量。

（10）其他产品生产装置　炼油与石油化工生产涉及的产品领域比较广泛，生产过程中的 CO_2 排放源主要是燃料燃烧，个别化工产品生产过程还可能会产生工业生产过程排放，如甲醇、二氯乙烷、醋酸乙烯、丙烯醇、丙烯腈、炭黑等，这些产品的工业生产过程 CO_2 排放量可参考原料-产品流程采用碳质量平衡法进行核算。

作者对某石化企业温室气体排放量的核算见表 3-26。

表 3-26　某石化企业 2014 年温室气体排放量汇总表

源类别	温室气体实物量/t	温室气体 CO_2 当量/tCO_2e
燃料燃烧 CO_2 排放	4319063.27	4319063.27
火炬燃烧	9730.29	9730.29
工业生产过程 CO_2 排放	3188908.38	3188908.38
CO_2 回收利用	0	0
净购入使用的电力引起的 CO_2 排放	217650.16	217650.16
净购入使用的热力引起的 CO_2 排放	0	0
总排放量（不包括电、热）/tCO_2e		7517701.94
总排放量（包括电、热）/tCO_2e		7735352.09

3-22　钢铁生产企业温室气体排放如何核算?

（一）核算依据

钢铁生产企业主要是针对从事黑色金属（铁、锰、铬、钒、钛）冶炼、压延加工及制品生产的企业。按产品生产可分为钢铁产品生产企业、钢铁制品生产企业；按生产流程又可分为钢铁生产联合企业、电炉短流程企业、炼铁企业、炼钢企业和钢材加工企业。

钢铁生产企业温室气体排放的核算依据是《温室气体排放核算与报告要求第 5 部分：钢铁生产企业》（GB/T 32151.5—2015）和《中国钢铁生产企业温室气体排放核算方法与报告

指南（试行）》。

（二）核算边界

钢铁生产企业温室气体排放及核算边界见图 3-6。

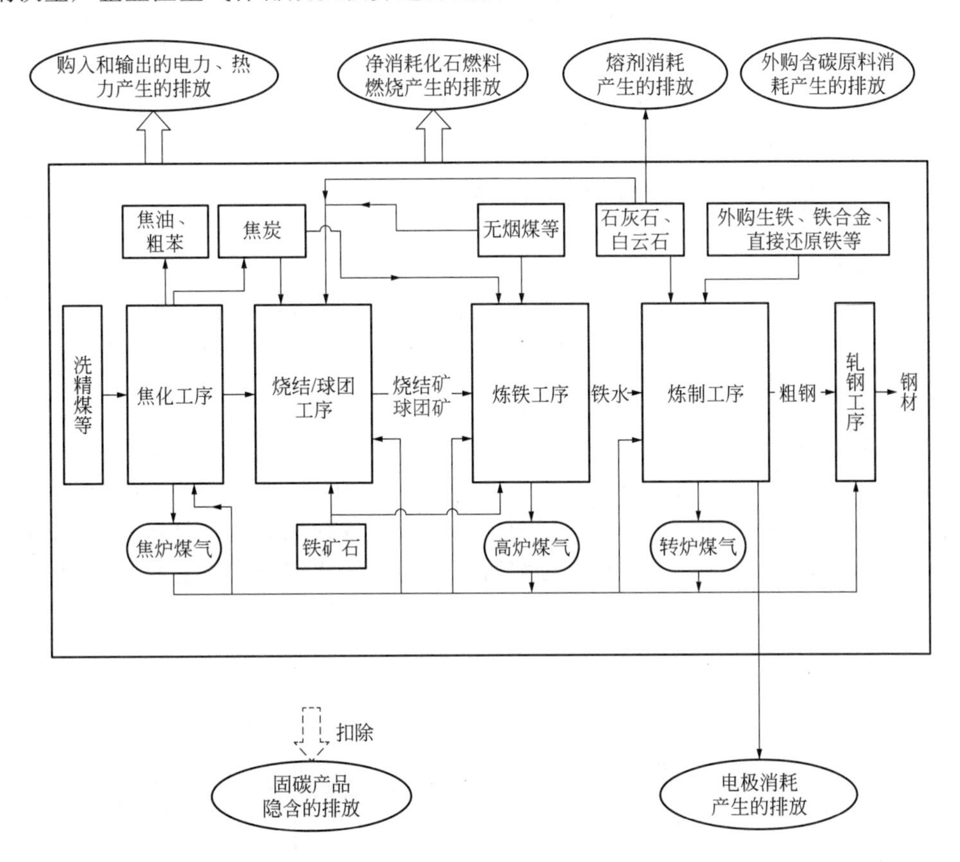

图 3-6　钢铁生产企业温室气体排放及核算边界示意图

（三）核算方法

钢铁生产企业的 CO_2 排放总量等于企业边界内所有的燃料燃烧排放量、工业生产过程排放量及企业净购入电力和净购入热力隐含产生的 CO_2 排放量之和，还应扣除固碳产品隐含的排放量。计算公式如下：

$$E = E_{燃烧} + E_{过程} + E_{购入电} + E_{购入热} - R_{固碳} - E_{输出电} - E_{输出热}$$

工业生产过程中产生的 CO_2 排放包括熔剂、电极、原料产生的排放三部分。

$$E_{过程} = E_{熔剂} + E_{电极} + E_{原料}$$

熔剂（白云石、石灰石等）消耗、电极、含碳原料（生铁等）产生的 CO_2 排放按活动水平与排放因子乘积计算。

固碳产品（如粗钢、甲醇等）所隐含的 CO_2 排放量按产品产量与排放因子乘积计算。

作者对一钢铁企业温室气体排放量的核算见表 3-27。

表 3-27　钢铁企业 2014 年温室气体排放量汇总表

源类别	温室气体实物量/t	温室气体 CO_2 当量/tCO_2e
燃料燃烧 CO_2 排放	13434610.00	13434610.00

续表

源类别	温室气体实物量/t	温室气体 CO_2 当量/tCO_2e
工业生产过程 CO_2 排放	848819.25	848819.25
净购入使用的电力和热力引起的 CO_2 排放	1776901.50	1776901.50
固碳产品隐含的 CO_2 排放	0.00	0.00
企业温室气体排放总量/tCO_2e		16060330.00

3-23 铝冶炼企业温室气体排放如何核算?

(一) 核算依据

铝冶炼企业温室气体排放的核算依据是《温室气体排放核算与报告要求第 4 部分：铝冶炼企业》(GB/T 32151.4—2015)，及《中国电解铝生产企业温室气体排放核算方法与报告指南（试行）》。

(二) 核算边界

铝冶炼生产企业的温室气体核算与报告范围主要包括以下排放：燃料燃烧产生的二氧化碳排放；能源作为原材料用途的排放（炭阳极消耗所导致的二氧化碳排放）；过程排放［阳极效应所导致的全氟化碳排放、碳酸盐分解所产生的二氧化碳（如果有）］；企业购入和输出的电力、热力产生的二氧化碳排放（见图 3-7）。

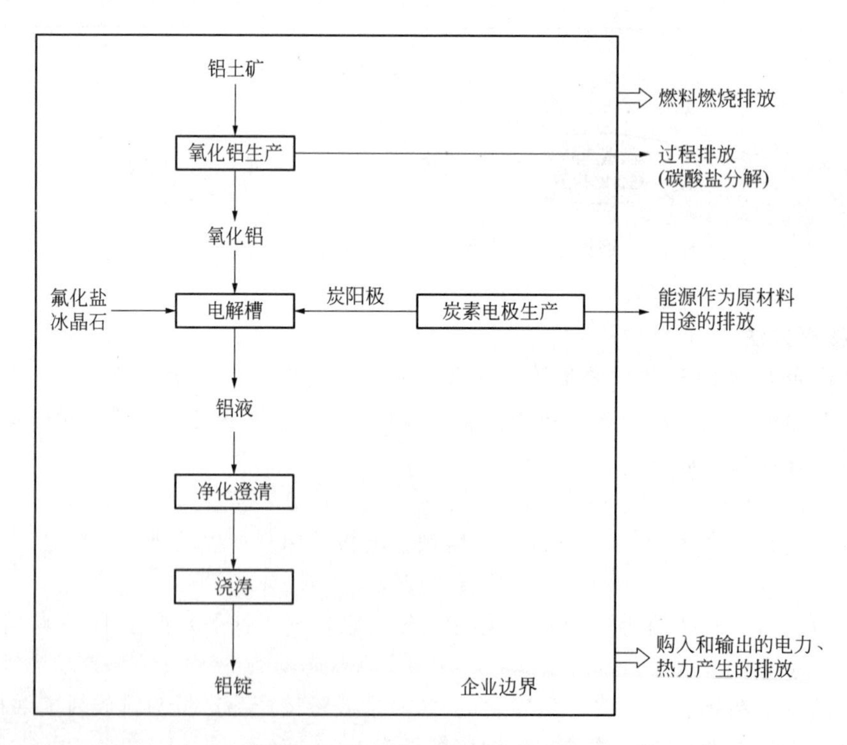

图 3-7 铝冶炼企业温室气体排放及核算边界示意图

(三) 核算方法

铝冶炼企业的温室气体排放总量等于企业边界内所有生产系统的化石燃料燃烧排放量、

能源作为原材料用途的排放量、过程排放量以及企业购入的电力、热力消费的排放量之和，同时扣除输出的电力、热力所对应的排放量。

$$E = E_{燃烧} + E_{原材料} + E_{过程} + E_{购入电} + E_{购入热} - E_{输出电} - E_{输出热}$$

能源作为原材料用途（炭阳极消耗）的二氧化碳排放量按下式计算：

$$E_{原材料} = EF_{炭阳极} \times P \times GWP_{CO_2}$$

式中　$E_{原材料}$——核算和报告年度内，炭阳极消耗导致的二氧化碳排放量，tCO_2；

$EF_{炭阳极}$——炭阳极消耗的二氧化碳排放因子，tCO_2/tAl；

P——核算和报告年度内的原铝产量，t；

GWP_{CO_2}——二氧化碳的全球变暖潜势，取值1。

铝冶炼企业生产过程排放量是其阳极效应排放量与碳酸盐分解产生的排放量之和，扣除二氧化碳回收量。计算公式如下：

$$E_{过程} = E_{PFCs} + \sum_{i=1}^{n} E_{碳酸盐,i} - R_{CO_2}$$

式中　$E_{过程}$——核算和报告年度内的过程排放量，tCO_2e；

E_{PFCs}——核算和报告年度内的阳极效应全氟化碳排放量，tCO_2e；

$E_{碳酸盐,i}$——核算和报告年度内第 i 种碳酸盐分解所导致的生产过程排放量，tCO_2e。

电解铝企业在发生阳极效应时，会排放四氟化碳（CF_4，PFC-14）和六氟化二碳（C_2F_6，PFC-116）两种全氟化碳（PFCs）。阳极效应温室气体排放量的计算公式如下：

$$E_{PFCs} = EF_{CF_4} \times P \times GWP_{CF_4} \times 10^{-3} + EF_{C_2F_6} \times P \times GWP_{C_2F_6} \times 10^{-3}$$

式中　E_{PFCs}——核算和报告年度内的阳极效应全氟化碳排放量，tCO_2e；

GWP_{CF_4}——四氟化碳（CF_4）的全球变暖潜势，取值为6500；

EF_{CF_4}——阳极效应的 CF_4 排放因子，$kgCF_4/tAl$；

$GWP_{C_2F_6}$——六氟化二碳（C_2F_6）全球变暖潜势，取值为9200；

$EF_{C_2F_6}$——阳极效应的 C_2F_6 排放因子，kgC_2F_6/tAl；

P——阳极效应的活动数据，即核算和报告年度内的原铝产量，tAl。

碳酸盐分解产生的二氧化碳采用活动水平与排放因子的乘积进行计算。

作者对一电解铝企业温室气体排放量的核算见表3-28。

表3-28　电解铝企业温室气体排放量汇总表

源类别	温室气体实物量/t	温室气体 CO_2 当量/tCO_2e
燃料燃烧 CO_2 排放	416910	416910
能源作为原材料产生的 CO_2 排放	601216	601216
工业生产过程的 CO_2 排放	100912	100912
净购入使用的电力和热力引起的 CO_2 排放	4730000	4730000
企业温室气体排放总量/tCO_2e		5748126

3-24　镁冶炼企业温室气体排放如何核算？

（一）核算依据

镁冶炼企业温室气体排放的核算依据是《温室气体排放核算与报告要求第3部分：镁冶

炼企业企业》(GB/T 32151.3—2015) 和《中国镁冶炼企业温室气体排放核算方法与报告指南(试行)》。

(二) 核算边界

镁冶炼企业的温室气体核算和报告范围(见图 3-8)包括:

(1) 燃料燃烧排放。

(2) 能源作为原材料用途的排放　镁冶炼企业所涉及的能源作为原材料用途的排放主要是厂界内的自有硅铁生产工序消耗兰炭还原剂所导致的二氧化碳排放,兰炭是一种能源产品。如果企业从事镁冶炼生产所用的硅铁全部是外购的,则不涉及此类排放问题。

(3) 工业生产过程排放　镁冶炼企业所涉及的工业生产过程排放主要是白云石煅烧分解所导致的二氧化碳排放。

(4) 净购入的电力、热力消费产生的排放。

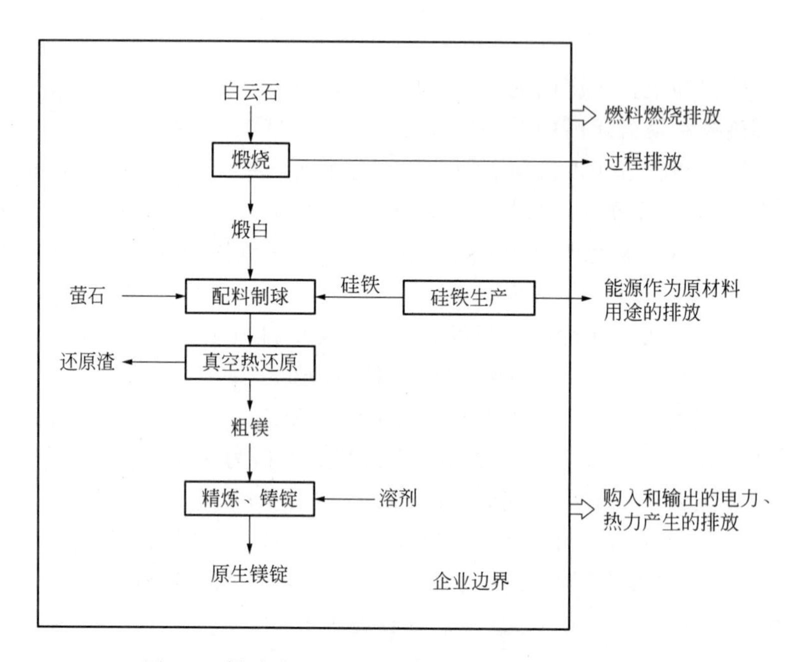

图 3-8　镁冶炼企业温室气体排放及核算边界示意图

(三) 核算方法

镁冶炼企业的温室气体排放总量等于企业边界内所有生产系统的燃料燃烧排放量、能源作为原材料用途的排放量、过程排放量以及企业购入的电力、热力消费的排放量之和,同时扣除输出的电力、热力所对应的排放量。计算式如下:

$$E = E_{燃烧} + E_{原材料} + E_{过程} + E_{购入电} + E_{购入热} - E_{输出电} - E_{输出热}$$

镁冶炼企业所涉及的能源作为原材料用途的排放主要是厂界内的自有硅铁生产工序消耗兰炭还原剂所导致的二氧化碳排放,兰炭是一种能源产品。如果企业从事镁冶炼生产所用的硅铁全部是外购的,则不涉及此类排放问题。

镁冶炼企业所涉及的工业生产过程排放主要是白云石煅烧分解所导致的二氧化碳排放。

3-25 其他有色金属冶炼和压延加工业企业温室气体排放如何核算?

(一) 核算依据

其他有色金属冶炼和压延加工业企业，指除铝冶炼和镁冶炼之外的其他有色金属冶炼和压延加工业企业。

其他有色金属冶炼和压延加工业企业温室气体排放的核算依据是《其他有色金属冶炼和压延加工业企业温室气体排放核算方法与报告指南（试行）》。

(二) 核算边界

其他有色金属冶炼和压延加工业企业的温室气体核算和报告范围主要包括以下排放：燃料燃烧产生的二氧化碳排放、能源作为原材料用途的排放（冶金还原剂消耗所导致的二氧化碳排放)、过程排放（企业消耗的各种碳酸盐以及草酸发生分解反应导致的排放量)、企业购入电力、热力产生的二氧化碳排放。其他有色金属冶炼和压延加工业企业温室气体排放及核算边界见图 3-9。

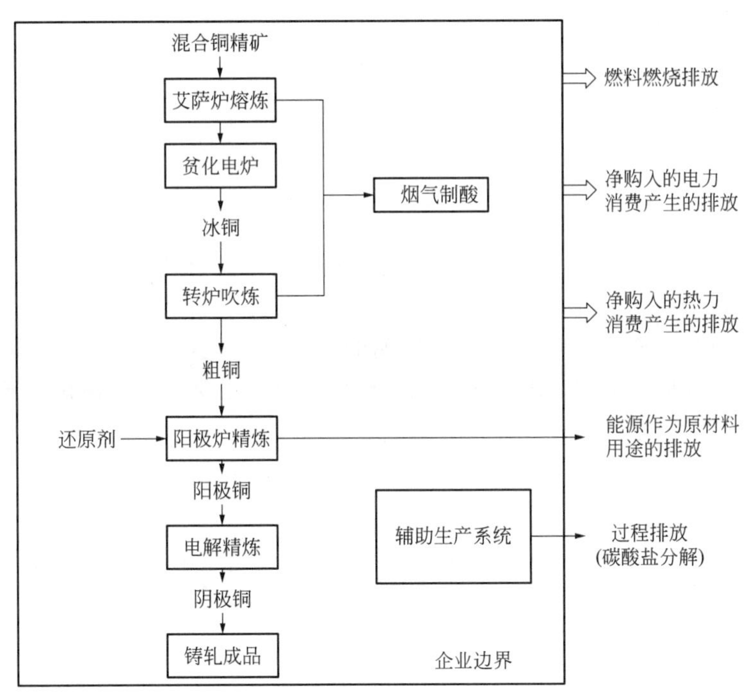

图 3-9 其他有色金属冶炼和压延加工业企业温室气体排放及核算边界示意图（以铜冶炼为例）

(三) 核算方法

其他有色金属冶炼和压延加工业企业的温室气体排放总量等于企业边界内所有生产系统的化石燃料燃烧排放量、能源作为原材料用途的排放量、过程排放量以及企业净购入的电力和热力消费的排放量之和，计算公式如下：

$$E=E_{燃烧}+E_{原材料}+E_{过程}+E_{电}+E_{热}$$

工业生产中，能源作为原材料被消耗，发生化学反应而产生的温室气体排放。铜冶炼、铅锌冶炼等子行业的企业使用焦炭、兰炭、无烟煤、天然气等能源产品作为还原剂，导致二氧化碳排放。

能源作为原材料用途（冶金还原剂）的二氧化碳排放量按下式计算：

$$E_{原材料} = AD_{还原剂} \times EF_{还原剂}$$

式中 $EF_{还原剂}$——能源产品作为还原剂用途的二氧化碳排放因子，tCO_2/t 还原剂；

$AD_{还原剂}$——活动水平，即核算和报告年度内能源产品作为还原剂的消耗量，对固体或液体能源，单位为 t，对气体能源，单位为 $10^4 m^3$。

过程排放量是企业消耗的各种碳酸盐以及草酸发生分解反应导致的排放量之和，按下式计算：

$$E_{过程} = E_{草酸} + \sum E_{碳酸盐} = AD_{草酸} \times EF_{草酸} + \sum (AD_{碳酸盐} \times EF_{碳酸盐})$$

3-26 平板玻璃生产企业温室气体排放如何核算？

（一）核算依据

平板玻璃生产企业温室气体排放的核算依据是《温室气体排放核算与报告要求第 7 部分：平板玻璃生产企业》（GB/T 32151.7—2015）和《中国平板玻璃生产企业温室气体排放核算方法与报告指南（试行）》。

（二）核算边界

平板玻璃生产企业核算边界内的关键排放源包括：

（1）*燃料的燃烧*。

（2）*原料配料中碳粉氧化* 平板玻璃生产过程中在原料配料中掺加一定量的碳粉作为还原剂，以降低芒硝的分解温度，促使硫酸钠在低于其熔点温度下快速分解还原，有助于原料的快速升温和熔融，而碳粉中的碳则被氧化为 CO_2。

（3）*原料碳酸盐分解* 平板玻璃生产所使用的原料中含有的碳酸盐如石灰石、白云石、纯碱等在高温状态下分解产生 CO_2 排放。

（4）*净购入使用的电力和热力* 平板玻璃的生产主要包括五个过程：原料配合料的制备、玻璃液熔制、玻璃板成型、玻璃板退火、玻璃切裁。主要耗能设备有熔窑、锡槽和退火窑。平板玻璃生产企业温室气体核算边界如图 3-10 所示。

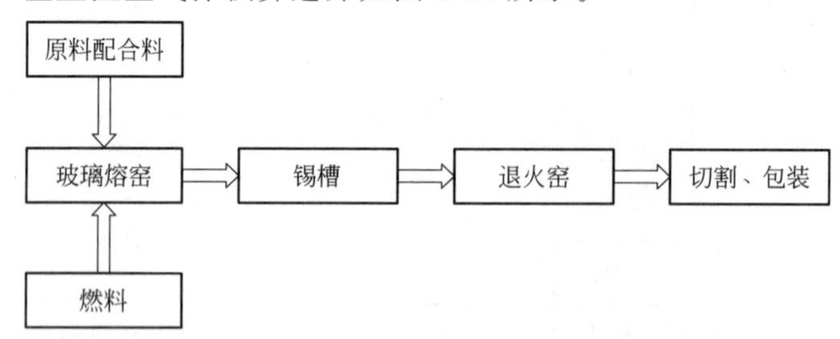

图 3-10 平板玻璃生产企业温室气体核算边界示意图

（三）核算方法

平板玻璃生产企业的温室气体排放总量等于企业边界内的燃料燃烧排放量、原料配料中碳粉氧化产生的排放、原料碳酸盐分解产生的排放、购入电力及热力产生的排放的排放量之和。计算式如下：

$$E = E_{燃烧} + E_{碳粉} + E_{分解} + E_{购入电} + E_{购入热} + E_{输出电} + E_{输出热}$$

式中 $E_{碳粉}$——原料配料中碳粉氧化产生的排放量，tCO_2；

$E_{分解}$——原料碳酸盐分解产生的排放量，tCO_2。

作者对一玻璃企业温室气体排放量的核算见表 3-29。

表 3-29 玻璃生产企业温室气体排放量汇总表

源类别	温室气体实物量/t	温室气体 CO_2 当量/tCO_2e
燃料燃烧 CO_2 排放	41853.68	41853.68
碳酸盐使用的 CO_2 排放	8179.23	8179.23
净购入使用的电力和热力引起的 CO_2 排放	21200.07	21200.07
企业温室气体排放总量/tCO_2e		71232.98

3-27 水泥生产企业温室气体排放如何核算?

(一) 核算依据

水泥生产企业温室气体排放的核算依据是《温室气体排放核算与报告要求第 8 部分：水泥生产企业》(GB/T 32151.8—2015) 和《中国水泥生产企业温室气体排放核算方法与报告指南（试行）》。

(二) 核算边界

水泥生产企业核算边界内的关键排放源包括：

(1) 燃料燃烧排放　水泥窑中使用的实物煤、热处理和运输等设备使用的燃油等产生的排放。

(2) 过程排放　水泥生产过程中，原材料碳酸盐分解产生的二氧化碳排放，包括熟料对应的碳酸盐分解排放。

替代燃料和协同处置的废弃物中非生物质碳的燃烧产生的排放。废轮胎、废油和废塑料等替代燃料、污水污泥等废弃物里所含有的非生物质碳的燃烧产生的排放。

生产物料中非燃料碳煅烧产生的排放。生产物料中采用的配料，如钢渣、煤矸石、高碳粉煤灰等，含有可燃的非燃料碳，这些碳在生产物料高温煅烧过程中都转化为二氧化碳。

(3) 购入使用的电力和热力。

水泥生产企业温室气体核算边界如图 3-11 所示。

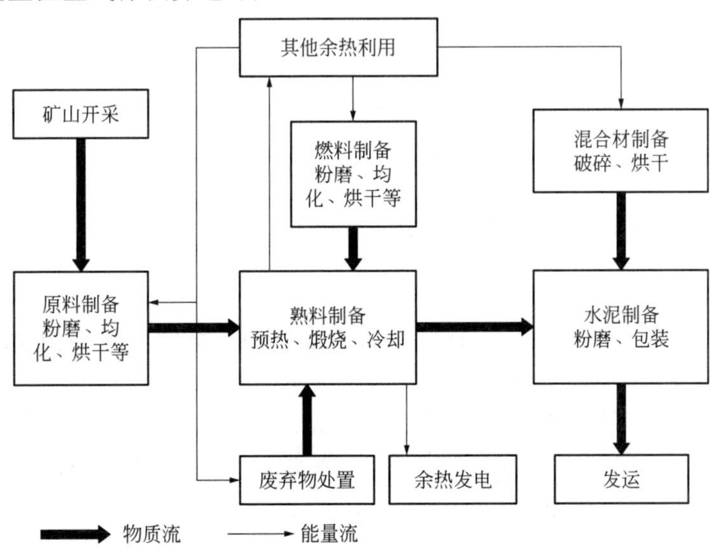

图 3-11 水泥生产企业温室气体核算边界示意图

（三）核算方法

水泥生产企业的 CO_2 排放总量等于企业边界内所有的燃料燃烧排放量、过程排放量、企业购入电力和热力产生的排放量之和，扣除输出的电力和热力对应的 CO_2 排放量。计算公式如下：

$$E = E_{燃烧} + E_{过程} + E_{购入电} + E_{购入热} - E_{输出电} - E_{输出热}$$

水泥生产过程排放主要指原料碳酸盐分解产生的二氧化碳排放量，可按下式计算：

$$E_{工艺} = Q \times \left[(FR_1 - FR_{10}) \times \frac{44}{56} + (FR_2 - FR_{20}) \times \frac{44}{40} \right]$$

式中 $E_{工艺}$——核算和报告期内，原料碳酸盐分解产生的二氧化碳排放量，tCO_2；

Q——生产的水泥熟料产量，t；

FR_1——熟料中氧化钙（CaO）的含量，以%表示；

FR_{10}——熟料中不是来源于碳酸盐分解的氧化钙（CaO）的含量，以%表示；

FR_2——熟料中氧化镁（MgO）的含量，以%表示；

FR_{20}——熟料中不是来源于碳酸盐分解的氧化镁（MgO）的含量，以%表示；

$\frac{44}{56}$——二氧化碳与氧化钙之间的分子量换算；

$\frac{44}{40}$——二氧化碳与氧化镁之间的分子量换算。

作者对一水泥企业温室气体排放量的核算见表 3-30。

表 3-30 某水泥生产企业 2014 年温室气体排放量汇总表

源类别	温室气体实物量/t	温室气体 CO_2 当量/tCO_2e
燃料燃烧 CO_2 排放	1038349.88	1038349.88
替代燃料和废弃物中非生物质碳燃烧 CO_2 排放	0.00	0.00
原料碳酸盐分解的 CO_2 排放	1851027.50	1851027.50
生料中非燃料碳煅烧的 CO_2 排放	40339.39	40339.39
净购入使用的电力引起的 CO_2 排放	120721.90	120721.90
净购入使用的热力引起的 CO_2 排放	0.00	0.00
企业温室气体排放总量/tCO_2e		3050438.75

3-28 陶瓷生产企业温室气体排放如何核算?

（一）核算依据

陶瓷生产企业指从事陶瓷制品，如日用陶瓷、艺术陈设陶瓷、建筑卫生陶瓷、化学化工陶瓷、电瓷、结构陶瓷、功能陶瓷等生产和加工为主营业务的企业。

陶瓷生产企业温室气体排放的核算依据是《温室气体排放核算与报告要求第 9 部分：陶瓷生产企业》（GB/T 32151.9—2015）和《中国陶瓷生产企业温室气体排放核算方法与报告指南（试行）》。

（二）核算边界

陶瓷生产企业 CO_2 排放核算和报告边界如图 3-12 所示。

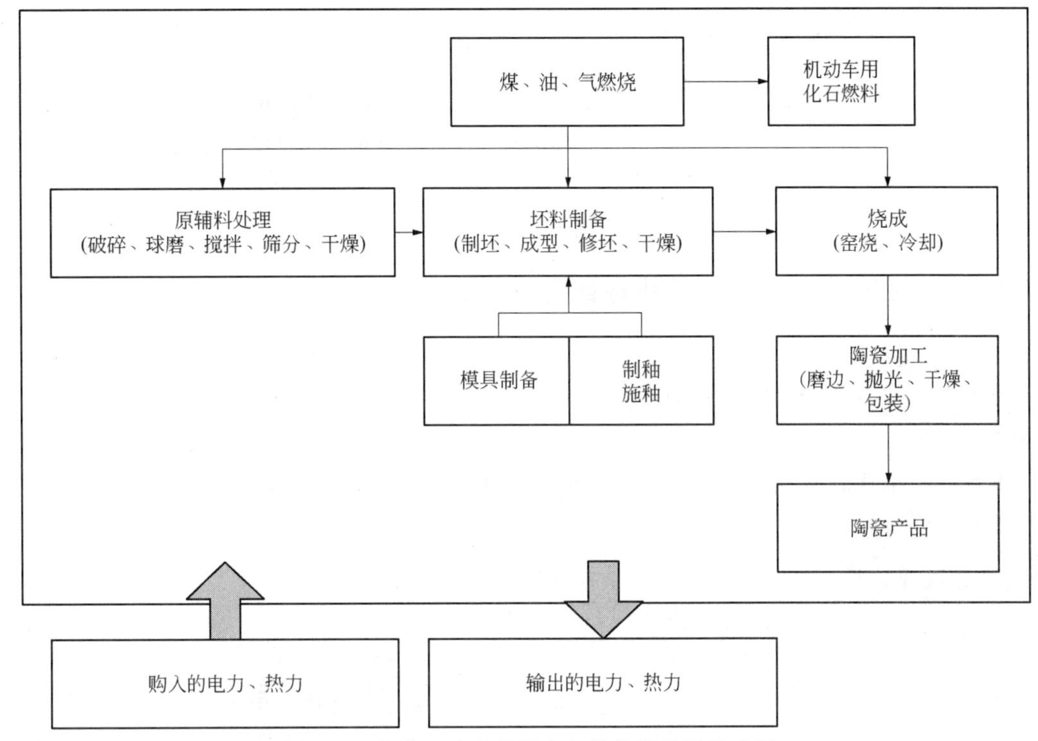

图 3-12　陶瓷生产企业温室气体核算边界示意图

陶瓷生产企业核算和报告的 CO_2 排放源包括：

（1）化石燃料燃烧排放。

（2）工业生产过程排放　主要指陶瓷原料中含有的方解石、菱镁矿和白云石等中的碳酸盐，如碳酸钙（$CaCO_3$）和碳酸镁（$MgCO_3$）等，在陶瓷烧成工序中高温下发生分解，释放出 CO_2。

（3）净购入生产用电蕴含的排放。

（三）核算方法

陶瓷生产企业的全部排放包括燃料燃烧产生的二氧化碳排放，陶瓷烧成过程的二氧化碳排放，购入的电力、热力产生的二氧化碳排放，同时扣除输出的电力、热力所对应的排放量。陶瓷生产企业的温室气体排放计算式如下：

$$E = E_{燃烧} + E_{过程} + E_{购入电} + E_{购入热} - E_{输出电} - E_{输出热}$$

陶瓷生产过程中产生的二氧化碳排放主要来自陶瓷烧成工序。在陶瓷烧成工序中，原料中所含的碳酸钙（$CaCO_3$）和碳酸镁（$MgCO_3$）在高温下分解产生二氧化碳，过程排放的计算式如下：

$$E_{过程} = \sum \left[F_{原料} \times \eta_{原料} \times \left(C_{CaCO_3} \times \frac{44}{100} + C_{MgCO_3} \times \frac{44}{84} \right) \right]$$

式中　$E_{过程}$——核算期内二氧化碳过程排放量，tCO_2；

$F_{原料}$——核算期内原料消耗量（扣除含水量），t；

$\eta_{原料}$——核算期内原料利用率，以%表示；

C_{CaCO_3}——核算期内使用原料中碳酸钙（$CaCO_3$）的质量分数，以%表示；

C_{MgCO_3}——核算期内使用原料中碳酸镁（$MgCO_3$）的质量分数，以%表示；

$\frac{44}{100}$——二氧化碳与碳酸钙（$CaCO_3$）的分子量之比；

$\frac{44}{84}$——二氧化碳与碳酸镁（$MgCO_3$）的分子量之比。

原料利用率 $\eta_{原料}$ 由陶瓷生产企业根据实际生产情况确定，推荐值为 90%。

对于有条件的企业，原料中 $CaCO_3$ 和 $MgCO_3$ 含量每批次原料应检测一次，然后统计核算期内原料中 $CaCO_3$ 和 $MgCO_3$ 的加权平均含量用于计算。对于没有条件的企业，宜按年度检测一次。

3-29 煤炭生产企业温室气体排放如何核算?

(一) 核算依据

煤炭生产企业指通过煤炭开采（井工开采、露天开采）和洗选活动，生产各类煤炭产品的企业。

煤炭生产企业温室气体排放的核算依据是《中国煤炭生产企业温室气体排放核算方法与报告指南（试行）》。

(二) 核算边界

煤炭生产企业应核算的排放源类别和气体种类包括：

(1) 燃料燃烧 CO_2 排放。

(2) 火炬燃烧 CO_2 排放　指煤层气（煤矿瓦斯）火炬燃烧产生的 CO_2 排放。

(3) CH_4 和 CO_2 逃逸排放　指煤炭生产中 CH_4 和 CO_2 的逃逸排放，包括井工开采、露天开采和矿后活动的排放。

(4) 净购入电力和热力隐含的 CO_2 排放。

煤炭生产企业温室气体排放源和核算边界如图 3-13 所示。

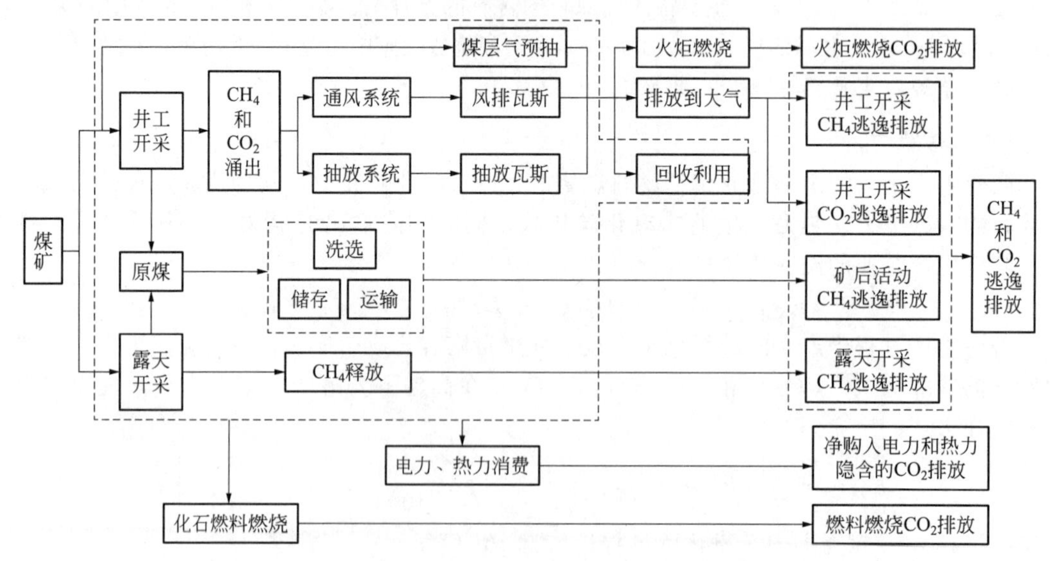

图 3-13　煤炭生产企业温室气体排放源和核算边界示意图

(三) 核算方法

报告主体的温室气体（GHG）排放总量等于燃料燃烧 CO_2 排放量、火炬燃烧 CO_2 排放量、CH_4 和 CO_2 逃逸排放量、净购入电力和热力隐含的 CO_2 排放量之和。

$$E_{GHG} = E_{CO_2\_燃烧} + E_{CO_2\_火炬} + E_{CH_4\_逃逸} \times GWP_{CH_4} + E_{CO_2\_逃逸} + E_{CO_2\_净电} + E_{CO_2\_净热}$$

式中 $E_{CO_2\_燃烧}$——化石燃料燃烧的 CO_2 排放量，tCO_2；

$E_{CO_2\_火炬}$——火炬燃烧的 CO_2 排放量，tCO_2；

$E_{CH_4\_逃逸}$——CH_4 逃逸排放量，tCH_4；

GWP_{CH_4}——CH_4 相比 CO_2 的全球变暖潜势（GWP）值，取值 21；

$E_{CO_2\_逃逸}$—— CO_2 逃逸排放量，tCO_2。

3-30 造纸和纸制品生产企业温室气体排放如何核算?

（一）核算依据

造纸和纸制品生产企业温室气体排放的核算依据是《造纸和纸制品生产企业温室气体排放核算方法与报告指南（试行）》。

（二）核算边界

造纸和纸制品生产企业温室气体排放（见图 3-14）主要包括：

（1）燃料燃烧排放。

（2）过程排放 造纸和纸制品生产企业所涉及的过程排放主要是部分企业外购并消耗的石灰石（主要成分为碳酸钙）发生分解反应导致的二氧化碳排放。

（3）净购入电力产生的排放。

（4）净购入热力产生的排放。

（5）废水厌氧处理的甲烷排放 制浆造纸企业产生工业废水，采用厌氧技术处理高浓度有机废水时会产生甲烷排放。

造纸和纸制品生产企业废水处理所导致的氧化亚氮排放不足企业总排放量的 1%，《造纸和纸制品生产企业温室气体排放核算方法与报告指南（试行）》中予以忽略。

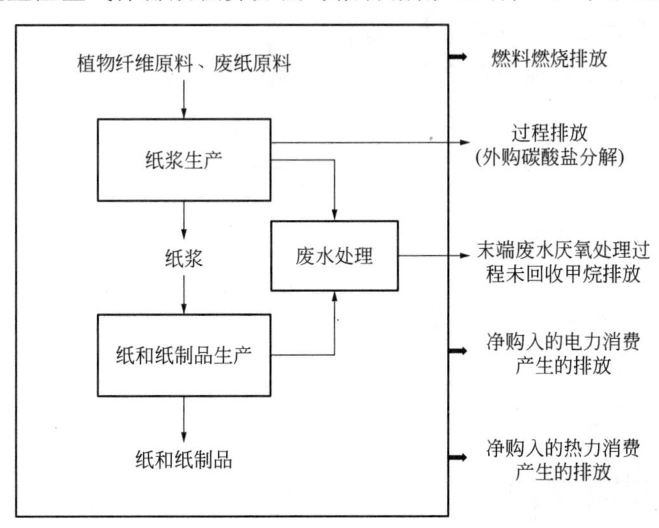

图 3-14 造纸和纸制品生产企业温室气体核算边界示意图

（三）核算方法

造纸和纸制品生产企业的温室气体排放总量等于企业边界内所有生产系统的燃料燃烧排放量、过程排放量、企业净购入的电力和热力消费的排放量以及废水处理排放量之和。按以下公式计算：

$$E = E_{燃烧} + E_{过程} + E_{电和热} + E_{废水}$$

式中　$E_{废水}$——废水厌氧处理产生的排放量，tCO_2。

过程排放量是企业外购并消耗的石灰石（主要成分为碳酸钙）发生分解反应导致的二氧化碳排放量，等于石灰石原料消耗量与二氧化碳排放因子的乘积。

3-31　食品、烟草及酒、饮料和精制茶企业温室气体排放如何核算?

（一）核算依据

食品、烟草及酒、饮料和精制茶企业温室气体排放的核算依据是《食品、烟草及酒、饮料和精制茶企业温室气体排放核算方法与报告指南（试行）》。

从事食品、烟草及酒、饮料和精制茶生产的企业，按照国民经济行业分类（GB/T 4754—2011），食品生产企业包括：焙烤食品制造，糖果、巧克力及蜜饯制造，方便食品制造，乳制品制造，罐头食品制造，调味品、发酵制品制造，其他食品制造企业。烟草生产企业包括：烟叶复烤、卷烟制造和其他烟草制品制造企业。酒、饮料和精制茶生产企业包括三类：酒的制造、饮料制造、精制茶类为精制茶加工。

（二）核算边界

食品、烟草及酒、饮料和精制茶生产企业的温室气体排放核算和报告范围包括：

（1）化石燃料燃烧排放。

（2）工业生产过程排放　企业在生产过程中（例如有机酸生产、焙烤、灌装等）使用碳酸盐或二氧化碳等外购含碳原料产生的二氧化碳排放。

由于作为生产原料的二氧化碳可能来源于工业和非工业生产，因此，计算时仅考虑来源为工业生产的二氧化碳排放，不考虑来源为空气分离法及生物发酵法制得的二氧化碳。

（3）废水厌氧处理产生的甲烷排放。

（4）净购入使用的电力、热力产生的排放。

食品、烟草及酒、饮料和精制茶典型生产企业温室气体排放及核算边界示意图见图 3-15、图 3-16 与图 3-17。

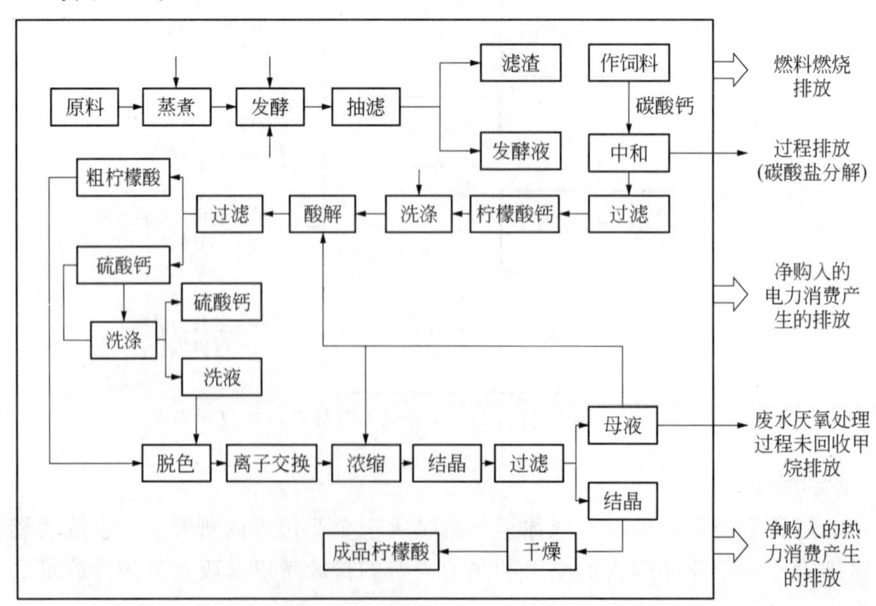

图 3-15　食品典型生产过程及温室气体排放核算边界示意图

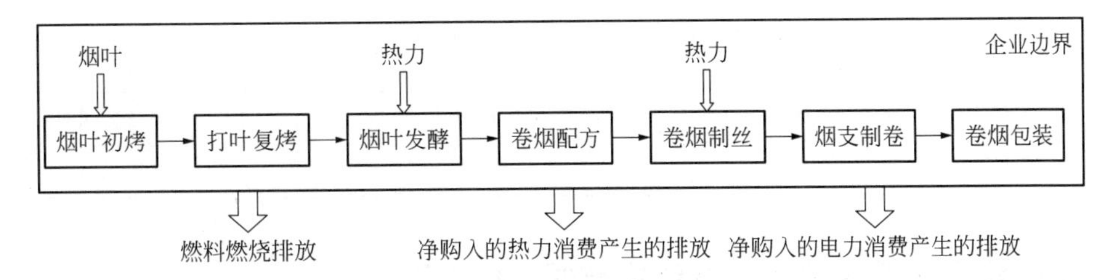

图 3-16　烟草典型生产过程及温室气体排放核算边界示意图

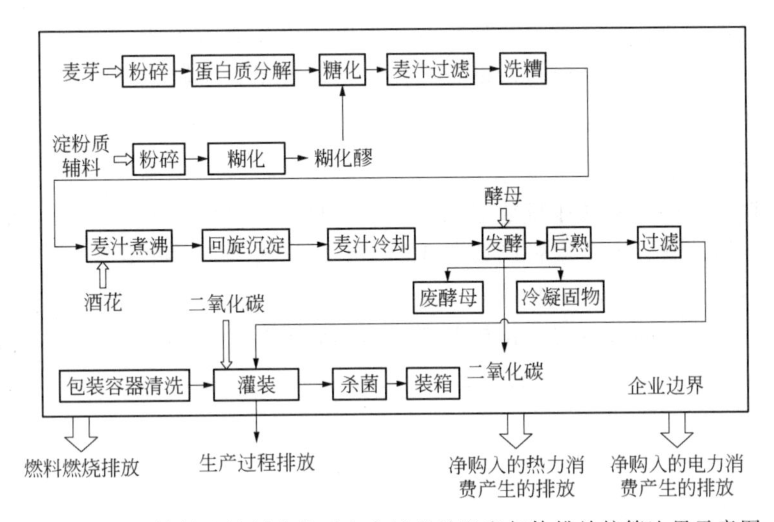

图 3-17　酒、饮料和精制茶典型生产过程及温室气体排放核算边界示意图

（三）核算方法

食品、烟草及酒、饮料和精制茶生产企业的全部排放包括化石燃料燃烧产生的二氧化碳排放、工业生产过程产生的二氧化碳排放、废水厌氧处理产生的甲烷排放、净购入使用电力及热力产生的二氧化碳排放。对于生物质混合燃料燃烧产生的二氧化碳排放，仅统计混合燃料中化石燃料（如燃煤）的二氧化碳排放。

温室气体排放总量计算式如下：

$$E_{GHG}=E_{CO_2\_燃烧}+E_{CO_2\_过程}+E_{GHG\_废水}+E_{CO_2\_电}+E_{CO_2\_热}$$

工业生产过程温室气体排放包括碳酸盐在消耗过程中产生的二氧化碳排放，外购工业生产的二氧化碳作为原料在使用过程中损耗产生的排放，不考虑来源为空气分离法及生物发酵法制得的二氧化碳。

作者对一食用油企业温室气体排放量的核算见表 3-31。

表 3-31　某食用油生产企业 2014 年温室气体排放量汇总表

源类别	温室气体实物量/t	温室气体 CO_2 当量/tCO_2e
燃料燃烧 CO_2 排放	805.90	805.90
工业生产过程 CO_2 排放	0	0
废水厌氧处理 CO_2 排放	61.38	61.38
净购入使用的电力引起的 CO_2 排放	16111.57	16111.57

续表

源类别	温室气体实物量/t	温室气体 CO_2 当量/tCO_2e
净购入使用的热力引起的 CO_2 排放	68100.60	68100.60
企业温室气体排放总量/tCO_2e		85079.44

3-32 电子设备制造企业温室气体排放如何核算？

（一）核算依据

电子设备制造企业指的是计算机通信和其他电子设备制造企业。

电子设备制造企业温室气体排放的核算依据是《电子设备制造企业温室气体排放核算方法与报告指南（试行）》。

（二）核算边界

电子设备制造企业温室气体排放包括：化石燃料燃烧排放、工业生产过程排放及净购入电力、热力产生的排放。电子设备制造企业的工业生产过程排放主要来源于半导体生产中刻蚀与 CVD 腔室清洗工艺产生的排放。

电子设备制造企业的温室气体排放及核算边界见图 3-18。

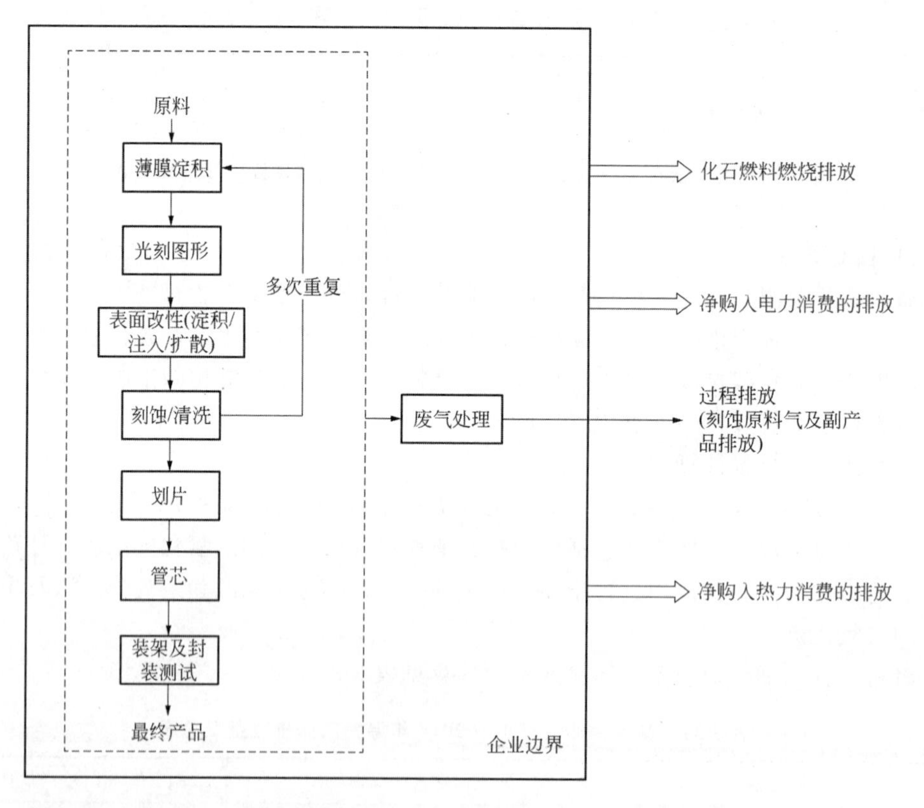

图 3-18 典型电子设备制造企业的温室气体排放及核算边界

（三）核算方法

电子设备制造企业的温室气体排放总量应等于边界内所有生产系统的化石燃料燃烧所产

生的排放量、工业生产过程排放量，以及企业净购入的电力和热力产生的排放量之和，按以下公式计算：

$$E = E_{燃烧} + E_{过程} + E_{电力} + E_{热力}$$

电子设备制造业的工业生产过程排放主要由刻蚀与 CVD 腔室清洗工序产生，过程中产生的温室气体排放由原料气的泄漏与生产过程中生成的副产品（温室气体）的排放构成。原料气包括但不限于：NF_3、SF_6、CF_4、C_2F_6、C_3F_8、C_4F_6、c-C_4F_8、c-C_4F_8O、C_5F_8、CHF_3、CH_2F_2、CH_3F。副产品包括但不限于：CF_4、C_2F_6、C_3F_8。

刻蚀工序与 CVD 腔室清洗工序产生的温室气体排放按以下公式计算：

$$E_{FC} = \sum_i E_{EFC,i} + \sum_{i,j} E_{BP,i,j}$$

式中　E_{FC}——刻蚀工序与 CVD 腔室清洗工序产生的温室气体排放，tCO_2；

$E_{EFC,i}$——第 i 种原料气泄漏产生的排放，tCO_2；

$E_{BP,i,j}$——第 i 种原料气产生的第 j 种副产品排放，tCO_2；

i——原料气的种类；

j——副产品的种类。

每一种原料气的排放按下式计算：

$$E_{EFC,i} = (1-h) \cdot FC_i \cdot (1-U_i) \cdot (1-a_i \cdot d_i) \cdot GWP_i$$

式中　h——原料气容器的气体残余比例，%；

FC_i——报告期内第 i 种原料气的使用量，t；

U_i——第 i 种原料气的利用率，%；

a_i——废气处理装置对第 i 种原料气的收集效率，%；

d_i——废气处理装置对第 i 种原料气的去除效率，%；

GWP_i——第 i 种原料气的全球变暖潜势。

作者对一电子设备企业温室气体排放量核算见表 3-32。

表 3-32　某电子设备制造企业 2014 年温室气体排放量汇总表

源类别	温室气体实物量/t	温室气体 CO_2 当量/tCO_2e
燃料燃烧 CO_2 排放	335.02	335.02
工业生产过程 CO_2 排放	0	0
净购入使用的电力引起的 CO_2 排放	24094.00	24094.00
净购入使用的热力引起的 CO_2 排放	5023.68	5023.68
企业温室气体排放总量/tCO_2e		29452.70

3-33　机械设备制造企业温室气体排放如何核算?

（一）核算依据

机械设备制造业包含金属制品业、通用设备制造业、专用设备制造业、汽车制造业、铁路船舶航空航天及其他运输设备制造业、电气机械和器材制造业。

机械设备制造企业温室气体排放的核算依据是《机械设备制造企业温室气体排放核算方法与报告指南（试行）》。

（二）核算边界

机械设备制造企业温室气体排放包括：化石燃料燃烧排放、工业生产过程排放及净购入电力和热力产生的排放。工业生产过程排放类型较多，企业应根据实际情况选择相应的计算方法核算工业生产过程排放。例如：电气设备或制冷设备制造企业涉及工业生产过程中 SF_6、HFCs、PFCs 泄漏产生的排放；机械设备制造企业生产过程中涉及二氧化碳气体保护焊产生的排放。

机械设备制造企业的温室气体排放及核算边界见图 3-19。

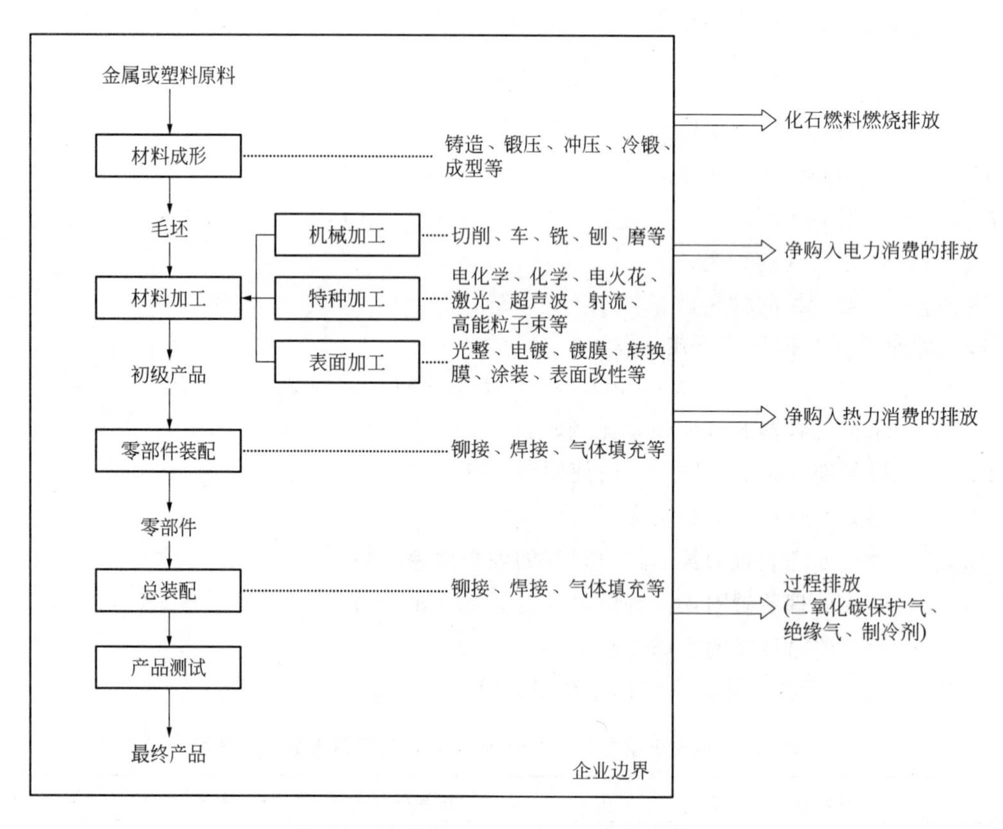

图 3-19　典型机械设备制造企业的温室气体排放及核算边界

（三）核算方法

机械设备制造企业的温室气体排放总量应等于边界内所有生产系统的化石燃料燃烧所产生的排放量、工业生产过程排放量，以及企业净购入的电力和热力产生的排放量之和，按以下公式计算：

$$E = E_{燃烧} + E_{过程} + E_{电力} + E_{热力}$$

机械设备制造业的过程排放由各工艺环节产生的过程排放加总获得，具体按下式计算。

$$E_{过程} = E_{TD} + E_{WD}$$

式中　E_{TD}——电气与制冷设备生产的过程排放，tCO_2；

E_{WD}——CO_2 作为保护气的焊接过程造成的排放，tCO_2。

电气设备或制冷设备生产过程中有 SF_6、HFCs 和 PFCs 的泄漏造成的排放。

作者对一机械设备制造企业温室气体排放量的核算见表3-33。

表3-33　某机械设备制造企业温室气体排放量汇总表

源类别	温室气体实物量/t	温室气体 CO_2 当量/tCO_2e
燃料燃烧 CO_2 排放	24888	24888
工业生产过程 CO_2 排放	3200	3200
净购入使用的电力和热力引起的 CO_2 排放	8668034	8668034
企业温室气体排放总量/tCO_2e		8696122

3-34　矿山企业温室气体排放如何核算?

(一) 核算依据

矿山企业指以黑色金属矿、有色金属矿、非金属矿和其他矿物的采矿、选矿和加工活动为主要业务的企业。

矿山企业温室气体排放的核算依据是《矿山企业温室气体排放核算方法与报告指南（试行)》。

(二) 核算边界

矿山企业应根据企业实际从事的产业活动和设施类型识别其应予核算和报告的排放源和气体种类，包括：

(1) 燃料燃烧 CO_2 排放。

(2) 碳酸盐分解的 CO_2 排放　矿山企业涉及碳酸盐分解排放的生产工艺有铁矿的烧结和球团使用碳酸盐做熔剂、焙烧含碳酸盐较多的沉积型钙质磷块岩进行提纯、煅烧硼镁石-碳酸盐型硼矿进行提纯、煅烧石灰石生产石灰等、煅烧白云石生产轻烧白云石等、煅烧菱镁矿进行提纯或生产轻烧镁、重烧镁、氧化镁等。如果烧结和球团发生在钢铁生产企业边界内，则烧结和球团工艺中碳酸盐熔剂分解产生的排放须按照《中国钢铁生产企业温室气体排放核算与报告指南》进行核算和报告。

(3) 碳化工艺吸收的 CO_2 量　轻质碳酸钙、轻质碳酸镁、碳酸钡、碳酸锶、碳酸锂等碳酸盐的生产工艺一般包括矿石煅烧、消化、碳化、沉淀（过滤)、干燥等步骤。对于这类企业，碳化工艺吸收的 CO_2 量应从企业的排放量中扣除。

(4) 净购入电力和热力隐含的 CO_2 排放。

矿山企业生产工艺流程和温室气体排放源示意图如图3-20所示。

(三) 核算方法

矿山企业的温室气体排放总量等于燃料燃烧 CO_2 排放量、碳酸盐分解的 CO_2 排放量、净购入电力和热力隐含的 CO_2 排放量之和，减去碳化工艺吸收的 CO_2 量。计算公式如下：

$$E = E_{燃烧} + E_{碳酸盐} - E_{碳化} + E_{电力} + E_{热力}$$

式中　$E_{碳酸盐}$——碳酸盐分解的 CO_2 排放量，tCO_2；

$E_{碳化}$——碳化工艺吸收的 CO_2 量，tCO_2。

矿山企业碳化工艺吸收的 CO_2 量可根据生成的碳化产物的质量和其中碳酸盐组分的质量分数及其排放因子来推算。

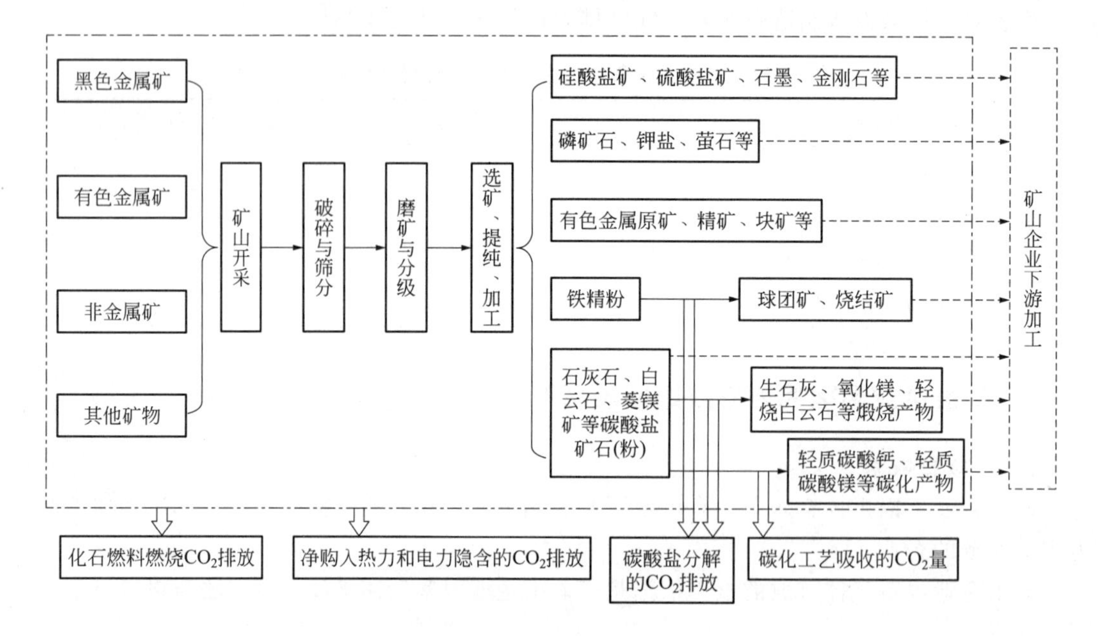

图 3-20 矿山企业生产工艺流程和温室气体排放源示意图

3-35 工业其他行业企业温室气体排放如何核算?

(一) 核算依据

工业其他行业企业指国民经济行业分类中那些尚没有针对性的行业企业温室气体核算标准或核算方法与报告指南的工业企业。

工业其他行业企业温室气体排放的核算依据是《工业其他行业企业温室气体排放核算方法与报告指南（试行）》。

(二) 核算方法

工业其他行业企业可按以下步骤核算温室气体排放量：

(1) 确定报告主体的核算边界；

(2) 识别企业所涵盖的温室气体排放源类别及气体种类；

(3) 选择相应的温室气体排放量计算公式；

(4) 制定监测计划，收集活动水平和排放因子数据；

(5) 将收集的数据代入计算公式得到各个排放源的温室气体排放量；

(6) 汇总计算企业温室气体排放总量，按照规定的内容和格式撰写企业温室气体排放报告。

报告主体应根据企业实际从事的产业活动和设施类型识别其应予核算和报告的排放源和气体种类。对于那些监测成本较高、不确定性较大、且贡献细微（排放量占企业总排放量的比例<1%）的排放源，有困难的企业可暂不报告，但需在报告中阐述未报告这些排放源的理由并附必要的佐证材料。

工业其他行业企业需核算的排放源和气体种类主要包括：

(1) 化石燃料燃烧 CO_2 排放。

(2) 碳酸盐使用过程 CO_2 排放。

(3) 工业废水厌氧处理 CH_4 排放　指报告主体通过厌氧工艺处理工业废水产生的 CH_4 排放。

(4) CH_4 回收与销毁量　指报告主体通过回收利用或火炬焚毁等措施处理废水处理产生的 CH_4 气从而免于排放到大气中的 CH_4 量，其中回收利用包括企业回收自用以及回收作为产品外供给其他单位。

(5) CO_2 回收利用量。

(6) 企业净购入电力和热力隐含的 CO_2 排放。

工业其他行业企业温室气体排放总量可按下式计算：

$$E = E_{燃烧} + E_{碳酸盐} + (E_{废水} - E_{回收销毁}) \times GWP_{CH_4} - R_{回收} + E_{电力} + E_{热力}$$

式中　$E_{废水}$——报告主体废水厌氧处理产生的 CH_4 排放，tCH_4；

$E_{回收销毁}$——报告主体的 CH_4 回收与销毁量，tCH_4；

GWP_{CH_4}——CH_4 相比 CO_2 的全球变暖潜势（GWP）值，取值 21；

$R_{回收}$——报告主体的 CO_2 回收利用量，tCO_2。

对具体企业，核算开始需仔细分析排放源和温室气体种类，以便采用合适的方法核算。不遗漏、不重复是核算准确的基本要求。

3-36　公共建筑运营企业温室气体排放如何核算?

(一) 核算依据

公共建筑包括办公建筑（写字楼、政府部门办公楼等），商业建筑（商场、金融建筑等），旅游建筑（旅馆酒店、娱乐场所等），科教文卫建筑（包括文化、教育、科研、医疗、卫生、体育建筑等），通信建筑（邮电、通讯、广播用房）以及交通运输用房（机场、车站建筑等）等建筑。

公共建筑运营企业温室气体排放的核算依据是《公共建筑运营企业温室气体排放核算方法与报告指南（试行）》。

(二) 核算边界

公共建筑运营排放的报告主体，是公共建筑运营单位（企业），一般是公共建筑的产权所有者（建筑物的业主），或者产权所有者的代理人，如物业公司或代理经营公司。

公共建筑的使用单位（企业），一般是公共建筑的产权所有者（建筑物的业主），也可以是公共建筑的租赁使用者。

如果公共建筑的承租方的用能量难以单独核算，出租方应报告该公共建筑所有承租方的总用能和总排放信息。

如果承租方的用能量可以单独核算，出租方应报告该公共建筑所有承租方的总用能和总排放，并在报告中附上所有承租方的用能量和排放量的信息。

如果出租方也是公共建筑的使用者，则出租方应报告所有承租方和自己的总排放量，同时需要在报告中附上该公共建筑所有用户，即出租方和所有承租方的用能量和排放量的信息。

在报告中，如果公共建筑的所有承租方的能耗都计算在出租方的能耗中，该出租方在报告其历史排放量时可以沿用此核算边界，并在排放报告中明确注明。同时，该出租方以后报告其年度二氧化碳报告时也应采用同样的核算边界。

对于某一公共建筑的运营过程，CO_2 排放源主要来自于以下几个方面（见图 3-21）：

（1）固定燃烧源的燃烧排放　固定燃烧源燃烧化石燃料产生排放，如锅炉、灶、干燥机、备用发电机等化石燃料燃烧产生的排放等。

（2）移动燃烧源的燃烧排放　移动燃烧源燃烧产生的排放，如交通工具的排放等。

（3）逸散型排放源的排放　逸散型排放源，如冰箱、空调、灭火器和化粪池等产生的排放。由于逸散型排放源所产生的排放数量较小，一般不予考虑。

（4）新种植树木的排放抵消　建筑物周围新种植树木的温室气体的抵消。由于建筑物周围新种植树木的温室气体抵消的数量较小，一般不予考虑。

（5）外购电力和热力的排放。

（6）委托运输产生的排放　委托第三方承担运输产生的排放，统计起来比较复杂，容易重复计算，一般不考虑。

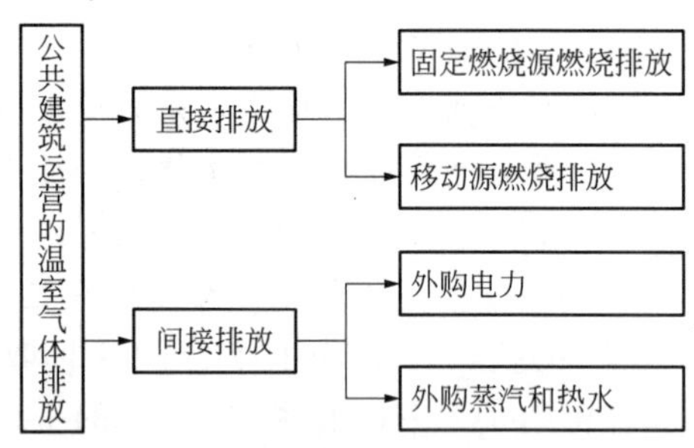

图 3-21　公共建筑运营过程的排放源

（三）核算方法

公共建筑运营的 CO_2 排放总量等于公共建筑边界内所有使用者的燃料燃烧排放、购入电力和热力所对应的 CO_2 排放量之和。公共建筑的温室气体排放可按下式核算：

$$E = E_{燃烧} + E_{电力} + E_{热力}$$

3-37　民用航空企业温室气体排放如何核算?

（一）核算依据

民用航空企业包括公共航空运输企业、通用航空企业以及机场企业。公共航空运输企业指以营利为目的，使用民用航空器运送旅客、行李、邮件或者货物的企业法人。通用航空企业指使用民用航空器从事公共航空运输以外的民用航空活动，包括从事工业、农业、林业、渔业和建筑业的作业飞行以及医疗卫生、抢险救灾、气象探测、海洋监测、科学实验、教育训练、文化体育等方面的飞行活动的企业。

民用航空企业温室气体排放的核算依据是《温室气体排放核算与报告要求第 6 部分：民用航空企业》（GB/T 32151.6—2015），及《中国民用航空企业温室气体排放核算方法与报告指南（试行）》。

（二）核算边界

民用航空企业的温室气体核算和报告范围包括：燃料燃烧的二氧化碳排放，购入的电力及热力产生的二氧化碳排放，输出的电力及热力对应的二氧化碳排放。

（三）核算方法

民用航空企业的温室气体排放总量等于核算边界内所有的燃料燃烧排放量以及企业购入的电力、热力消费产生的排放量之和，同时扣除输出的电力、热力所对应的排放量。计算式如下：

$$E = E_{燃烧} + E_{购入电} + E_{购入热} - E_{输出电} - E_{输出热}$$

民用航空企业的燃料燃烧的二氧化碳排放包括公共航空运输和通用航空企业运输飞行中航空器消耗的航空汽油、航空煤油和生物质混合燃料燃烧的二氧化碳排放，以及民用航空企业地面活动涉及的其他移动源及固定源消耗的化石燃料燃烧的二氧化碳排放。民用航空企业燃料燃烧的二氧化碳排放总量计算公式如下：

$$E_{燃烧}=\sum_{i}(AD_{化石,i}\times EF_{化石,i})+\sum_{j}(AD_{生物质混合,i}\times EF_{化石,j})$$

式中 $AD_{化石,i}$——第 i 种化石燃料的活动水平，GJ；

$EF_{化石,i}$——第 i 种化石燃料的排放因子，tCO_2/GJ；

i——化石燃料的种类；

$AD_{生物质混合,j}$——第 j 种生物质混合燃料的活动水平，GJ；

$EF_{化石,j}$——生物质混合燃料 j 全部是化石燃料时的排放因子，tCO_2/GJ，此处指航空汽油和航空煤油的排放因子；

j——生物质混合燃料类型。

民用航空企业燃料燃烧的活动水平包括两部分，化石燃料燃烧以及生物质混合燃料燃烧的活动水平。

民用航空企业消耗的化石燃料包括运输飞行消耗的航空燃油以及地面活动涉及的其他移动源及固定源消耗的化石燃料。

民用航空企业用于运输飞行的生物质混合燃料的活动水平按下式计算。

$$AD_{生物质混合,j}=FC_{生物质混合,j}\times NCV_{生物质混合,j}\times(1-BF_j)$$

式中 $AD_{生物质混合,j}$——核算和报告年度内第 j 种生物质混合燃料的活动数据，GJ；

$FC_{生物质混合,j}$——核算和报告年度内第 j 种生物质混合燃料的净消耗量；对固体和液体燃料，单位为 t；对气体燃料，单位为 10^4m^3；

$NCV_{生物质混合,j}$——核算和报告年度内第 j 种生物质混合燃料的平均低位发热量；对固体和液体燃料，单位为 GJ/t；对气体燃料，单位为 $GJ/10^4m^3$；

BF_j——第 j 种生物质混合燃料中生物质含量，以%表示；

j——生物质混合燃料的种类。

购入的电力、热力产生的排放量计算方法与其他行业相同。

3-38 陆上交通运输企业温室气体排放如何核算?

（一）核算依据

陆上交通运输企业指从事公路旅客运输、道路货物运输、城市客运、道路运输辅助活动（如公路维修与养护、高速公路运营管理等）、铁路运输的企业以及各沿海和内河港口企业。

陆上交通运输企业温室气体排放的核算依据是《陆上交通运输企业温室气体排放核算方法与报告指南（试行）》。

（二）核算边界

对于公路旅客运输企业、道路货物运输企业和城市客运企业，其设施和业务范围包括所属运输车辆的运营系统以及直接为运输车辆运营服务的辅助系统；对于公路维修与养护企业，设施和业务范围包括对各级公路实施的小修保养、中修工程、大修工程和改建工程以及直接为上述工程服务的辅助系统；对于高速公路运营管理企业，其设施和业务范围包括高速公路及附属设施养护、机电设备维护、收费、稽查、排障等运营系统以及为之服务的辅助系统；对于铁路运输企业，其设施和业务范围包括其内燃机车、电力机车和动车组运营系统（如机车牵引、车辆维修、线路维护保养、行车调度、通信指挥、电力供应等）及直接为机车运营服务的辅助系统；对于沿海港口和内河港口企业，其设施和业务范围包括直接用于装卸生产的系统以及直接为装卸生产服务的辅助系统。

各类型陆上交通运输企业的排放源及主要耗能/排放设备、核算气体种类如表 3-34 所示。

表 3-34 陆上交通运输企业温室气体排放源一览表

企业类型	燃料燃烧排放			尾气净化过程排放		净购入电力、热力排放	
	主要化石燃料种类	主要耗能设备	温室气体种类	排放设备	温室气体种类	主要耗能设备	温室气体种类
道路运输企业(包括公路旅客运输企业和道路货物运输企业、城市公共汽电车运输企业和出租汽车运输企业)	汽油、柴油、天然气和液化石油气等	运输车辆(以化石燃料为动力,如:汽油车、柴油车、单一气体燃料汽车、两用燃料汽车、双燃料汽车、混合动力电动汽车等)及客货运站场燃煤、燃油和燃气设施等	1. CO_2 2. CH_4(运输车辆) 3. N_2O(运输车辆)	运输车辆	CO_2	运输车辆(以电力为动力,如电车、纯电动汽车、插电式混合动力汽车等)及客货运站场耗电设施等	CO_2
城市轨道交通运输企业	煤、天然气等	场站等固定源燃煤和燃气设施等	CO_2	—		地铁、轻轨、磁悬浮列车及车站耗电设施等	CO_2
公路维修和养护企业、高速公路运营管理企业	柴油、天然气等	养护设备如修补机、运料机、运转车和摊铺机等	CO_2	—		道路照明以及固定场所供暖、通风等设施	CO_2
铁路运输企业	柴油、煤炭和天然气等	内燃机车,站场燃煤、燃油和燃气设施等	CO_2	—		电力机车、动车组、站场耗电设施	CO_2
港口企业	汽油、柴油、天然气和煤炭等	装卸设备、吊运工具、运输工具及设施等	CO_2	—		装卸设备、吊运工具、运输工具及设施等	CO_2

(三)核算方法

陆上交通运输企业的温室气体排放总量等于企业运营边界内所有化石燃料燃烧排放量、尾气净化过程排放量以及企业净购入电力和热力隐含的温室气体排放量之和，按如下公式计算：

$$E = E_{燃烧} + E_{过程} + E_{电力} + E_{热力}$$

式中 $E_{过程}$——企业的运输车辆在尾气净化过程由于使用尿素等还原剂产生的 CO_2 排放量，tCO_2。

公路旅客运输企业、道路货物运输企业、城市公共汽电车运输企业和出租汽车运输企业计算燃料燃烧的排放时还需计算由于运输车辆化石燃料燃烧产生的甲烷和氧化亚氮排放。

第三节 碳核查

3-39 第三方碳核查机构实施核查的工作原则是什么?

碳核查机构在准备、实施和报告核查和复查工作时，应遵循以下基本原则：

(1) 客观独立 核查机构应保持独立于受核查方，避免偏见及利益冲突，在整个核查活动中保持客观。

(2) 诚实守信 核查机构应具有高度的责任感，确保核查工作的完整性和保密性。

(3) 公平公正 核查机构应真实、准确地反映核查活动中的发现和结论，还应如实报告核查活动中所遇到的重大障碍，以及未解决的分歧意见。

（4）专业严谨　核查机构应具备核查必需的专业技能，能够根据任务的重要性和委托方的具体要求，利用其职业素养进行严谨判断。

3-40　第三方碳核查程序有哪些？

核查机构应按照规定的程序进行核查，主要步骤包括签订协议、核查准备、文件评审、现场核查、核查报告编制、内部技术评审、核查报告交付及记录保存等 8 个步骤（见图 3-22）。核查机构可以根据核查工作的实际情况对核查程序进行适当的调整，但调整的理由应在核查报告中予以详细说明。

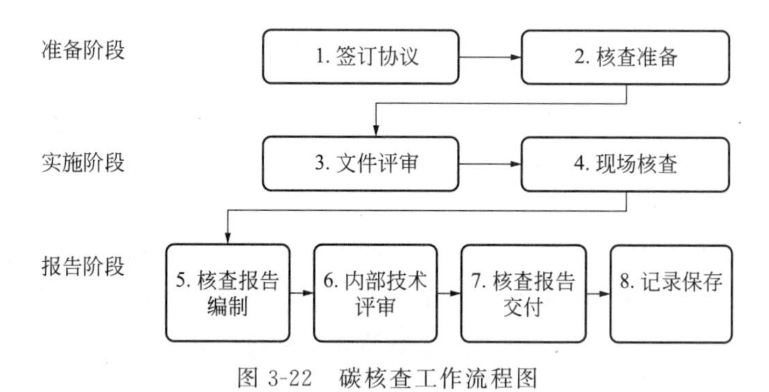

图 3-22　碳核查工作流程图

（1）签订协议　核查机构应与核查委托方签订核查协议。核查协议签订之前，核查机构应根据其被授予资质的行业领域、核查员资质与经验、时间与人力资源安排、重点排放单位的行业、规模及排放设施的复杂程度等，评估核查工作实施的可行性及与核查委托方或重点排放单位可能存在的利益冲突等。

（2）核查准备　核查机构应在与委托方签订核查协议后选择具备能力的核查组长和核查员组成核查组。核查组至少由两名成员组成，核查组长应充分考虑重点排放单位所在的行业领域、工艺流程、设施数量、规模与场所、排放特点、核查员的专业背景和实践经验等方面的因素，制定核查计划并确定核查组成员的任务分工。

（3）文件评审　文件评审包括对重点排放单位提交的温室气体排放报告和相关支持性材料（重点排放单位排放设施清单、排放源清单、活动数据和排放因子的相关信息等）的评审。通过文件评审，核查组初步确认重点排放单位的温室气体排放情况，并确定现场核查思路、识别现场核查重点。

（4）现场核查　现场核查的目的是通过现场观察重点排放单位排放设施、查阅排放设施运行和监测记录（例如化石燃料的库存记录，采购记录或其他相关数据来源）、查阅活动数据产生、记录、汇总、传递和报告的信息流过程、评审排放因子来源以及与现场相关人员进行会谈，判断和确认重点排放单位报告期内的实际排放量。

（5）核查报告编制　确认不符合关闭后或者 30 天内未收到委托方或重点排放单位采取的纠正和纠正措施，核查组应完成核查报告的编写。

（6）内部技术评审　核查报告在提供给委托方和/或重点排放单位之前，应经过核查机构内部独立于核查组成员的技术评审，避免核查过程和核查报告出现技术错误。核查机构应确保技术评审人员具备相应的能力、相应行业领域的专业知识及从事核查活动的技能。

（7）核查报告交付　只有当内部技术评审通过后，核查机构方可将核查报告交付给核查委托方和/或重点排放单位，以便于重点排放单位于规定的日期前将经核查的年度排放报告和核查报告报送至注册所在地省市级碳交易主管部门。

（8）记录保存　核查机构应保存核查记录以证实核查过程符合本指南的要求。核查机构应以安全和保密的方式保管核查过程中的全部书面和电子文件，保存期至少10年。

3-41　现场碳核查工作内容有哪些？

第三方机构现场核查的主要工作有以下几方面：

（1）现场核查目的　现场核查的目的是通过现场观察重点排放单位排放设施、查阅排放设施运行和监测记录（例如化石燃料的库存记录，采购记录或其他相关数据来源）、查阅活动数据产生、记录、汇总、传递和报告的信息流过程、评审排放因子来源以及与现场相关人员进行会谈，判断和确认重点排放单位报告期内的实际排放量。

（2）现场核查计划　核查组应根据初步文件评审的结果制订现场核查计划并与委托方和/或重点排放单位确定现场核查的时间与安排。现场核查计划应于现场核查前5个工作日发给核查委托方和/或重点排放单位确认。

现场核查的计划应包括核查目的与范围、核查的活动安排、核查组的组成、访问对象及核查组的分工等。如果核查过程中涉及抽样，应在现场核查计划中明确抽样方案。现场核查的时间取决于重点排放单位排放设施、排放源的数量和排放数据的复杂程度和可获得程度。

（3）抽样计划　当重点排放单位存在多个相似场所时，应首先识别和分析各场所的差异。当各场所的业务活动、核算边界和排放设施的类型差异较大时，每个场所均要进行现场核查；仅当各场所的业务活动、核算边界、排放设施以及排放源等相似且数据质量保证和质量控制方式相同时，方可对场所的现场核查采取抽样的方式。核查机构应考虑抽样场所的代表性、重点排放单位内部质量控制的水平、核查工作量等因素，制定合理的抽样计划。当确认需要抽样时，抽样的数量至少为所有相似现场总数的平方根（$y=\sqrt{x}$），x为总的场所数，数值取整时进1。当存在超过4个相似场所时，当年抽取的样本与上一年度抽取的样本重复率不能超过总抽样量的50%。当抽样数量较多，且核查机构确认重点排放单位内部质量控制体系相对完善时，现场核查场所可不超过20个。

核查机构应对重点排放单位的每个活动数据和排放因子进行核查，当每个活动数据或排放因子涉及的数据数量较多时，核查机构可以考虑采取抽样的方式对数据进行核查，抽样数量的确定应充分考虑重点排放企业对数据流内部管理的完善程度、数据风险控制措施以及样本的代表性等因素。

如在抽取的场所或者数据样本中发现不符合，核查机构应考虑不符合的原因、性质以及对最终核查结论的影响，判断是否需要扩大抽样数量或者将样本覆盖到所有的场所和数据。

（4）现场核查程序　现场核查一般可按照召开见面会介绍核查计划，现场收集和验证信息，召开总结会介绍核查发现等步骤实施。核查组应对在现场收集的信息的真实性进行验证，确保其能够满足核查的要求。必要时可以在获得重点排放单位同意后，采用复印、记录、摄影、录像等方式保存相关记录。

（5）不符合，纠正及纠正措施　现场核查实施后核查组应将在文件评审、现场核查过程中发现的不符合提交给委托方和/或重点排放单位。核查委托方和/或重点排放单位应在双方商定的时间内采取纠正和纠正措施。核查组应至少需对以下问题提出符合/不符合：

① 排放报告采用的核算方法不符合核查准则的要求；

② 重点排放单位的核算边界、排放设施、排放源、活动数据和排放因子等与实际情况

不一致；

③ 提供的符合性证据不充分、数据不完整或在应用数据或计算时出现了对排放量产生影响的错误。

重点排放单位应对提出的所有不符合进行原因分析并进行整改包括采取纠正及纠正措施并提供相应的证据。核查组应对不符合的整改进行书面验证，必要时，可采取现场验证的方式。只有对排放报告进行了更改或提供了清晰的解释或证据并满足相关要求时，核查组方可确认不符合的关闭。

3-42　碳核查报告主要包括哪些内容?

在确认不符合关闭后或者 30 天内未收到委托方和/或重点排放单位采取的纠正和纠正措施，核查组应完成核查报告的编写。核查组应根据文件评审和现场核查的核查发现编制核查报告，核查报告应当真实、客观、逻辑清晰，并采用规定的格式，主要包括以下内容：

（1）核查目的、范围及准则。

（2）核查过程和方法。

（3）核查发现，包括：①重点排放单位基本情况的核查；②核算边界的核查；③核算方法的核查；④核算数据的核查，其中包括活动数据及来源的核查、排放因子数据及来源的核查、温室气体排放量以及配额分配相关补充数据的核查；⑤质量保证和文件存档的核查。

（4）核查结论　核查组应在核查报告里列出核查活动中所有支持性文件，在有要求的时候能够提供这些文件。核查组应在核查报告中出具肯定的或否定的核查结论。只有当所有的不符合关闭后，核查组方可在核查报告中出具肯定的核查结论。核查结论应至少包括以下内容：①重点排放单位的排放报告与核算方法与报告指南的符合性；②重点排放单位的排放量声明，应包含按照指南核算的企业温室气体排放总量的声明和按照补充报告模板核算的设施层面二氧化碳排放总量的声明；③重点排放单位的排放量存在异常波动的原因说明；④核查过程中未覆盖的问题描述。

碳核查报告正文至少应包括图 3-23 所示内容（报告目录）：

1. 概述
1.1　核查目的
1.2　核查范围
1.3　核查准则
2. 核查过程和方法
2.1　核查组安排
2.2　文件评审
2.3　现场核查
2.4　核查报告编写及内部技术复核
3. 核查发现
3.1　重点排放单位基本情况的核查
3.2　核算边界的核查
3.3　核算方法的核查
3.4　核算数据的核查
3.4.1　活动数据及来源的核查
3.4.1.1　活动数据 1
3.4.1.2　活动数据 2
……
3.4.2　排放因子和计算系数数据及来源的核查
3.4.2.1　排放因子和计算系数 1
3.4.2.2　排放因子和计算系数 2
……
3.4.3　排放量的核查
3.4.4　配额分配相关补充数据的核查
3.5　质量保证和文件存档的核查
3.6　其他核查发现
4. 核查结论
5. 附件
附件 1：不符合清单
附件 2：对今后核算活动的建议
支持性文件清单

图 3-23　碳核查报告正文内容

3-43 碳核查机构需要保存的记录有哪些？

核查机构在完成排放单位的核查任务后，应保存核查记录以证实核查过程符合国家的相关要求。核查机构应以安全和保密的方式保管核查过程中的全部书面和电子文件，保存期至少10年，保存文件包括：

（1）与委托方签订的核查协议；

（2）核查活动的相关记录表单，如核查协议评审记录、核查计划、见面会和总结会签到表、现场核查清单和记录等；

（3）重点排放单位温室气体排放报告（初始版和最终版）；

（4）核查报告；

（5）核查过程中从重点排放单位获取的证明文件；

（6）对核查的后续跟踪（如适用）；

（7）信息交流记录，如与委托方或其他利益相关方的书面沟通副本及重要口头沟通记录，核查的约定条件和内部控制等内容；

（8）投诉和申诉以及任何后续更正或改进措施的记录；

（9）其他相关文件。

核查机构应对所有与委托方和/或重点排放单位利益相关的记录和文件进行保密。未经委托方和/或重点排放单位同意，不得披露相关信息，各级碳排放交易主管部门要求查阅相关文件除外。

3-44 碳核查机构需要核查哪些内容？

第三方核查机构需要核查的内容主要包括五个方面：

（一）重点排放单位基本情况的核查

核查机构应对重点排放单位报告的基本情况进行核查，确认其是否在排放报告中准确地报告了以下信息：

（1）重点排放单位名称、单位性质、所属行业领域、组织机构代码、法定代表人、地理位置、排放报告联系人等基本信息；

（2）重点排放单位内部组织结构、主要产品或服务、生产工艺、使用的能源品种及年度能源统计报告情况。

核查机构应通过查阅重点排放单位的法人证书、机构简介、组织结构图、工艺流程说明、能源统计报表等文件，并结合现场核查中对相关人员的访谈确认上述信息的真实性和准确性。

（二）核算边界的核查

核查机构应对重点排放单位的核算边界进行核查，对以下与核算边界有关的信息进行核实：

（1）是否以独立法人或视同法人的独立核算单位为边界进行核算；

（2）核算边界是否与相应行业的核算方法和报告指南一致；

（3）纳入核算和报告边界的排放设施和排放源是否完整；

（4）与上一年度相比，核算边界是否存在变更。

核查机构可通过与排放设施运行人员进行交谈、现场观察核算边界和排放设施、查阅可行性研究报告及批复、查阅相关环境影响评价报告及批复等方式来验证重点排放单位核算边界的符合性。

（三）核算方法的核查

核查机构应对重点排放单位温室气体核算方法进行核查，确定核算方法符合相应行业的核算方法和报告指南的要求，对任何偏离标准或指南要求的核算都应在核查报告中予以详细说明。

（四）核算数据的核查

核查机构应对核算报告中的活动数据、排放因子（计算系数）、温室气体排放量以及配额分配相关补充数据进行核查。

在核查过程中，核查机构应将每一个数据与其他数据来源进行交叉核对。

（五）质量保证和文件存档的核查

核查机构应按核算方法和报告指南的规定对以下内容进行核查：

（1）是否指定了专门的人员进行温室气体排放核算和报告工作；

（2）是否制定了温室气体排放和能源消耗台账记录，台账记录是否与实际情况一致；

（3）是否建立了温室气体排放数据文件保存和归档管理制度，并遵照执行；

（4）是否建立了温室气体排放报告内部审核制度，并遵照执行。

核查机构可以通过查阅文件和记录以及访谈相关人员等方法来实现对质量保证和文件存档的核查。

3-45 碳核查机构需对碳排放的哪些数据进行核查？

核查机构应对核算报告中的活动数据、排放因子（计算系数）、温室气体排放量以及配额分配相关补充数据进行核查。

（一）活动数据及来源的核查

核查机构应依据核算方法和报告指南对重点排放单位排放报告中的每一个活动数据的来源及数值进行核查。核查的内容至少应包括活动数据的单位、数据来源、监测方法、监测频次、记录频次、数据缺失处理（如适用）等内容，并对每一个活动数据的符合性进行报告。如果活动数据的核查采用了抽样的方式，核查机构应在核查报告中详细报告样本选择的原则、样本数量以及抽样方法等内容。

如果活动数据的监测使用了监测设备，核查机构则应确认监测设备是否得到了维护和校准，维护和校准是否符合核算方法和报告指南的要求。核查机构应确认因设备校准延误而导致的误差是否进行处理，处理的方式不应导致配额的过量发放。如果延迟校准的结果不可获得或者在核查时发现未实施校准，核查机构应在得出最终核查结论之前要求重点排放单位对监测设备进行校准，且排放量的核算不应导致配额的过量发放。在核查过程中，核查机构应将每一个活动数据与其他数据来源进行交叉核对，其他的数据来源可包括燃料购买合同、能源台账、月度生产报表、购售电发票、供热协议及报告、化学分析报告、能源审计报告等。

（二）排放因子(计算系数)及来源的核查

核查机构应依据核算方法和报告指南对重点排放单位排放报告中的每一个排放因子和计算系数（以下简称排放因子）的来源及数值进行核查。如果排放因子采用默认值，核查机构应确认默认值是否与核算方法和报告指南中的默认值一致。如果排放因子采用实测值，核查机构至少应对排放因子的单位、数据来源、监测方法、监测频次、记录频次、数据缺失处理（如适用）等内容进行核查，并对每一个排放因子的符合性进行报告。如果排放因子数据的核查采用了抽样的方式，核查机构应在核查报告中详细报告样本选择的原则、样本数量以及抽样方法等内容。

如果排放因子数据的监测使用了监测设备，核查机构应采取与活动数据监测设备同样的核查方法。

在核查过程中，核查机构应将每一个排放因子数据与其他数据来源进行交叉核对，其他的数据来源可包括化学分析报告、IPCC 默认值、省级温室气体清单指南中的默认值等。当排放因子采用默认值时，可以不进行交叉核对。

（三）温室气体排放量的核查

核查机构应按照核算方法与报告指南的要求对分类排放量和汇总排放量的核算结果进行核查。核查机构应通过重复计算、公式验证、与年度能源报表进行比较等方式对重点排放单位排放报告中的排放量的核算结果进行核查。核查机构应报告排放量计算公式是否正确、排放量的累加是否正确、排放量的计算是否可再现、排放量的计算结果是否正确等核查发现。

（四）配额分配相关补充数据的核查

除核算方法与报告指南要求报告的数据之外，核查机构应对每一个配额分配相关补充数据进行核查，核查的内容至少应包括数据的单位、数据来源、监测方法、监测频次、记录频次、数据缺失处理（如适用）等内容，并对每一个数据的符合性进行报告。如果配额分配相关补充数据的核查采用了抽样的方式，核查机构应在核查报告中详细报告样本选择的原则、样本数量以及抽样方法等内容。

如果配额分配相关补充数据已经作为一个单独的活动数据实施核查，核查机构应在核查报告中予以说明。

在核查过程中，核查机构应将每一个数据与其他数据来源进行交叉核对。

3-46 第三方碳核查机构需要具备哪些条件?

根据国家有关规定，第三方碳核查机构至少应具备以下条件：

（一）基本条件

（1）应具有独立法人资格。企业注册资金不少于 500 万元，事业单位/社会团体开办资金不少于 300 万元。

（2）应具有固定的工作场所，以及开展核查工作所需的设施和办公条件。

（3）应具备充足的专业人员及完善的人员管理程序，以确保其有能力在获准的专业领域内开展核查工作；应确保符合核查员要求的专职人员至少有 10 名，所申请的每个专业领域至少有 2 名核查员。

（4）应具备健全的组织结构，完善的财务制度，并具有应对风险的能力，确保对其核查活动可能引发的风险能够采取合理、有效的措施，并承担相应的经济和法律责任。核查机构应具备开展核查活动所需的稳定财务收入并建立相应的风险基金或保险（风险基金或保额均应与业务规模相适应）。

（二）核查业绩和经验

核查机构应在温室气体核查领域内具有良好的业绩和经验。应为经清洁发展机制

（CDM）执行理事会批准的指定经营实体，或经国家发改委备案的温室气体自愿减排项目审定与核证机构，或在碳交易试点省市备案的碳排放核查机构，或在省市级碳交易主管部门备案的重点企事业单位温室气体排放报告第三方核查机构、节能量审计机构，且近3年在国内完成的CDM或自愿减排项目的审定与核查、碳排放权交易试点核查、各省市重点企事业单位温室气体排放报告核查、ISO14064企业温室气体核查等领域项目总计不少于20个。

对于无上述审定或核证经历的机构，应在温室气体减排、清单编制、碳排放报告核算和核查等应对气候变化领域内独立完成至少1个国家级或3个省级研究课题，或经国家碳交易主管部门组织的专家委员会评估认定合格。

（三）内部管理制度

核查机构应具备完善的内部管理制度，管理核查业务的有关活动与决定，包括：

（1）有完整的组织结构，并明确管理层和核查人员的任务、职责和权限；

（2）指定一名高级管理人员作为负责核查事务的负责人；

（3）有完善的质量管理制度，包括人员管理、核查活动管理、文件和记录管理、申诉、投诉和争议处理、保密管理、不符合及纠正措施处理以及内部审核和管理评审等相关制度；

（4）有严格的公正性管理制度，确保其不参与核查服务存在利益冲突的活动，确保其高级管理人员及实施核查的人员不参与任何可能影响其客观独立判断的活动；

（5）有完善的保密管理制度，确保其相关部门和人员对从事核查活动时获得的信息予以保密，并通过签署具有法律效力的协议落实保密管理制度，法律规定的特殊情况除外。

（四）利益冲突

核查机构与从事碳资产管理和碳交易公司不能存在资产和管理方面的利益关系，如隶属于同一个上级机构等。

核查机构没有参与任何与碳资产管理和碳交易的活动，如代重点排放单位管理配额交易账户、通过交易机构开展配额和自愿减排量的交易、或提供碳资产管理和碳交易咨询服务等。

（五）不良记录

核查机构在以前的核查工作或其所从事的其他业务中不存在渎职、欺诈、泄密等其他不良记录。

3-47 第三方碳核查机构如何满足公正性要求？

成功申请第三方核查机构资质后，核查机构应建立并实施公正性管理程序，分析潜在的和实际的利益冲突并采取措施避免其发生。

（一）在管理层面，核查机构应采取如下措施：

（1）最高管理者应承诺在核查过程中保持公正；

（2）以协议或者其他方式要求所有核查人员公正核查；

（3）定期对财务和收入来源进行评审，证实其公正性不受影响；

（4）建立公正性委员会，定期评审其公正性。

（二）在实施层面，核查机构应避免：

（1）与受核查方存在资产、管理和人员方面的利益关系，如隶属于同一个上级机构，共享管理人员或五年内互聘过管理人员等；

（2）为受核查方同时提供核查服务和碳排放核算、监测、报告和校准等相关咨询服务；

（3）使用存在利益冲突的核查人员，如该人员在过去三年之内与受核查方存在雇佣关系或为其提供过相关碳咨询服务等；

（4）收受和给予商业贿赂，如接受任何可能影响核查结论真实性的商业贿赂，或者为签署核查协议而给予受核查方商业贿赂等；

（5）与碳咨询单位或者碳交易机构通过业务互补，联合开发市场业务；

（6）将核查流程中的某个环节外包给其他机构实施。

3-48 第三方碳核查人员需具备哪些条件?

（一）通用要求

（1）中华人民共和国公民；

（2）大学本科及以上学历；

（3）个人信用良好，无任何违法违规从业记录；

（4）不得同时受聘于两家或以上的核查机构。

（二）知识和技能要求

（1）掌握碳排放相关的法律法规和标准知识；

（2）掌握碳排放核算方法及活动数据和排放因子的监测和核算；

（3）熟知核查工作程序、原则和要求；

（4）熟知数据与信息核查的方法、风险控制、抽样要求以及内部质量控制体系；

（5）运用适当的核查方法，对数据和信息进行评审，并做出专业判断的能力；

（6）除满足上述（1）～（5）条要求外，专业核查员还应掌握所核查行业特定的工艺、排放设施以及排放源识别和控制等方面的专业知识；

（7）除满足上述（1）～（5）条要求外，核查组长还应具有代表核查组与委托方沟通、管理核查组、控制核查风险以及做出核查结论的能力。

（三）核查业绩和经验要求

（1）在温室气体核算、CDM 项目审定与核查、自愿减排项目审定与核查、ISO14064 企业温室气体核查、试点碳排放权交易企业碳排放核查、节能量审核中的一个或多个领域具有2年（含）以上的咨询或审核经验，并作为组长或技术负责人主持项目累计不少于2个或作为组员参与项目审核或咨询不少于5个。

（2）除满足上述第（1）条要求外，专业核查员还需在专业领域范围内具有一年的工作经验，工作经验可包括与工艺相关的工作、与碳排放相关的咨询或核查工作。

第四章 碳市场

第一节　清洁发展机制及国外碳市场

4-1　清洁发展机制（CDM）与我国碳市场有什么关系？

为实现我国碳减排目标，国家决定采取的重要措施之一是建设碳市场、实施碳交易。我国碳市场的建设，需要借鉴国际上的成功经验，清洁发展机制是最重要的参考源。

（1）清洁发展机制为我国提供了深度参与国际碳市场的机会　通过清洁发展机制，我国直接成为了国际碳市场的重要组成部分，该机制为我国提供了深度参与国际碳市场机会。在世界上已经投入运行的碳排放交易体系中，欧盟排放交易体系把清洁发展机制作为其抵消机制，允许欧盟的控排企业用一定数量的核证减排量进行履约。这样一来，欧盟企业就有动力从我国和其他发展中国家的清洁发展机制项目中购买碳信用。由于我国是清洁发展机制框架下碳信用的最大卖出国，因此欧盟排放交易体系内使用的很多核证减排量来自我国。因此，在我国尚未建立自己的碳市场的情况下，我国通过清洁发展机制直接参与了国际碳市场，并达到了边做边学的效果。

（2）清洁发展机制项目提供了对碳市场的有形展示　目前在国际碳市场上，碳排放配额和核证减排量是作为商品在交易所内进行交易，碳市场的交易标的包括碳排放配额和核证减排量的现货、期货和期货选择权等。在交易所内进行的碳交易所展示的是碳市场“无形”的一面，这包括两层含义：一是碳交易的金融属性，各类碳产品以代号及其所代表的标准合约在交易；二是与原油、铜、铝、小麦和大豆等有形商品相比，碳市场所交易的标的物是一种权利：碳排放权-与其他有形商品相比更具有无形化特点。然而，诸如风电场、水电站、太阳能电站、生物质能电厂、垃圾填埋气回收利用、养殖场家禽粪便回收利用、水泥余热发电、钢厂转炉气利用、天然气发电等具体的清洁发展机制项目却可以具体真实地存在，并展示碳市场有形的一面。我国有大量具体的节能减排项目在联合国注册成功，这些项目是对碳市场的一种有形展示。这些项目产生的减排量经核证程序后大部分被欧盟排放交易体系中的控排企业用来履约。

数量众多的新能源项目和能效改善项目在清洁发展机制的帮助下得以开展，以具体可见的方式向企业领域和社会公众有形展示了碳市场的存在。

（3）清洁发展机制为我国碳市场培训了大量人才　清洁发展机制项目的咨询机构在我国清洁发展机制项目的发展过程中扮演着非常重要的角色。咨询机构往往会为项目业主企业提供全方位的服务，包括协助解决项目的融资问题，并向买方提供多种服务。在我国成为清洁发展机制项目最多国家的过程中，我国本土的项目咨询机构不断发展壮大。清洁发展机制项目的开发专业性强并涉及多种工业或农业工程领域，这要求项目咨询机构不断提高其专业能力。我国本土项目咨询机构的发展，为我国碳市场建设提供了人才队伍方面的储备。

（4）清洁发展机制为我国碳市场抵消机制提供了方法学基础　国际上已经投入运行的碳排放交易体系普遍设计了各自的碳抵消机制。碳抵消机制一般对项目所在的地区、行业和类型作出了具体规定。根据我国碳排放交易试点启动期间七个试点地区披露的信息，七省市的碳抵消机制都允许使用我国《温室气体自愿减排交易管理暂行办法》规范下的自愿减排交易活动产生的我国核证减排量（CCER）抵消其碳排放。

根据《温室气体自愿减排交易管理暂行办法》，国家发改委委托专家对联合国清洁发展机制执行理事会目前已经批准的清洁发展机制方法学进行了梳理和转化。截至 2016 年 1 月 25 日，国家发改委共批准了 198 个方法学（见第三章），其中绝大多数是从清洁发展机制方法学转化而来。清洁发展机制在减排方法学上直接奠定了我国碳抵消机制的方法学基础，成为我国碳市场抵消机制的重要基础。

我国碳市场建设参考了很多清洁发展机制的内容，但都需结合我国实际情况进行修正。

4-2　我国清洁发展机制项目批准、签发情况如何？

我国 CDM 项目的全过程是：寻找国外合作伙伴→准备技术文件→进行交易商务谈判→国内报批→国际报批→项目实施的监测→减排量核定→减排量登记和过户转让→收益提成。

三个关键环节是国内批准、项目注册、CERs 的签发。国内批准由国家清洁发展机制项目审核理事会（国家发改委、科技部为组长单位）负责；国内批准后可向联合国 CDM 执行理事会提出注册申请；项目实施后需经 CERs 签发，才可以进行减排量过户并获得收益。

已获批准、注册、签发的项目情况见表 4-1～表 4-6。

表 4-1　批准项目数按省区市分布表（截至 2016 年 08 月 23 日）

省区市	项目数	省区市	项目数	省区市	项目数	省区市	项目数
四川省	565	云南省	483	内蒙古自治区	381	甘肃省	269
河北省	258	山东省	249	新疆自治区	201	湖南省	200
山西省	187	贵州省	175	河南省	174	宁夏自治区	162
辽宁省	158	吉林省	155	黑龙江省	141	湖北省	136
江苏省	131	广西自治区	128	广东省	125	福建省	123
陕西省	122	浙江省	121	安徽省	96	江西省	85
重庆市	80	青海省	72	北京市	29	上海市	25
海南省	25	天津市	18	西藏自治区	0	合计	5074

表 4-2　批准项目数按减排类型分布表（截至 2016 年 08 月 23 日）

减排类型	项目数	减排类型	项目数	减排类型	项目数
节能和提高能效	632	新能源和可再生能源	3733	燃料替代	51
甲烷回收利用	476	N_2O 分解消除	43	HFC-23 分解	11
垃圾焚烧发电	54	造林和再造林	5	其他	69

表 4-3 注册项目数按省区市分布表（截至 2015 年 07 月 14 日）

省区市	项目数	省区市	项目数	省区市	项目数	省区市	项目数
四川省	368	云南省	367	内蒙古自治区	354	甘肃省	238
山东省	190	河北省	185	新疆自治区	181	宁夏自治区	159
湖南省	144	辽宁省	142	吉林省	129	山西省	126
黑龙江省	117	贵州省	110	广东省	97	福建省	96
湖北省	96	河南省	96	陕西省	93	广西自治区	82
江苏省	76	安徽省	67	浙江省	65	青海省	57
江西省	57	重庆市	52	北京市	20	海南省	18
上海市	16	天津市	9	西藏自治区	0	合计	3807

表 4-4 注册项目数按减排类型分布图表（截至 2015 年 07 月 14 日）

减排类型	项目数	减排类型	项目数	减排类型	项目数
节能和提高能效	256	新能源和可再生能源	3173	燃料替代	28
甲烷回收利用	237	N_2O 分解消除	43	HFC-23 分解	11
垃圾焚烧发电	34	造林和再造林	4	其他	21

表 4-5 签发项目数按省区市分布表（截至 2016 年 10 月 31 日）

省区市	项目数	省区市	项目数	省区市	项目数	省区市	项目数
内蒙古自治区	190	云南省	152	四川省	109	甘肃省	108
河北省	83	山东省	71	辽宁省	63	湖南省	62
贵州省	56	湖北省	49	江苏省	45	新疆自治区	43
吉林省	43	福建省	41	广东省	41	河南省	38
山西省	37	陕西省	35	安徽省	34	广西自治区	33
黑龙江省	31	宁夏自治区	30	浙江省	30	江西省	25
重庆市	22	青海省	18	海南省	11	北京市	9
上海市	6	天津市	2	西藏自治区	0	合计	1517

表 4-6 签发项目数按减排类型分布表（截至 2016 年 10 月 31 日）

减排类型	项目数	减排类型	项目数	减排类型	项目数
节能和提高能效	120	新能源和可再生能源	1231	燃料替代	21
甲烷回收利用	98	N_2O 分解消除	19	HFC-23 分解	11
垃圾焚烧发电	8	造林和再造林	2	其他	7

4-3 欧盟碳排放交易体系运行情况如何?

欧盟排放交易体系是目前世界碳排放交易市场最有影响的市场，也是我国碳市场的主要参考对象。

（一）欧盟排放交易体系简况

欧盟排放交易体系（European Union Emission Trading Scheme，简称 EU ETS），是世界上第一个多国参与的排放交易体系，也是欧盟为了实现《京都议定书》确立的二氧化碳减少排放的目标，而于2005年建立的气候政策体系。它将《京都议定书》下的减排目标分配给各成员国，参与EU ETS的各国，必须符合欧盟温室气体排放交易指令的规定，并履行京都议定书减量承诺，以减量分担协议作为目标，执行温室气体排放量核配规划工作。各成员国根据国家计划将排放配额分配给各企业，各企业通过技术升级、改造等手段，达到减少二氧化碳排放的要求后，可将用不完的排放权卖给其他未完成减少排放目标的企业，以此减少温室气体排放。整体EU ETS所覆盖范围包括12000多座电站、工厂及其他工业设施，几乎占欧盟二氧化碳排放总量的一半。这也是全球最大的碳排放总量控制与交易体系。

（二）运作机制和基本特征

欧盟碳排放交易体系采用“总量管制和交易”规则，在限制温室气体排放总量的基础上，通过买卖行政许可的方式进行排放。在欧盟碳排放交易体系下，欧盟会员国政府必须同意由EU ETS制定的国家排放上限。在此上限内，各公司除了分配到的排放量以外，还可以出售或购买额外的需要额度，以确保整体排放量在特定的额度内。超额排放的公司将会受到处罚，而配额有剩余的公司则可以保留排放量以供未来使用，或者出售给其他公司。

（1）*总量交易原则* 欧盟排放交易体系总量交易的具体做法是：欧盟各成员国根据欧盟委员会颁布的规则，为本国设置一个排放量的上限，确定纳入排放交易体系的产业和企业，并向这些企业分配一定数量的排放许可权—欧洲排放单位（EUA）。

如果企业能够使其实际排放量小于分配到的排放许可量，那么它就可以将剩余的排放权拿到排放市场上出售，获取利润；反之，它就必须到市场上购买排放权，否则，将会受到重罚。

欧盟委员会规定，在试运行阶段，企业每超额排放1tCO_2，将被处罚40欧元，在正式运行阶段，罚款额提高至每吨100欧元，并且还要从次年的企业排放许可权中将该超额排放量扣除。由此，欧盟排放交易体系创造出一种激励机制，它激发私人部门最大可能地以成本最低方法实现减排。欧盟试图通过这种市场化机制，确保以最经济的方式履行《京都议定书》，把温室气体排放限制在所希望的水平上。

（2）*分权化治理模式* 分权化治理模式指该体系所覆盖的成员国在排放交易体系中拥有相当大的自主决策权，这是欧盟排放交易体系与其他总量交易体系的最大区别。其他总量交易体系，如美国二氧化硫排放交易体系等都是集中决策的治理模式。欧盟排放交易体系覆盖27个主权国家，它们在经济发展水平、产业结构、体制制度等方面存在较大差异，采用分权化治理模式，可以在总体上实现减排计划的同时，兼顾各成员国差异性，有效地平衡了各成员国和欧盟的利益。

欧盟排放交易体系分权化治理思想体现在排放总量的设置、分配、排放权交易登记等各个方面。如在排放量的确定方面，欧盟并不预先确定排放总量，而是由各成员国先决定自己的排放量，然后汇总形成欧盟排放总量。但各成员国提出的排放量必须符合欧盟排放交易指令标准，并需要通过欧盟委员会审批，尤其是所设置的正式运行阶段的排放量要达到《京都议定书》的减排目标。在各国内部排放权的分配上，虽然各成员国所遵守的原则是一致的，但是各国可以根据本国具体情况，自主决定排放权在国内产业间分配的比例。此外，排放权的交易、实施流程的监督和实际排放量的确认等都是每个成员国的职责。因此，欧盟排放交易体系某种程度上可以被看作是遵循共同标准和程序的27个独立交易体系的联合体。

总之，欧盟排放交易体系虽然由欧盟委员会控制，但是各成员国在设定排放总量、分配排放权、监督交易等方面有很大的自主权。这种在集中和分散之间进行平衡的能力，使其成为排放交易体系的典范。

（3）开放性特点 欧盟排放交易体系的开放性主要体现在它与《京都议定书》和其他排放交易体系的衔接上。欧盟排放交易体系允许被纳入排放交易体系的企业在一定限度内使用欧盟外的减排信用，但是，它们只能是《京都议定书》规定的通过清洁发展机制（CDM）或联合执行（JI）获得的减排信用，即核证减排量或减排单位。在欧盟排放交易体系实施的第一阶段，核证减排量和减排单位的使用比例由各成员国自行规定，在第二阶段，该使用比例不得超过欧盟排放总量的6%，如果超过6%，欧盟委员会将自动审查该成员国的计划。

此外，通过双边协议，欧盟排放交易体系也可以与其他国家的排放交易体系实现兼容。

（4）循序渐进的实施方式 第一阶段是试验阶段，从2005年1月1日至2007年12月31日。此阶段主要目的并不在于实现温室气体的大幅减排，而是获得运行总量交易的经验，为后续阶段正式履行《京都议定书》奠定基础。在选择所交易的温室气体上，第一阶段仅涉及对气候变化影响最大的二氧化碳的排放权的交易，而不是全部包括《京都议定书》提出的六种温室气体。在选择所覆盖的产业方面，欧盟要求第一阶段只包括能源产业、内燃机功率在20MW以上的企业、石油冶炼业、钢铁行业、水泥行业、玻璃行业、陶瓷以及造纸业等，并设置了被纳入体系的企业的门槛。这样，欧盟排放交易体系大约覆盖11500家企业，其二氧化碳排量占欧盟的50%。而其他温室气体和产业在第二阶段后逐渐加入。

第二阶段是从2008年1月1日至2012年12月31日，时间跨度与《京都议定书》首次承诺时间保持一致。欧盟借助所设计的排放交易体系，正式履行对《京都议定书》的承诺。

第三阶段是从2013年至2020年。在此阶段内，排放总量每年以1.74%的速度下降，以确保2020年温室气体排放比1990年低20%以上。

（三）初步成效

欧盟排放交易体系作为一项重要的公共政策，协调了27个主权国家的行动，其总体实施效果超过了其他总量交易机制。

（1）反映排放许可权稀缺性的价格机制初步形成 价格信号准确反映市场排放供需状况，是排放交易体系有效配置环境资源的前提。欧盟排放交易体系建立后，越来越多的企业、银行、其他机构陆续加入，排放权交易市场的价格准确度越来越高。在最初阶段的不确定性逐渐消除后，排放权的价格与造纸、钢铁产业的产量存在显著的正相关关系。这一方面说明价格信号已能准确反映碳排放许可权的供给与需求状况，即产量越大，排放权的需求就越多，排放权的价格就越高；另一方面也说明，排放权价格已经影响到企业的生产决策，企业如果不采取减排措施或降低产量，则需要承担更多的减排成本。

（2）为进一步运用总量交易机制解决气候变化问题积累了丰富的经验 欧盟碳排放交易体系试验阶段的主要目的是发现并弥补设计缺陷、积累总量交易机制经验。针对排放交易体系试验阶段中所暴露出的问题，欧盟对其进行了改进，使其更加完善。这些缺陷及其改进措施主要在三个方面。

一是排放权发放超过实际排放量问题。排放权总量过多，导致排放权价格下降，环境约束软化，企业失去了减排的积极性。针对这个问题，欧盟在排放体系实施的第二阶段，下调了年排放权总量。

二是排放权免费分配问题。第一阶段排放权是免费发放给企业的，并且电力行业发放过多，结果电力行业并没有用排放权抵免实际排放量，而是把排放权放到市场上出售，获取暴利。在第二阶段，政府提高了许可权拍卖的比例，并降低了电力部门的发放上限，迫使电力企业采取措施降低碳排放。

三是微观数据的缺失问题。欧盟排放交易体系试运行时，企业层次上的二氧化碳的排放数据是不存在的，排放权只能根据估计发放给企业，由此产生排放权发放过多、市场价格大幅波动等诸多问题。但欧盟利用三年试验期，不断地收集、修正企业层次上的碳排放数据，现已建立起庞大的支持欧盟决策的关于企业碳排放的数据库。

（3）*促进了欧盟碳金融产业的发展* 碳交易市场和碳金融产业是朝阳产业，借助于欧盟排放交易体系的实施，欧盟已培育出多层次的碳排放交易市场体系，并带动了碳金融产业的发展。欧洲碳排放权交易最初是柜台交易，随后一批大型碳排放交易中心应运而生，如欧洲气候交易所（European Climate Exchange）、北方电力交易所（Norpool）、未来电力交易所（Powernext）以及欧洲能源交易所（European Energy Exchange）等。

碳排放交易市场与金融产业交互作用，形成良性循环。二氧化碳排放权商品属性的加强和市场的不断成熟，吸引投资银行、对冲基金、私募基金以及证券公司等金融机构甚至私人投资者竞相加入。这些金融机构和私人投资者的加入又使得碳市场容量不断扩大，流动性进一步加强，市场也愈加透明，又能吸引更多的企业、金融机构参与其中。

（4）*提升了欧盟在新一轮国际气候谈判中的话语权* 在2009年公布的《哥本哈根气候变化综合协议》中，欧盟率先做出承诺，无论是否达成国际协议，欧盟2020年温室气体排放水平都将比1990年降低20%。同时，欧盟也给世界其他国家施加了压力，提出“如果其他发达国家进行同等规模的减排并且经济较发达的发展中国家在其责任和能力范围内做出适当的贡献，那么欧盟愿意继续努力并在一个雄心勃勃且全面的国际协议的框架内签订减排30%的目标”。欧盟作出如此承诺，一个重要原因就是排放交易体系的成功实施。

欧盟排放体系是世界范围内第一个多国参与的排放交易体系，它利用市场规律，有效地削减了欧盟成员国温室气体的排放，达到了既定目标。很多经验成为我国碳市场建设的参考标本。

4-4 国外碳排放配额是如何分配的？

2002年英国建立世界上第一个自愿碳排放交易体系以来，先后出现了澳大利亚新南威尔士州减排交易体系（NSW GGAS），美国区域温室气体减排行动（RGGI），欧盟排放交易体系（EU ETS），西部气候倡议（WCI），新西兰碳排放交易体系（NZ ETS），印度履行、实现和交易机制（IND PAT），美国加州碳排放交易体系（CAL ETS），澳大利亚碳排放交易体系（AU ETS）。

（一）欧盟碳排放交易配额

欧盟排放交易体系的第一阶段（2005～2007年）是试运行阶段。在这一阶段，至少95%的配额依据历史排放水平被免费分配给控排企业。控排企业应在履约期结束前上缴所需配额，逾期未缴的会处以40欧元每吨二氧化碳当量的处罚。配额的储蓄在第一期并不被允许，在第二期开始4个月后，所有未上缴的剩余配额将被主管单位取消。

在第二阶段（2008～2012年），配额分配依然以免费分配为主。配额数量在这一时期下降了6.5%，但欧盟经济下行带来的减排使得市场对配额的需求进一步下降，最终导致大量未使用配额剩余、配额价格低迷。第二交易期开始允许项目交易的减排单位（ERUs）和核证减排量（CERs）抵消不超过相当于欧盟排放限额13.4%的排放量。此外，关于企业关闭和新进入（包括企业扩产和减产）也有了特别规定。在交易期末，航空业也被纳入ETS。

重要的改变发生在第三阶段（2013～2020 年）。这一阶段，“国家分配计划”将由欧盟整体限额取代；第二交易期的配额可以储存下来在第三期使用；对于项目配额抵消也有了新规定，即从 2013 年开始，新项目产生的核证减排量必须来自最不发达国家；拍卖成为配额分配的主要方式，免费分配将在 2027 年之前被彻底取消。其中，发电厂需要竞拍其核定排放量对应的所有配额；高耗能工厂需要竞拍其核定排放量对应的 20%的配额，这一数字将会每年递增，至 2020 年达到 70%；至于航空业，在此期间将有 15%的配额以拍卖方式分配。

（二）美国区域温室气体减排行动配额分配：拍卖法为主

美国区域温室气体减排行动（RGGI）是美国在限制碳排放上的第一个强制性总量控制交易体系，其主要针对的是发电量在 25MW 以上的化石燃料发电企业的二氧化碳排放，覆盖康涅狄格、新罕布什尔、新泽西、纽约、佛蒙特等 7 个州。到 2020 年，RGGI 将使得区域内电力行业的年二氧化碳排放量比 2005 年水平降低 45%。

在配额的初始分配上，首先各成员州根据其在 RGGI 项目中的限排份额获取各自配额，然后再通过拍卖将配额分配给控排企业。对电力行业 90%的配额都将通过季度拍卖分配，拍卖采取单轮密封竞价、统一价格拍卖。

在 RGGI 第一个管控期（2009～2011 年）共进行了 14 次季度竞卖，拍卖了 39500 万吨 CO_2 配额，占项目前三年总配额的 70%。配额结算价格最低为 1.86 美元，最高为 3.38 美元，共产生了 9.22 亿美元收益。由于天然气的使用不断增加以及经济衰退导致对能源需求的减少，区域内的 CO_2 排放低于限排总额，第一个管控期的排放配额过剩。在第二个管控期（2012～2014 年），2012 年、2013 年的限排总量分别降至 1.65 亿吨和 1.45 亿吨，碳价在这两年持续低迷，最高价格不到 1.93 美元。随着新政策的实施，2014 年限排总量比 2013 年降低 45%至 0.91 亿吨，且 2020 年之前这一数字每年下降 2.5%，碳价走势开始回升，结算价格最高达到 3.21 美元。2012 年、2013 年只售出近 80%的配额，而 2014 年售出全部配额。同时，配额拍卖的最低价格为 2 美元（每年提高 2.5%），并且任何履约企业被禁止在任何拍卖中竞拍超过总量 25%的配额。

（三）澳大利亚碳排放交易：固定碳价销售与碳交易被“减排基金”取代

澳大利亚于 2012 年 7 月 1 日起开始执行碳定价机制，要求全国最大的 500 家污染企业按固定价格为其碳排放付费。这一体系覆盖了电力生产、固定设施能源使用、垃圾处理、污水处理、工业生产和无序排放等领域，覆盖范围约占澳洲总排放 60%。减排目标是到 2020 年使排放量比 2000 年降低 5%。除了固定价格出售，AU ETS 还对一些工业企业提供了免费配额援助。

碳定价机制计划实行 3 年，并在 2015 年 7 月 1 日与欧盟排放交易体系接轨，过渡为价格灵活的总量控制交易体系。然而，2013 年底澳大利亚政府加快了这一进程，计划于 2014 年 7 月 1 日起开始碳排放权交易。

在新的执政党上台以后，工党执政时期的“碳定价机制”已被新的减排政策“减排基金（ERF）”所取代。新方案不再要求控排企业付费，而是由政府出资，帮助企业完成减排目标。澳洲政府将在 2014～2015 财年提供 25.5 亿美元预算建立减排基金。减排基金包括三部分：存入减排金额、购买减排量、保证减排量。监管机构将以举行拍卖的方式从参与者手中购买减排量。

（四）新西兰碳排放交易配额：以免费分配为主

新西兰碳排放交易体系（NZ ETS）于2008年开始实施，强制性的排放交易体系覆盖了林业、固定式能源、工业生产和液化燃料等领域，占新西兰总排放量的50%左右。

在配额分配上，NZ ETS以免费分配为主，当年分配量基于前一年的排放量和产出数据确定。其中，农业行业在纳入交易体系后，将获得相当于2005年排放量90%的免费配额；合格的工业生产者也将获得相同比例的免费配额，包括电力消耗的间接排放和来自固定式能源和非能源工业生产的直接排放；在免费分配期间出现的新排放源将无法获得免费配额；停止交易的企业将不能继续拥有任何免费配额；液化燃料和固定式能源行业（包括电力生产企业）以及垃圾填埋企业等承担上游义务的排放企业将无法获得免费分配。2013年，NZ ETS引入拍卖法进行配额分配，林业、农业、工业活动和渔业将继续获得免费配额，而固定式能源供应、垃圾、液化燃料供应和人造温室气体等行业将不再获得免费配额。此外，NZ ETS允许配额的抵消和储蓄，并且项目配额（除不能来自核项目外）的抵消和配额储蓄在数量上没有限制。

4-5 英国碳交易制度有哪些特点?

在应对气候变化的行动选择上，英国十分青睐碳排放权交易机制，不仅在2002年至2006年试行世界首个国家碳排放权交易体系，之后还充分利用欧盟碳排放权交易体系促进减排。

超市、银行等非能源密集型企业和公共机构的碳排放量占英国碳排放总量的10%，但从未被纳入碳减排计划。为此，英国政府建立了一个具有法律强制性的、覆盖全国的总量控制与交易机制，即碳削减承诺能源效率体系（CRC体系），目标是在2020年前实现大型商业和公共机构每年减排120万吨二氧化碳。2010年颁布《碳削减承诺能源效率体系指令》后，CRC体系正式启动。

目前，英国CRC体系已结束第一阶段（2010/2011年至2013/2014年）的运行，并进入第二阶段（2014/2015年至2018/2019年）。这一体系的运行，影响了2000多家英国最大型的组织，包括超市、银行、连锁酒店、餐饮机构及政府部门，并实现了较好的减排成效。仅2013/2014年这一个遵约年的碳排放量，就比上一个遵约年减少了近290万吨。

在参与对象上，CRC体系只针对直接向大气排放温室气体的部门，而不是化石能源燃料的生产部门，其适用对象是年用电量超过600万千瓦时的企业或公共机构。同时，采用“首要成员”制度，将同属于一个大型组织团体的组织（如连锁企业）视为一个整体，由团体自己指定的组织担任“首要成员”，代表整个组织团体联系管理机构，报告排放情况，缴清配额。能源使用量也以团体总量为依据，这样便将散布的分支机构纳入体系中，也降低了配额分配、报告与核查等行政成本。

为避免体系间的重合，CRC体系排除了参与“欧盟碳排放权交易体系”和“气候变化协议”的那部分排放机构，且CRC体系只覆盖二氧化碳一种温室气体，包括电力使用的间接排放和供暖用天然气产生的直接排放。

在运行机制上，CRC体系没有设定上限目标，而是采用价格机制，即通过合理设定配额的出售价格，使参与者为其碳排放买单，进而促使参与者通过运用节能技术等实现成本最小化，在市场竞争中占据优势，甚至实现配额结余，出让赚取收益。

CRC体系在第一阶段采用固定价格（每个配额12英镑），在每个遵约年开始时出售配额，购买数量的多少由参与者决定。出售结束后，参与者可在二级市场上自由进行配额交易，政府不会控制价格。第二阶段放弃了总量设置，也不再对配额实行拍卖，改为两次固定价格出售，参与者根据预测购买，购买后只能用于当前及此后的每一个遵约年，而不能抵消前一年度的排放。为了激励参与者尽力合理预测其排放，提前购买适当的配额，第二次配额出售的价格会高于第一次。

CRC 体系建立了有效的约束机制，保障这一体系的顺利运行。

监测、报告与核查是碳排放权交易体系的主要工作之一。CRC 体系并不直接监测排放源，而是先确定纳入体系的电、气供应量，计算出对应的碳排放量。因此，参与者要在每个遵约年结束后向管理部门报告其年度用量，管理部门据此计算其排放。由于体系运行的核查成本过高，CRC 体系采用自我核查方式，要求参与者将法律规定的材料及信息放入证据包中，辅之以抽查审计。

CRC 体系通过设立遵约机制促进参与者完成遵约义务。遵约机制指的是参与者是否完成了其遵约义务，以及未完成时面临的惩罚等规则。为确保运行效果，CRC 体系设置了曝光“黑名单”、限制权利、民事罚款、刑事处罚等多种处罚措施。民事罚款是最主要的处罚措施，包括对结果的不遵守，即未在规定期内上缴与其实际排放相同数量的排放配额；也包括对规则的不遵守，即未按规定程序登记、未及时准确提交年度报告、未按法定要求提供信息等。民事罚款采用按日、按量计罚，处罚力度大，激励性强。完善的遵约机制为 CRC 体系提供了有力保障。数据显示，CRC 体系第一阶段的 4 个遵约年的遵约率分别为 96%、97%、99%、97%。

我国在碳排放交易体系的规则设计和试点推广上做了不少工作，但我国碳排放交易体系的实践仍然不足，英国 CRC 体系提供了很多借鉴。

第二节 中国七省市碳交易试点

4-6 北京市重点排放单位范围是什么？

根据北京市发改委关于做好 2016 年碳排放权交易试点有关工作的通知（京发改［2015］2866 号），列入重点排放单位的范围如下：

北京市重点排放单位，是指本市行政区域内的固定设施和移动设施年二氧化碳直接排放与间接排放总量 5000t（含）以上，且在中国境内注册的企业、事业单位、国家机关及其他单位。2016 年纳入碳排放权交易体系的重点排放单位包括以下三类。

第一类：是指北京市行政区域内的固定设施年二氧化碳直接排放与间接排放总量 10000t（含）以上的单位，统称为“原有重点排放单位”。

第二类：是指北京市行政区域内的固定设施年二氧化碳直接排放与间接排放总量 5000t（含）～10000t 的单位，统称为“新增固定设施重点排放单位”。

第三类：是指北京市行政区域内的年二氧化碳直接排放与间接排放总量 5000t（含）以上的城市轨道交通运营单位（行业代码 5412）和公共电汽车客运单位（行业代码 5411），统称为“新增移动源重点排放单位”。

经核查确定的年二氧化碳排放量达到上述条件的非涉密单位，纳入重点排放单位管理，均应按照本市碳排放权交易管理相关规定履行二氧化碳排放控制责任，参与 2016 年碳排放权交易。

4-7 北京市碳排放配额是如何分配的?

二氧化碳排放配额（简称“配额”），是指排放单位在特定区域、特定时期内可以合法排放二氧化碳的总量限额，代表的是企业（单位）在相应履约年度的二氧化碳排放权利，是碳排放权市场交易的主要标的物。

2013年北京市进行碳交易试点时，发布了《北京市碳排放权交易试点配额核定方法（试行）》(京发改规［2013］5号)，对配额的核定做了详细的规定。

《办法》确定了2013年、2014年和2015年北京市企业的碳排放配额。

（一）企业（单位）二氧化碳排放配额总量

企业（单位）年度二氧化碳排放配额总量包括既有设施配额、新增设施配额、配额调整量三部分。计算公式为：

$$T = A + N + \Delta$$

式中 T——企业（单位）年度二氧化碳排放配额总量，tCO_2；

A——企业（单位）既有设施二氧化碳排放配额，tCO_2；

N——企业（单位）新增设施二氧化碳排放配额，tCO_2；

Δ——企业（单位）配额调整量，tCO_2。

（二）企业（单位）既有设施二氧化碳排放配额核定方法

（1）*基于历史排放总量的配额核定方法* 该方法适用于2013年1月1日之前投运的制造业、其他工业和服务业企业（单位）。配额核定公式如下：

$$A = E \times f$$

式中 A——企业（单位）既有设施二氧化碳排放配额，tCO_2；

E——企业（单位）2009年、2010年、2011年、2012年二氧化碳排放总量平均值，tCO_2；

f——控排系数，见表4-7。

表4-7 北京市各行业年度控排系数

排放单位	2013年	2014年	2015年
制造业和其他工业企业	98%	96%	94%
服务业企业(单位)	99%	97%	96%
火力发电企业的燃气设施	100%	100%	100%
火力发电企业的燃煤设施	99.9%	99.7%	99.5%
供热企业(单位)的燃气设施	100%	100%	100%
供热企业(单位)的燃煤设施	99.8%	99.5%	99.0%

（2）*基于历史排放强度的配额核定方法* 该方法适用于供热企业（单位）和火力发电企业在2013年1月1日之前已投入运行的排放设施（机组）。配额核定公式如下：

$$A = (P_{电} \times I_{电} + P_{热} \times I_{热}) \times f$$

式中 A——企业排放设施的二氧化碳排放配额，tCO_2；

$P_{电}$——核定年份设施的供电量，MW•h；

$P_{热}$——核定年份设施的供热量，GJ，若相关单位不能提供经过第三方核查的供热量计量数据，则由市主管部门按照北京市不同燃料供热设施的效率情况进行核定；

$I_{电}$——2009 年、2010 年、2011 年、2012 年设施供电二氧化碳排放强度的平均值，$tCO_2/MW \cdot h$；

$I_{热}$——2009 年、2010 年、2011 年、2012 年设施供热二氧化碳排放强度的平均值，tCO_2/GJ；

f——控排系数，见表 4-7。

（三）企业（单位）新增设施二氧化碳排放配额核定方法

新增设施二氧化碳排放配额按所属行业的二氧化碳排放强度先进值进行核定。新增设施二氧化碳排放配额核定公式如下：

$$N = Q \times B$$

式中　N——新增设施二氧化碳排放配额，tCO_2；

Q——新增设施二氧化碳排放对应的活动水平，包括主要产品的产量/产值/建筑面积等；

B——新增设施二氧化碳排放所属行业的二氧化碳排放强度先进值，取值另行公布。

（四）企业（单位）二氧化碳排放配额调整

已按照本办法完成了配额核定的重点排放单位，如果提出了配额变更申请，北京市主管部门对有关情况进行核实，确有必要的，在次年履约期前参考第三方核查机构的审定结论，对排放配额进行相应调整，多退少补。

4-8　北京市碳排放权交易流程如何?

根据北京市发改委关于做好 2016 年碳排放权交易试点有关工作的通知（京发改［2015］2866 号），北京市碳排放权交易包括以下流程：

（一）碳排放报告报送

（1）*新增重点排放单位碳排放报告报送*　根据历史年份能源消费统计数据，经初步核算 2014 年二氧化碳排放量 5000 吨（含）以上的排放单位，应按照《北京市企业（单位）二氧化碳核算和报告指南（2015 版）》要求，核算本单位 2009～2012 年度、2015 年度碳排放数据，于 2016 年 1 月 25 日前，通过“北京市节能降耗及应对气候变化数据填报系统”，向北京市发改委报送 2009～2012 年度、2015 年度碳排放报告。如为新增移动源重点排放单位，需要额外报送 2011～2014 年度碳排放报告（移动设施）。

（2）*原有报告单位（含原有重点排放单位）碳排放报告报送*　通过“填报系统”，向北京市发改委报送 2015 年度碳排放报告，报告单位（不含重点排放单位）同时提交加盖公章的纸质版碳排放报告。

（二）第三方核查报告报送

（1）*新增重点排放单位碳排放报告核查*　北京市发改委采用政府购买服务方式，通过公开招标形式确定第三方核查机构，对新增固定设施重点排放单位和新增移动源重点排放单位的 2014 年及历史年份碳排放数据进行核查。其中，新增固定设施重点排放单位历史排放年份为 2009～2012 年；新增移动源重点排放单位固定设施历史排放年份为 2009～2012 年，其移动设施历史排放年份为 2011～2014 年。

（2）*原有重点排放单位碳排放报告核查*　应从北京市发改委第三方核查机构目录库中自行委托对应行业的第三方核查机构，开展 2015 年度碳排放报告核查工作，并于 2016 年 3 月

30 日前报送第三方核查报告（需加盖第三方核查机构公章）。

（3）*碳排放报告与核查方法* 第三方核查机构应当按照《北京市碳排放报告第三方核查程序指南（2015 版）》、《北京市碳排放第三方核查报告编写指南（2015 版）》，开展 2015 年度碳排放报告核查工作。

（三）碳排放配额核发

（1）*既有设施配额核发* 根据《北京市碳排放权交易试点配额核定方法（试行）》，北京市发改委将于 2016 年 4 月 30 日前，核发新增重点排放单位 2015 年度既有设施配额。2016 年度各重点排放单位既有设施配额将于 6 月 30 日前核发。其中：发电、供热类企业的配额是依据 2015 年度实际发电（供热）量预分配 2016 年配额，待核查确定 2016 年度实际发电（供热）量后，再进行最终核定。

（2）*新增设施配额核发* 北京市发改委将根据重点排放单位 2015 年新增设施实际活动水平及该行业碳排放强度先进值，于 2016 年 4 月 30 日前核发或调整 2015 年新增设施配额。

对于新增移动源重点排放单位，其移动设施部分不区分既有设施和新增设施，配额分配参照按照《交通运输企业（单位）配额核定方法（2015 版）》，依照历史强度法进行分配。

（四）配额账户管理

重点排放单位通过“北京市碳排放权交易注册登记系统”，管理配额及经审定的碳减排量。经审定的碳减排量包括核证自愿减排量、节能项目碳减排量、林业碳汇项目碳减排量。

（五）配额清算（履约）

重点排放单位应于 2016 年 6 月 15 日前，向注册登记系统开设的配额账户上缴与其经核查的 2015 年度排放总量相等的排放配额（含经审定的碳减排量，用于抵消的经审定的碳减排量不高于其当年核发碳排放配额量的 5%）。超配额排放部分可通过本市交易平台购买，富余配额可通过本市交易平台出售或储存至下年度使用。

履约责令整改期结束后，北京市将关闭注册登记系统中重点排放单位本年度履约功能，注册登记系统将自动收回需用于履约的排放配额，不足部分将按照有关规定进行处罚。

（六）碳排放权交易执法

北京市发改委依据《决定》及北京市发展和改革委员会《关于印发规范碳排放权交易行政处罚自由裁量权规定的通知》（京发改规［2014］1 号）的有关规定，实施碳排放权交易执法。

流程的时间点每年略有变化，但总体流程基本不变。

4-9 北京碳市场交易开户流程是什么？

目前北京碳排放权电子交易账户针对机构和个人均采取网上在线申请后（网址：www.bjets.com.cn），预约到北京环境交易所现场办理或快递邮寄的方式。针对不同的开户对象，所需的文件清单有所区别。

其中，机构申请开立碳交易账户的文件清单如下：

（1）《北京环境交易所碳排放权交易参与人资格申请表》（盖章）一份；

（2）《企业法人营业执照》副本复印件或其他合法主体资格证明复印件（盖章）二份；

（3）企业组织机构代码证复印件（盖章）二份；

（4）交易代表推荐函（盖章）一份；

（5）交易代表身份证复印件一份；
（6）《入场交易协议书》（签字盖章）二份；
（7）《风险提示函》（签字盖章）二份。
自然人申请开立碳交易账户的文件清单如下：
（1）《北京环境交易所碳排放权交易参与人（自然人）资格申请表》（本人签字）；
（2）《北京环境交易所碳排放权交易参与人（自然人）风险评估问卷》（本人签字）；
（3）身份证正反面扫描件；
（4）近3个月的个人金融资产证明材料扫描件；
（5）银行卡（目前仅限中国建设银行）正面扫描件；
（6）近期手持身份证正面的照片（身份证上姓名、号码信息需清晰）。

补充身份认证材料（北京市及承德市户籍人员提供居民户口簿本人页扫描件；其他地区户籍人员提供本人《北京市工作居住证》，或北京市有效暂住证以及连续五年在北京市缴纳社会保险和个人所得税的证明文件）。北京碳市场交易开户流程见图4-1。

图4-1　北京碳市场交易开户流程

4-10　北京市碳交易市场行情如何?

北京市碳排放权交易试点2013年11月28日开始运行，开市以来至2016年底的市场交易情况见表4-8。

表4-8　北京市碳交易市场开市以来交易价格

交易日期	最高价/元	最低价/元	平均价/元	收盘价/元	交易额/元	交易量/t
2013年11月28日	51.25	51.25	51.25	51.25	41000.00	800
2013年11月	51.25	51.25	51.25	51.25	41000.00	800
2013年12月	55.10	50.00	51.22	50.00	92200.00	1800
2013年度	55.10	50.00	51.23	50.00	133200.00	2600
2014年1月	53.00	50.00	50.46	50.80	156420.00	3100
2014年2月	52.82	50.80	51.91	52.82	480130.00	9250
2014年3月	56.95	52.56	55.00	56.86	1179780.00	21450
2014年4月	57.29	52.00	54.12	53.15	1223090.00	22600
2014年5月	53.50	52.00	53.08	53.00	4298273.00	80973
2014年6月	66.48	53.00	55.05	62.45	24123118.00	438223
2014年7月	77.00	58.00	69.87	58.00	25487538.00	364806
2014年8月	58.10	48.00	51.81	53.00	756525.00	14603
2014年9月	53.60	50.00	51.31	51.00	1416025.00	27600
2014年10月	52.50	44.50	50.13	51.00	862609.60	17207

续表

交易日期	最高价/元	最低价/元	平均价/元	收盘价/元	交易额/元	交易量/t
2014 年 11 月	53.00	51.00	52.13	52.40	688100.00	13200
2014 年 12 月	54.19	52.12	52.85	54.19	2283180.00	43200
2014 年度	77.00	44.50	59.60	54.19	62954788.60	1056212
2015 年 1 月	55.00	51.00	53.08	53.00	2255765.00	42500
2015 年 2 月	54.50	51.00	52.87	54.50	2249095.00	42540
2015 年 3 月	54.50	50.00	51.40	50.00	4915614.00	95633
2015 年 4 月	52.00	50.00	50.69	50.45	6153215.00	121379
2015 年 5 月	50.46	45.80	47.67	46.76	14141116.00	296623
2015 年 6 月	46.88	38.83	44.14	40.66	27403469.00	620852
2015 年 7 月	42.00	35.00	37.66	42.00	91732.80	2436
2015 年 8 月	60.00	41.68	42.25	49.14	18546.50	439
2015 年 9 月	49.14	39.40	46.02	39.40	806350.00	17520
2015 年 10 月	45.35	39.40	42.40	45.00	19078.00	450
2015 年 11 月	45.00	33.60	36.35	33.60	175205.00	4820
2015 年 12 月	40.52	30.00	36.63	40.52	496553.00	13556
2015 年度	60.00	30.00	46.65	40.52	58725739.30	1258748
2016 年 1 月	53.60	32.40	39.22	38.90	468522.40	11947
2016 年 2 月	46.70	32.80	35.66	38.00	760057.10	21312
2016 年 3 月	51.00	32.56	36.57	33.94	3603584.30	98539
2016 年 4 月	50.86	33.56	38.21	49.70	5499663.50	143951
2016 年 5 月	53.05	41.96	49.01	51.00	37241999.00	759829
2016 年 6 月	55.55	39.45	51.04	39.45	65571068.40	1284660
2016 年 7 月	53.94	42.90	51.42	53.94	734011.40	14275
2016 年 8 月	54.98	44.00	50.45	52.10	2129492.70	42212
2016 年 9 月	55.30	50.00	53.99	53.00	137625.60	2549
2016 年 10 月	53.20	50.48	51.66	52.00	47944.80	928
2016 年 11 月	69.00	49.54	51.49	51.99	1102140.00	21405
2016 年 12 月	61.22	48.85	56.16	55.40	986877.40	17573
2016 年度	69.00	32.40	48.97	55.40	118462986.80	2419180

4-11 上海市哪些企业列入碳排放交易名单?

上海碳交易市场运行时就公布了列入企业名单，经过几年的运行，2016 年进行对纳入企业名单进行了更新。

根据上海市发改委沪发改环资［2016］9 号规定，上海市行政区域内符合以下条件之一的重点用能（排放）单位 2016 年起纳入配额管理：

（1）工业领域中年综合能源消费量一万吨标煤以上（或年二氧化碳排放量两万吨以上），以及已参加 2013～2015 年碳排放交易试点且年综合能源消费量在五千吨标煤以上的（或年二氧化碳排放量在一万吨以上的）重点用能（排放）单位；

（2）交通领域中航空、港口行业年综合能源消费量在五千吨标煤以上（或年二氧化碳排放量在一万吨以上），以及水运行业年综合能源消费量在五万吨标煤以上的（或年二氧化碳排放量在十万吨以上的）重点用能（排放）单位；

（3）建筑领域（含酒店、商业）年综合能源消费量在五千吨标煤以上（或年二氧化碳排放量在一万吨以上）且已参加2013～2015年碳排放交易试点的重点用能（排放）单位。

根据此规定，上海市发改委公布了碳排放交易纳入配额管理的单位名单（2016年版），共310家，其中工业企业266家，建筑单位13家，交通企业31家；包括原有企业139家，新增171家。

4-12 上海市碳排放配额是如何分配的？

根据国家关于碳排放交易试点工作的统一部署，以及《上海市碳排放管理试行办法》，上海市制定了《上海市2013～2015年碳排放配额分配和管理方案》，对碳排放配额做出规定。

（一）分配方法

根据试点行业的不同特点和碳排放管理的现有基础，上海市采取历史排放法和基准线法开展2013年至2015年碳排放配额分配。对于工业（除电力行业外），以及商场、宾馆、商务办公等建筑，采用历史排放法；对于电力、航空、港口、机场等行业，采用基准线法。

（1）工业行业　钢铁、石化、化工、有色、建材、纺织、造纸、橡胶、化纤等行业采用历史排放法。综合考虑企业的历史排放基数、先期减排行动和新增项目等因素，确定企业年度碳排放配额。计算公式为：

企业年度碳排放配额＝历史排放基数＋先期减排配额＋新增项目配额

历史排放基数：按照试点企业2009年至2012年排放边界和碳排放量变化情况。选取方法如下：2009年至2011年期间排放边界未发生重大变化的企业（重大变化指企业新上或关停主要生产系统、动力设施），碳排放量相对稳定的，取2009年至2011年三年排放数据的平均数；2011年相对2009年碳排放量增幅超过50％的，取2011年排放数据。

排放边界发生重大变化的企业：2009年排放边界发生重大变化的，取2010年和2011年排放数据的平均数；2010年排放边界发生重大变化的，取2011年排放数据；2011年排放边界发生重大变化的，取补充盘查后的2012年排放数据；2012年排放边界发生重大变化的，取边界变化后经补充盘查的2012年内连续稳定生产月份的排放数据所推算的全年数据。

先期减排配额：试点企业如在2006年至2011年期间实施了节能技改或合同能源管理项目，且得到国家或本市有关部门按节能量给予资金支持的，可获得先期减排配额。先期减排配额量依据其获得资金支持的核定节能量所换算的碳减排量的30％确定，在2013至2015年期间，按每年10％分3年发放。节能量与碳减排量的换算系数为2.23tCO_2/tce。

新增项目配额：对试点企业在2013年至2015年期间投产、年综合能耗达到2000吨标准煤及以上的固定资产投资项目，可申请新增项目配额。新增项目配额量根据项目全年基础配额、生产负荷率及生产时间确定。新增项目配额发放后即可作为相应年度配额使用。

（2）商场、宾馆、商务办公建筑及铁路站点　采用历史排放法，综合考虑企业的历史排放基数和先期减排行动等因素，确定企业年度碳排放配额。计算公式为：

企业年度碳排放配额＝历史排放基数＋先期减排配额。

历史排放基数及先期减排配额的确定方法同工业行业。试点企业 2013 年至 2015 年期间的新建建筑暂不纳入其配额边界。

(3) 电力行业　上海本市公用电厂采用基准线法，综合考虑电力企业不同类型发电机组的年度单位综合发电量碳排放基准、年度综合发电量以及负荷率修正系数等因素，确定企业年度碳排放配额。计算公式为：

企业年度碳排放配额＝年度单位综合发电量碳排放基准×年度综合发电量×负荷率修正系数

(4) 航空、机场　采用基准线法，综合考虑企业年度单位业务量碳排放基准、年度业务量及先期减排行动等因素，确定企业年度碳排放配额。计算公式为：

企业年度碳排放配额＝年度单位业务量碳排放基准×年度业务量＋先期减排配额

年度单位业务量碳排放基准，原则上以试点企业 2009 年至 2011 年平均排放强度为基础，结合行业“十二五”节能降耗要求确定。年度业务量为经有关部门确认的企业当年度业务量数据，其中，航空企业为年度周转量，机场为年度输送量。先期减排配额的确定方法同工业行业。

(5) 港口业　采用基准线法，综合考虑企业年度单位吞吐量碳排放基准、年度吞吐量及先期减排行动等因素，确定企业年度碳排放配额。计算公式为：

企业年度碳排放配额＝年度单位吞吐量碳排放基准×年度吞吐量＋先期减排配额

年度单位吞吐量碳排放基准，以 2010 年排放强度数据为基础，结合行业“十二五”节能降耗要求确定。先期减排配额的确定方法同工业行业。

(二) 配额发放

上海市发改委根据上述分配方法，确定各试点企业的年度碳排放配额，通过配额登记注册系统向试点企业免费发放。对于采用历史排放法分配配额的企业，一次性向其发放 2013 年至 2015 年各年度配额；对于采用基准线法分配配额的企业，根据其各年度排放基准，按照 2009 年至 2011 年正常生产运营年份的平均业务量确定并一次性发放其 2013 年至 2015 年各年度预配额。在各年度清缴期前，上海市发改委根据企业当年度业务量对其年度排放配额进行调整，对预配额和调整后配额的差额部分予以收回或补足。

(三) 配额使用

试点企业在获得各年度碳排放配额后，即可通过上海市碳交易平台进行交易。试点企业持有的未来各年度的配额不得低于其通过分配取得的对应年度配额量的 50%。

试点企业应于每年 6 月 1 日至 6 月 30 日期间，通过配额登记注册系统提交与其经市发展改革委审定的上年度碳排放量相当的配额，履行清缴义务。用于清缴的配额为企业持有的上年度或此前年度的配额。配额不足的，应通过本市碳交易平台购买补足。配额结余的，可在试点期间储存使用。试点企业清缴的配额，由上海市发展改革委通过配额登记注册系统注销。

试点企业可以将国家核证自愿减排量（CCER）用于配额清缴。用于清缴时，每吨国家核证自愿减排量相当于 1 吨碳排放配额，使用比例最高不得超过该年度通过分配取得的配额量的 5%。

4-13　上海市碳交易市场行情如何？

上海市碳排放权交易试点 2013 年 12 月 19 日开始运行，开市以来至 2016 年底的市场交易情况见表 4-9。

表 4-9 上海市碳交易市场开市以来交易价格

交易日期	最高价/元	最低价/元	平均价/元	收盘价/元	交易额/元	交易量/t
2013 年 12 月 19 日	29.45	29.00	29.42	30.00	32660.00	1110
2013 年 12 月	29.90	29.00	29.58	29.80	96440.00	3260
2013 年度	29.90	29.00	29.58	29.80	96440.00	3260
2014 年 1 月	33.00	29.50	31.14	33.00	175953.00	5650
2014 年 2 月	46.00	33.00	38.29	40.80	2335812.00	61002
2014 年 3 月	41.00	37.00	39.25	40.00	4446630.00	113303
2014 年 4 月	40.20	36.00	39.25	39.10	2735790.00	69700
2014 年 5 月	39.80	38.00	38.78	38.51	6388668.00	164758
2014 年 6 月	48.00	28.00	39.72	48.00	32434776.00	816548
2014 年 7 月	48.00	48.00	—	48.00	0.00	0
2014 年 8 月	48.00	48.00	—	48.00	0.00	0
2014 年 9 月	34.90	29.00	32.79	34.90	734460.00	22400
2014 年 10 月	35.80	35.00	35.61	35.60	1107360.00	31100
2014 年 11 月	36.40	30.00	35.21	35.40	3276582.00	93060
2014 年 12 月	36.90	32.10	34.18	32.65	11389290.00	333239
2014 年度	48.00	28.00	38.01	32.65	65025321.00	1710760
2015 年 1 月	35.30	21.00	31.20	31.90	5440468.00	174400
2015 年 2 月	35.70	31.20	33.22	32.20	5262765.00	158406
2015 年 3 月	32.50	25.10	28.05	28.00	6162912.50	219676
2015 年 4 月	30.00	26.60	27.43	26.60	7173903.00	261539
2015 年 5 月	28.90	22.80	24.11	23.50	7500541.00	311053
2015 年 6 月	23.80	12.50	15.63	15.50	6889530.30	440732
2015 年 7 月	16.75	9.50	14.28	9.50	117177.00	8208
2015 年 8 月	14.90	10.00	10.50	13.40	178774.80	17019
2015 年 9 月	13.00	12.10	12.35	12.36	513558.00	41585
2015 年 10 月	12.50	12.50	12.50	12.50	73712.50	5897
2015 年 11 月	30.30	18.30	24.30	18.30	243000.00	10000
2015 年 12 月	16.50	10.00	12.54	11.80	514607.80	41025
2015 年度	35.70	9.50	23.72	11.80	40070949.90	1689540
2016 年 1 月	11.30	9.00	9.76	9.20	163150.00	16718
2016 年 2 月	11.00	9.40	9.92	9.80	295821.70	29819
2016 年 3 月	9.80	6.70	7.81	6.70	397449.60	50893
2016 年 4 月	6.00	4.10	4.85	4.90	953853.70	196645
2016 年 5 月	5.50	4.00	4.73	5.50	6039848.50	1277032
2016 年 6 月	10.10	5.00	6.64	9.80	16832804.00	2534922

续表

交易日期	最高价/元	最低价/元	平均价/元	收盘价/元	交易额/元	交易量/t
2016年7月	9.80	9.80	—	9.80	0.00	0
2016年8月	9.80	9.80	—	9.80	0.00	0
2016年9月	9.80	9.80	—	9.80	0.00	0
2016年10月	9.80	9.80	—	9.80	0.00	0
2016年11月	29.90	10.70	15.22	20.60	1355677.80	89067
2016年12月	27.90	19.00	20.49	27.21	10026210.42	489203
2016年度	29.90	4.00	7.70	27.21	36064815.72	4684299

由表可见，上海市碳交易价格的波动较大。

4-14 天津市企业碳排放配额是如何分配的?

天津市在碳交易试点前制定了企业碳排放配额分配方案，对配额分配的主要事项进行规范。

(一) 分配对象

2013年，分配对象为天津市碳排放权交易试点覆盖范围的钢铁、化工、电力热力、石化、油气开采等行业的重点排放企业及自愿申请加入的企业（统称纳入企业）。2014年、2015年，天津市发改委根据相关规定，结合控制温室气体排放工作情况，对纳入企业范围进行调整。

(二) 配额总量

根据天津市“十二五”控制温室气体排放总体目标、国家产业政策、天津市行业发展规划，结合覆盖范围行业和纳入企业历史排放等情况，确定本市碳排放交易年度配额总量。

(三) 配额核定

纳入企业配额包括基本配额、调整配额和新增设施配额。依据企业既有排放源活动水平，向纳入企业分配基本配额和调整配额，基本配额和调整配额合称既有产能配额。因启用新的生产设施造成排放重大变化时，向纳入企业分配新增设施配额。

(1) *电力热力行业既有产能配额核定方法* 对电力、热力、热电联产行业的纳入企业依据基准法分配配额。2013年，基准水平依据纳入企业2009～2012年正常工况下单位产出二氧化碳排放的平均值确定。2014年、2015年基准水平按照上一年度基准值下降0.2%确定。

根据当年基准水平，按照2009～2012年正常工况下年平均发电/供热量的90%，向纳入企业分配基本配额。次年履约期间，依据纳入企业实际发电量/供热量，核发调整配额。

(2) *其他行业既有产能配额核定方法* 对钢铁、化工、石化、油气开采等行业的纳入企业采用历史法分配配额。以历史排放为依据，综合考虑先期减碳行动、技术先进水平及行业发展规划等，向纳入企业分配基本配额（A_1）。

$$A_1 = H \times B \times C$$

式中 H——排放基数，为纳入企业2009～2012年正常工况下二氧化碳排放量年平均值；

B——绩效系数，综合考虑纳入企业先期减碳成效及企业控制温室气体排放技术水平确定；

C——行业控排系数，根据天津市行业发展规划、行业整体碳排放水平、行业承担的控制温室气体排放责任、配额总量与纳入企业排放基数总和之间的差异等确定，2013 年取值为 1，2014～2015 年取值当年公布。

纳入企业可在履约期间向天津市发改委提出配额调整申请并提交相关材料。经市发改委核实后，向纳入企业补充发放调整配额。

(3) *新增设施配额核定方法* 因启用新增设施所产生的排放，纳入企业可在履约期间向天津市发改委提出新增设施配额申请并提交相关材料。经市发改委批准后，按照纳入企业所属行业二氧化碳排放强度先进值发放配额。

根据《天津市碳排放权交易管理暂行办法》及《天津市碳排放权交易试点工作实施方案》的有关规定，天津市发改委每年公布纳入企业的名单，2013 年 114 家企业，2014 年 112 家，2015 年 109 家。

4-15 天津市碳交易市场行情如何？

天津市碳排放权交易试点 2013 年 12 月 26 日开始运行，开市以来至 2016 年底的市场交易情况见表 4-10。

表 4-10 天津市碳交易市场开市以来交易价格

交易日期	最高价/元	最低价/元	平均价/元	收盘价/元	交易额/元	交易量/t
2013 年 12 月 26 日	29.78	29.78	29.78	29.78	120295.00	4040
2013 年 12 月	30.23	26.78	28.55	26.78	491047.40	17200
2013 年度	30.23	26.78	28.55	26.78	491047.40	17200
2014 年 1 月	26.87	25.68	26.31	25.68	1130286.40	42960
2014 年 2 月	30.08	25.51	26.98	28.32	508788.00	18860
2014 年 3 月	50.10	27.02	38.59	34.76	471537.00	12220
2014 年 4 月	40.29	30.00	35.64	37.00	275169.00	7720
2014 年 5 月	38.65	28.01	32.42	28.01	505695.00	15600
2014 年 6 月	42.41	28.07	40.91	35.58	1686884.00	41238
2014 年 7 月	32.67	17.00	18.09	23.88	15134884.00	836762
2014 年 8 月	22.86	20.35	22.52	20.35	36488.00	1620
2014 年 9 月	32.67	22.40	28.84	30.09	41532.00	1440
2014 年 10 月	27.25	27.08	27.25	27.25	16892.00	620
2014 年 11 月	27.89	24.62	25.87	25.20	164028.00	6340
2014 年 12 月	25.75	25.00	25.27	25.22	114728.00	4540
2014 年度	50.10	17.00	20.29	25.22	20086911.40	989920
2015 年 1 月	25.13	24.60	24.96	24.96	127271.00	5100
2015 年 2 月	25.23	24.00	24.80	24.53	63476.00	2560
2015 年 3 月	25.54	23.96	25.07	25.31	132368.00	5280
2015 年 4 月	25.18	24.13	24.61	24.13	105834.00	4300
2015 年 5 月	24.15	18.95	21.30	18.95	31945.00	1500
2015 年 6 月	17.06	11.20	12.86	14.32	48095.00	3740
2015 年 7 月	20.50	13.31	13.37	16.75	6490387.00	485381

续表

交易日期	最高价/元	最低价/元	平均价/元	收盘价/元	交易额/元	交易量/t
2015 年 8 月	22.27	21.30	21.82	22.27	44522.00	2040
2015 年 9 月	23.17	22.35	22.88	23.17	146428.00	6400
2015 年 10 月	24.90	22.86	22.60	22.86	80440.92	3560
2015 年 11 月	23.78	22.76	22.97	22.93	48241.00	2100
2015 年 12 月	22.93	22.81	22.86	22.82	108916.88	4764
2015 年度	25.54	11.20	14.10	22.82	7427924.80	526725
2016 年 1 月	22.84	22.77	22.80	22.80	7753.00	340
2016 年 2 月	23.03	22.99	23.01	23.03	5982.00	260
2016 年 3 月	23.20	23.00	23.11	23.13	27264.00	1180
2016 年 4 月	23.25	23.10	23.18	23.15	32457.00	1400
2016 年 5 月	23.19	23.00	23.11	23.01	16637.00	720
2016 年 6 月	23.05	7.00	9.14	7.00	2796455.00	305971
2016 年 7 月	14.50	14.50	14.50	14.50	1450.00	100
2016 年 8 月	14.75	14.60	14.70	14.70	4409.00	300
2016 年 9 月	15.05	14.70	14.90	15.05	2979.00	200
2016 年 10 月	15.05	15.05	—	15.05	0.00	0
2016 年 11 月	15.05	15.05	—	15.05	0.00	0
2016 年 12 月	15.05	15.05	—	15.05	0.00	0
2016 年度	23.25	7.00	9.33	15.05	2895386.00	310471

4-16 重庆市碳排放配额是如何确定的?

为保障重庆市碳排放权交易市场有序发展，重庆市发改委制定了《重庆市碳排放配额管理细则（试行）》，对配额分配进行详细规范。

重庆市对年二氧化碳排放量达到一定规模的排放单位（简称配额管理单位）实行配额管理。2015 年前，将 2008～2012 年任一年度排放量达到 2 万吨二氧化碳当量的工业企业纳入配额管理。

重庆市对配额实行总量控制。以配额管理单位既有产能 2008～2012 年最高年度排放量之和作为基准配额总量，2015 年前，按逐年下降 4.13%确定年度配额总量控制上限，2015 年后根据国家下达重庆市的碳排放下降目标确定。

配额管理单位在 2011～2012 年扩能或新投产项目，其第一年度排放量按投产月数占全年的比例折算确定。

2015 年前配额实行免费分配。

配额管理单位申报年度及以后年度新增产能形成的排放量原则上不纳入申报范围。如该排放量不能单独核算，按产量分摊后扣除；如不能按产量分摊排放量，一并纳入申报范围。

配额管理单位申报量之和高于年度配额总量控制上限的，按以下规定确定年度配额：

（1）配额管理单位申报量高于其历史最高年度排放量的，以两者平均量作为其年度配额分配基数（简称分配基数）；配额管理单位申报量低于其历史最高年度排放量的，以申报量作为分配基数。

（2）配额管理单位分配基数之和低于年度配额总量控制上限的，其年度配额按分配基数确定；配额管理单位分配基数之和超过年度配额总量控制上限的，其年度配额按分配基数所占权重确定。

配额管理单位申报量超过重庆市发改委审定的排放量（简称审定排放量）8%以上的，以审定排放量与申报量之间的差额扣减相应配额。

配额管理单位实际产量比上年度增加，且申报量低于审定排放量8%以上的，以审定排放量与申报量之间的差额作为补发配额上限。补发配额总量不足，按该差额占补发配额总量的权重补发配额。

2015年前分两期履约，配额管理单位在2015年6月20日前履行第一期配额清缴义务；在2016年6月20日前履行第二期配额清缴义务。

2015年前，每个履约期国家核证自愿减排量（CCER）使用数量不得超过审定排放量的8%，减排项目应当于2010年12月31日后投入运行（碳汇项目不受此限），且属于以下类型之一：

（1）节约能源和提高能效；

（2）清洁能源和非水可再生能源；

（3）碳汇；

（4）能源活动、工业生产过程、农业、废弃物处理等领域减排。

4-17　重庆市碳交易市场行情如何？

重庆市碳排放权交易试点2014年6月19日开始运行，开市以来至2016年底的市场交易情况见表4-11。

表4-11　重庆市碳交易市场开市以来交易价格

交易日期	最高价/元	最低价/元	平均价/元	收盘价/元	交易额/元	交易量/t
2014年6月19日	30.74	30.74	30.74	30.74	4457500.00	145000
2014年6月	30.74	30.74	30.74	30.74	4457500.00	145000
2014年7月	30.74	30.74	—	30.74	0.00	0
2014年8月	30.74	30.74	—	30.74	0.00	0
2014年9月	30.74	30.74	—	30.74	0.00	0
2014年10月	30.74	30.74	—	30.74	0.00	0
2014年11月	30.74	30.74	—	30.74	0.00	0
2014年12月	30.74	30.74	—	30.74	0.00	0
2014年度	30.74	30.74	30.74	30.74	4457500.00	145000
2015年1月	30.74	30.74	—	30.74	0.00	0
2015年2月	30.74	30.74	—	30.74	0.00	0
2015年3月	24.00	24.00	24.00	24.00	245760.00	10240
2015年4月	24.00	24.00	—	24.00	0.00	0
2015年5月	24.00	24.00	—	24.00	0.00	0
2015年6月	24.00	14.65	20.07	18.00	1599027.90	79675

续表

交易日期	最高价/元	最低价/元	平均价/元	收盘价/元	交易额/元	交易量/t
2015 年 7 月	17.04	13.00	13.70	15.00	389710.52	28441
2015 年 8 月	15.00	15.00	—	15.00	0.00	0
2015 年 9 月	15.00	15.00	—	15.00	0.00	0
2015 年 10 月	10.40	10.40	10.40	10.40	67756.00	6515
2015 年 11 月	12.50	12.46	12.47	12.50	17422.06	1397
2015 年 12 月	13.00	12.50	12.60	12.50	16569.50	1315
2015 年度	24.00	10.40	18.31	12.50	2336245.98	127583
2016 年 1 月	13.00	13.00	13.00	13.00	3432.00	264
2016 年 2 月	13.00	13.00	—	13.00	0.00	0
2016 年 3 月	10.00	10.00	10.00	10.00	249480.00	24948
2016 年 4 月	10.00	10.00	—	10.00	0.00	0
2016 年 5 月	10.00	10.00	—	10.00	0.00	0
2016 年 6 月	10.00	10.00	—	10.00	0.00	0
2016 年 7 月	10.00	10.00	—	10.00	0.00	0
2016 年 8 月	21.07	3.28	3.54	21.07	405433.33	114543
2016 年 9 月	34.69	25.28	31.03	34.69	13931.95	449
2016 年 10 月	39.60	39.55	39.58	39.60	11714.25	296
2016 年 11 月	39.60	39.60	—	39.60	0.00	0
2016 年 12 月	47.52	3.28	7.97	14.22	3668760.11	460210
2016 年度	47.52	3.28	7.97	14.22	3668760.11	460210

相对其他几个试点碳交易市场，重庆碳市场交易不够活跃。

4-18 广东省纳入碳交易的企业是什么标准?

广东省 2013 年进行碳交易试点时，公布了首批纳入碳排放权管理和交易的企业名单（不包括深圳市），包括控排企业和新建项目企业。

(一) 控排企业

首批控排企业为电力、钢铁、石化和水泥四个行业 2011、2012 年任一年排放 2 万吨二氧化碳（或能源消费量 1 万吨标准煤）及以上的企业，共 202 家。

上述电力企业包括燃煤、燃气发电企业；钢铁企业包括炼铁、炼钢和热冷轧企业；石化企业包括石油加工和乙烯生产企业；水泥企业包括矿石开采、熟料生产和粉磨企业。

(二) 新建项目企业

首批控排企业为电力、钢铁、石化和水泥四个行业预计 2013～2015 年和“十三五”投产的年排放 2 万吨二氧化碳（或能源消费量 1 万吨标准煤）及以上的新建（扩建、改建）固定资产投资项目企业，共 40 家。

随着碳交易试点的开展，以及企业的发展，2015 年对企业名单进行了修订，2016 年再次修订的控排企业包括广东省行政区域内（深圳市除外）电力、钢铁、石化和水泥等行业年排放 2 万吨二氧化碳（或年综合能源消费量 1 万吨标准煤）及以上的企业，共 189 家；新建项目企业并有望于2016～2017年建成投产且预计年排放2万吨二氧化碳（或年综合能源消费量1万吨标准煤）及以上的新建（含扩建、改建）项目企业，共29家。

4-19 广东省碳排放配额是如何分配的？

广东省2013年进行碳交易试点时，发布了《广东省碳排放权配额首次分配及工作方案》，以后进行了几次修订。2016年发布的《广东省2016年度碳排放配额分配实施方案》，对碳排放配额的分配规定如下：

（一）配额总量

根据广东省2016年及“十三五”控制温室气体排放总体目标、合理控制能源消费总量目标、去产能工作目标，结合国家和广东省的产业政策、行业规划和经济发展形势预测，确定2016年度电力、钢铁、石化和水泥等行业配额总量约3.86亿吨（不包括深圳市企业），其中，控排企业配额3.65亿吨，储备配额0.21亿吨，储备配额包括新建项目企业有偿配额和市场调节配额。

（二）配额分配方法

2016年度企业配额主要采用基准线法和历史排放法计算分配。

（1）*基准线法* 电力行业的燃煤燃气发电（含供热、热电联产）机组、水泥行业的熟料生产和粉磨、钢铁行业长流程企业使用基准线法分配配额，先按2015年度产量发放预配额，再按2016年度生产情况对产量进行修正后核定最终的配额，并对预发配额进行多退少补。

计算公式为：

① 控排企业

预发配额＝2015年度实际产量×基准值

核定配额＝预发配额×产量修正因子

② 新建项目企业

配额＝设计产能×基准值

（2）*历史排放法* 电力行业资源综合利用发电机组（使用煤矸石、油页岩、水煤浆等燃料）、水泥行业的矿山开采、微粉粉磨生产、钢铁行业短流程企业和其他钢铁企业以及石化行业企业使用历史排放法分配配额。计算公式为：

① 控排企业

配额＝历史平均碳排放量×年度下降系数

② 新建项目企业

配额＝∑（预计各能源品种的年综合消费量×各能源品种相应的碳排放折算系数）

（三）配额发放

2016年度企业配额实行部分免费发放和部分有偿发放，其中，电力企业的免费配额比例为95%，钢铁、石化和水泥企业的免费配额比例为97%。配额有偿发放以竞价形式发放，控排企业可自主决定是否购买，新建项目企业须在新建项目竣工验收前购足有偿配额。

（1）*控排企业配额发放* 2016年7月10日至2016年7月20日，控排企业在配额注册登记系统获得免费配额。按基准线法分配配额的控排企业，先发预发配额的免费部分，待广东省发改委核定企业配额后，再通过配额注册登记系统对企业配额差值实行多退少补。

（2）*新建项目企业配额发放* 新建项目企业应按照《广东省发展改革委关于碳排放配额管理的实施细则》规定的程序和要求购买有偿配额，可从竞价发放平台购买，也可从市场交易平台购买。新建项目企业购买足额有偿配额并正式转为控排企业管理后，省发展改革委通过配额注册登记系统向其发放免费配额。

（3）配额有偿发放的方式　发放数量：2016 年度企业有偿配额计划发放 200 万吨。当市场出现配额紧缺或价格异常波动的情况下，广东省发改委可动用市场调节配额增加配额有偿发放的数量及次数。

发放时间：原则上在 2016 年 9 月、12 月和 2017 年 3 月、6 月第一个星期安排一期（天）竞价发放。

发放对象：控排企业、新建项目企业和投资机构。

发放底价：申报价格不设限制，但设政策保留价，作为竞价的最低有效价格。

发放平台：符合条件的竞价发放平台。

发放流程：广东省发改委委托竞价发放平台负责组织配额有偿竞价发放工作。企业提交竞价购买配额申请、缴纳保证金并按规定缴纳购买资金后，省发展改革委通过配额注册登记系统完成配额的交割。

控排企业使用国家核证自愿减排量（CCER）或广东省审定签发的碳普惠试点地区减碳量抵消实际碳排放的，必须在 2017 年 6 月 10 日前，通过国家自愿减排交易注册登记系统或广东省碳普惠平台提交上缴申请，并向广东省发展改革委提出书面申请。

4-20　广东省碳交易市场行情如何？

广东省碳排放权交易试点 2013 年 12 月 19 日开始运行，开市以来至 2016 年底的市场交易情况见表 4-12。

表 4-12　广东省碳交易市场开市以来交易价格

交易日期	最高价/元	最低价/元	平均价/元	收盘价/元	交易额/元	交易量/t
2013 年 12 月 19 日	61.00	60.00	60.20	60.17	7221740.00	120029
2013 年 12 月	61.00	60.00	60.17	60.00	7227740.00	120129
2013 年度	61.00	60.00	60.17	60.00	7227740.00	120129
2014 年 1 月	60.00	60.17	—	60.00	0.00	0
2014 年 2 月	60.00	60.17	—	60.00	0.00	0
2014 年 3 月	66.00	60.00	60.35	60.00	354246.50	5870
2014 年 4 月	71.60	60.00	63.88	70.88	4982.30	78
2014 年 5 月	77.00	62.10	67.90	61.18	8284.32	122
2014 年 6 月	72.00	60.22	61.34	62.41	27713345.00	451810
2014 年 7 月	71.09	44.14	52.32	71.09	21483308.10	410621
2014 年 8 月	70.39	48.50	51.90	43.65	4660385.00	89792
2014 年 9 月	43.00	38.74	38.82	38.74	978177.50	25197
2014 年 10 月	34.83	23.80	26.15	26.00	375513.85	14359
2014 年 11 月	26.00	22.60	24.44	21.00	375276.50	15353
2014 年 12 月	32.60	20.55	20.82	32.21	881605.56	42336
2014 年度	77.00	20.55	53.84	32.21	56835124.63	1055538
2015 年 1 月	32.60	20.60	21.43	20.68	166058.46	7750
2015 年 2 月	21.00	20.08	20.80	20.88	230754.40	11094

续表

交易日期	最高价/元	最低价/元	平均价/元	收盘价/元	交易额/元	交易量/t
2015年3月	32.88	20.20	22.24	28.16	4361376.00	196083
2015年4月	34.11	18.19	18.50	25.81	3177379.55	171742
2015年5月	32.98	17.00	27.56	16.56	1798213.76	65257
2015年6月	21.78	14.00	17.11	16.00	25077869.75	1465989
2015年7月	17.07	14.81	15.43	15.20	15030551.20	974099
2015年8月	20.00	15.20	16.15	19.40	8340244.00	516358
2015年9月	20.36	15.50	16.08	16.50	16934050.90	1053381
2015年10月	15.98	14.99	15.10	14.99	1981919.16	131277
2015年11月	16.82	14.91	15.04	15.00	731413.50	48631
2015年12月	18.85	14.00	16.74	18.85	244704.40	14614
2015年度	34.11	14.00	16.77	18.85	78074535.08	4656275
2016年1月	18.45	12.00	12.69	15.01	19004738.26	1498098
2016年2月	18.10	13.30	13.90	15.96	8068125.00	580600
2016年3月	17.50	13.30	14.87	14.23	12733952.50	856527
2016年4月	16.20	10.41	12.06	11.89	1293367.23	107286
2016年5月	16.20	10.70	13.28	14.58	19115473.31	1438996
2016年6月	16.04	7.76	12.32	8.76	40386452.90	3277129
2016年7月	11.55	7.29	9.72	8.19	15885170.00	1634589
2016年8月	15.20	8.15	10.65	15.16	13240524.58	1242818
2016年9月	17.10	10.19	12.93	10.31	11679529.00	903609
2016年10月	12.43	9.00	11.09	10.53	8264584.62	745523
2016年11月	13.70	9.80	10.89	13.67	4479419.88	411317
2016年12月	16.50	10.50	12.85	14.27	16332303.90	1271271
2016年度	18.45	7.29	12.21	14.27	170483641.18	13967763

4-21 深圳市哪些企业纳入碳交易控排企业名单?

深圳市规定符合下列条件之一的碳排放单位（简称管控单位），实行碳排放配额管理：

（1）任意一年的碳排放量达到三千吨二氧化碳当量以上的企业；

（2）大型公共建筑和建筑面积达到一万平方米以上的国家机关办公建筑的业主；

（3）自愿加入并经主管部门批准纳入碳排放控制管理的碳排放单位；

（4）深圳市政府指定的其他碳排放单位。

深圳市政府可以根据本市节能减排工作的需要和碳排放权交易市场的发展状况，调整管控单位范围。管控单位名单报市政府批准后应当在市政府和主管部门门户网站以及碳排放权交易公共服务平台网站公布。

深圳市管控单位应当履行碳排放控制义务。管控单位为建筑物业主的，其碳排放控制义务可以委托建筑使用人、物业管理单位等代为履行。

任意一年碳排放量达到一千吨以上但不足三千吨二氧化碳当量的企业，应当每年向主管部门报告二氧化碳排放情况，具体要求参照管控单位执行。

深圳市政府可以根据工作需要逐步将以上规定的单位纳入配额管理。

4-22 深圳市碳排放配额是如何分配的？

深圳市碳排放权交易实行目标总量控制。全市碳排放权交易体系目标排放总量根据国家和广东省确定的约束性指标，结合深圳市经济社会发展趋势和碳减排潜力等因素科学、合理设定。主管部门应当根据目标排放总量、产业发展政策、行业发展阶段和减排潜力、历史排放情况和减排效果等因素综合确定全市碳排放权交易体系的年度配额总量。

（一）配额的构成包括下列部分：

（1）预分配配额；

（2）调整分配的配额；

（3）新进入者储备配额；

（4）拍卖的配额；

（5）价格平抑储备配额。

（二）配额分配采取无偿分配和有偿分配两种方式进行。

无偿分配的配额包括预分配配额、新进入者储备配额和调整分配的配额。

有偿分配的配额可以采用拍卖或者固定价格的方式出售。

（三）管控单位为电力、燃气、供水企业的，其年度目标碳强度和预分配配额应当结合企业所处行业基准碳排放强度和期望产量等因素确定。

管控单位为其他企业的，其年度目标碳强度和预分配配额应当结合企业历史排放量、在其所处行业中的排放水平、未来减排承诺和行业内其他企业减排承诺等因素，采取同一行业内企业竞争性博弈方式确定。

建筑碳配额的无偿分配按照建筑功能、建筑面积以及建筑能耗限额标准或者碳排放限额标准予以确定。

预分配配额原则上每三年分配一次，每年第一季度签发当年度的预分配配额。配额预分配的方法和规则由主管部门制定，报深圳市政府批准后实施，并且应当在主管部门门户网站以及碳排放权交易公共服务平台网站公布。配额预分配的结果由主管部门报市政府批准后下发。

（四）主管部门预留年度配额总量的百分之二作为新进入者储备配额。

新建固定资产投资项目，预计年碳排放量达到三千吨二氧化碳当量以上的，项目单位应当在投产前向主管部门报告项目碳排放评估情况。主管部门按照该单位所在行业的平均排放水平、产业政策导向和技术水平等因素在投产当年对其预分配配额，待投产年度的实际统计指标数据核准后由主管部门在下一年度重新对其预分配的配额进行调整。

（五）主管部门在每年5月20日前，根据管控单位上一年度的实际碳排放数据和统计指标数据，确定其上一年度的实际配额数量。

管控单位的实际配额数量按照下列公式计算：

（1）属于单一产品行业的，其实际配额等于本单位上一年度生产总量乘以上一年度目标碳强度；

（2）属于其他工业行业的，其实际配额等于本单位上一年度实际工业增加值乘以上一年度目标碳强度。

主管部门应当根据确定后的实际配额数量，对照管控单位上一年度预分配的配额数量，相应进行追加或者扣减，但追加配额的总数量不得超过当年度扣减的配额总数量。

（六）采取拍卖方式出售的配额数量不得低于年度配额总量的百分之三。深圳市政府可以根据碳排放权交易市场的发展状况逐步提高配额拍卖的比例。

价格平抑储备配额包括主管部门预留的配额、新进入者储备配额和主管部门回购的配额，其中主管部门预留的配额为年度配额总量的百分之二。

（七）碳排放权交易的履约期为每个自然年。上一年度的配额可以结转至后续年度使用。后续年度签发的配额不能用于履行前一年度的配额履约义务。

4-23 湖北省碳排放配额是如何分配的?

湖北省碳交易市场2014年开始试点运行。根据对全省2010年、2011年任一年综合能耗6万吨及以上的工业企业碳排放盘查的结果，确定138家企业作为纳入碳排放配额管理的企业（简称“纳入企业”），涉及电力、钢铁、水泥、化工等12个行业。

（一）配额总量

根据“十二五”期间国家下达的单位生产总值二氧化碳排放下降17%的目标和2014～2020年湖北省经济增长趋势的预测，确定年度碳排放配额总量。2014年碳排放配额总量为3.24亿吨。

（二）配额结构

碳排放配额总量包括年度初始配额、新增预留配额和政府预留配额。计算方法如下：

（1）年度初始配额=2010年纳入企业碳排放总量×97%

（2）新增预留配额=碳排放配额总量－(年度初始配额＋政府预留配额)

（3）政府预留配额=碳排放配额总量×8%

考虑到市场价格发现等因素，政府预留配额的30%用于公开竞价。竞价收益用于市场调节、支持企业减排和碳市场能力建设等。

（三）工业企业配额分配方法

配额实行免费分配，采用历史法和标杆法相结合的方法计算。

电力行业之外的工业企业的配额采用历史法计算。计算公式为：

企业年度初始配额=历史排放基数×总量调整系数

（1）*历史排放基数*　历史排放基数为企业基准年碳排放的平均值，按照纳入企业2009～2012年碳排放边界和碳排放量变化情况，基准年选取方式如下：

企业在2009～2011年期间没有发生新建项目、改建项目等投产引起的重大产能变化的，基准年为2009～2011年；

企业在2009～2011年期间存在新建项目或对原项目改造投产使其产能显著扩大的，基准年为从发生产能变化的次年至2011年；

企业在2009～2011年期间数据缺失，或2009～2011年期间持续发生重大产能变更，导致这一时期数据无法体现企业当前的产能水平，且对2012年数据进行了核查，基准年为2011～2012年平均或2012年。

（2）*基准年碳排放量修正*　企业在基准年期间进行停产检修的，其年度碳排放量根据实际月均碳排放量乘以12予以修正。

（3）*总量调整系数*　总量调整系数为0.9192。其计算公式为：

总量调整系数=2010年纳入企业碳排放总量的97%÷纳入企业历史排放基数之和

（四）电力企业配额分配方法

电力企业的配额=预分配配额＋事后调节配额

（1）预分配配额＝（历史排放基数×总量调整系数）×50％

（2）事后调节配额分为增发配额和收缴配额。当企业年度实际发电量超出或低于基准年平均发电量 50％的，向企业增发或收缴配额。其中：

增发配额＝超出的发电量×标杆值

收缴配额＝低于的发电量×企业当年单位发电量碳排放量

火电企业的标杆值采用 2011 年位于第 50％位纳入火电企业的单位发电量碳排放量，为 9.1931t/(10^4kW·h)；热电联产、采用煤矸石等其他燃料的发电企业，其标杆值等于企业当年单位发电量碳排放量。

（五）企业产量变化的配额变更

（1）*申请条件* 企业因增减设施，合并、分立及产量变化等因素导致碳排放量与年度碳排放初始配额相差 20％以上或者 20 万吨二氧化碳以上的，应当向主管部门报告。主管部门应当对其碳排放配额进行重新核定。

（2）*核定方法* 根据重新核定结果，对企业当年碳排放量与企业年度初始配额的差额超过企业年度初始配额的 20％或 20 万吨以上的部分予以追加或收缴。

① 企业当年碳排放量与企业年度初始配额的差额超过企业年度初始配额的 20％

追加配额＝企业当年碳排放量-企业年度初始配额×（1＋20％）

收缴配额＝企业年度初始配额×（1－20％）－企业当年碳排放量

② 企业当年碳排放量与企业年度初始配额的差额超过 20 万吨

追加配额＝企业当年碳排放量－企业年度初始配额－20 万吨

收缴配额＝企业年度初始配额－企业当年碳排放量－20 万吨

（六）企业配额的发放

年度初始配额通过注册登记系统一次性发放给企业，次年履约期前，在完成企业碳排放核查后，核定并发放企业新增配额。

4-24 湖北省碳交易市场行情如何？

湖北省碳排放权交易试点 2014 年 4 月 2 日开始运行，开市以来至 2016 年底的市场交易情况见表 4-13。

表 4-13 湖北省碳交易市场开市以来交易价格

交易日期	最高价/元	最低价/元	平均价/元	收盘价/元	交易额/元	交易量/t
2014 年 4 月 2 日	22.00	21.00	21.00	22.00	10710400.00	510020
2014 年 4 月	29.25	21.00	24.39	24.45	101218774.68	4149589
2014 年 5 月	36.00	23.51	23.86	24.01	23267315.00	975042
2014 年 6 月	25.16	21.00	23.26	24.40	21395387.00	919802
2014 年 7 月	25.00	21.18	23.25	23.92	20690379.00	890082
2014 年 8 月	25.40	20.87	22.95	23.95	7771159.00	338633
2014 年 9 月	25.09	21.41	24.34	25.00	8507228.00	349474
2014 年 10 月	25.99	24.99	25.37	25.22	6943527.00	273652
2014 年 11 月	25.30	24.00	24.41	24.50	7055591.00	289016
2014 年 12 月	25.20	23.20	24.17	24.20	19241045.00	796123
2014 年度	36.00	20.87	24.06	24.20	216090405.68	8981413

续表

交易日期	最高价/元	最低价/元	平均价/元	收盘价/元	交易额/元	交易量/t
2015年1月	24.80	24.00	24.17	24.49	7666186.40	317202
2015年2月	24.20	21.44	24.04	21.44	3827474.40	159231
2015年3月	27.00	20.98	24.79	26.41	20967995.00	845707
2015年4月	26.48	22.98	24.91	25.88	20707182.40	831259
2015年5月	29.10	23.12	26.40	25.50	23864177.00	904058
2015年6月	27.50	22.77	25.35	25.78	13352918.50	526799
2015年7月	28.45	22.50	25.77	24.50	170704314.50	6624753
2015年8月	27.49	21.20	25.73	24.50	7739100.50	300798
2015年9月	26.96	23.00	23.89	26.96	32431760.63	1357460
2015年10月	26.50	21.00	23.17	23.05	19533402.40	843198
2015年11月	24.18	20.00	22.63	23.11	13685022.90	604749
2015年12月	24.40	22.18	23.27	24.40	14575303.60	626294
2015年度	29.10	20.00	25.04	24.40	349054838.23	13941508
2016年1月	23.70	21.00	17.61	22.20	15342694.50	871417
2016年2月	24.43	21.00	23.34	23.45	58238601.03	2495644
2016年3月	23.80	20.05	22.13	21.53	32163262.10	1453234
2016年4月	23.68	16.64	19.86	18.40	13529315.40	681235
2016年5月	18.40	14.00	16.13	15.33	20532643.40	1273327
2016年6月	17.00	15.05	16.13	16.70	6441923.60	399376
2016年7月	17.40	10.07	12.28	14.20	32894618.00	2679118
2016年8月	16.49	13.37	14.57	15.44	9577906.96	657240
2016年9月	17.89	14.70	15.77	16.69	6468160.66	410159
2016年10月	16.99	15.39	16.58	16.65	2298300.33	138657
2016年11月	18.40	15.52	16.77	17.88	2148766.16	128106
2016年12月	21.34	17.47	18.94	19.84	2172563.27	114736
2016年度	24.43	10.07	17.86	19.84	201808755.41	11302249

4-25　七省市配额市场碳交易进展如何？有哪些异同？

到目前为止，我国碳市场的主体仍是现货交易，主要包括七个碳交易试点省市各自的碳排放权配额和项目减排量两类交易产品。项目减排量以CCER为主，主要用于七省市的控排机构在履约时抵消其一定比例的碳配额，还有少量用于部分机构及个人的自愿碳中和行动。北京等试点省市还把尚未完成CCER签发的林业碳汇项目以及节能项目产生的减排量，作为控排单位的抵消交易产品。

以下从交易机制、推进过程、交易规则、一级市场状况、二级市场状况对七个试点碳交易市场进行比较。

（一）机制设计

（1）*立法情况及关键要素*　七个省点的碳交易试点，在机制设计方面总体上都主要以欧盟碳交易体系为蓝本，涵盖了配额总量、覆盖范围、控排门槛、配额分配、监测报告与核证制度、抵消机制以及遵约及处罚等制度，大多都以地方政府管理办法的形式推出，北京市还专门通过地方人大的立法予以规范，形成了“1＋1＋N”的规则体系。

（2）覆盖范围　各试点地区依据自身产业结构，以市场规模和效率为出发点，分别设置了不同的纳入门槛和行业范围。其中，北京、深圳等以第三产业为主的城市排放总量小、纳入门槛低，覆盖主体多为服务行业的企事业单位；湖北、广东等省则以钢铁、水泥、化工、电力等高排放工业为主。不同省市的控排门槛往往存在量级差异，以年排放量计，深圳为3000t，湖北约15.6万吨。

（3）MRV（碳排放的核算、报告与核查）　各试点地区均建立了较为完善的核证报告体系，包括行业排放核算与报告指南、备案第三方核查机构、搭建电子报送系统（天津为纸质报送）等。

（4）履约及处罚　各试点地区的履约日均集中在6月（天津为每年5月31日），但对于未履约企业的处罚力度参差不齐。其中北京市通过地方人大立法，未履约企业需按市场均价3～5倍罚款。而天津对未履约企业除限期整改外，仅为3年内不享受优惠政策。

（二）推进过程

（1）试点启动　继2011年10月国家发改委批准七省市开展碳排放权交易试点工作后，深圳、上海、北京、广东、天津于2013年下半年相继开市交易，湖北、重庆也分别于2014年4～6月启动交易。至今，七个试点省市均已顺利完成了2～3年的履约任务。

（2）履约成效　据各省市发布的数据，2013年深圳、广东、天津、北京的履约率都在96%以上。2014年迎来首个履约年的湖北与北京、广东均实现100%履约。深圳有2家、天津有1家未履约。上海则连续两年实现100%履约。较高的履约率，充分保障了各个试点碳市场交易活动的顺利开展。

（3）市场扩容　随着试点工作的推进，一些试点地区开始降低纳入门槛，扩大参与主体。北京市从2016年开始将管控门槛下调至5000t，由此新增了约500个重点排放单位。同时，北京还与河北承德市及内蒙古呼和浩特、鄂尔多斯两市率先实现了跨区交易，将北京碳市场覆盖的排放量翻了一番以上。

（三）交易规则

（1）交易产品　七个试点碳市场的交易产品除本地碳配额外，均允许CCER作为抵消信用参与碳交易。北京碳市场除了上述两种产品外，还允许林业碳汇项目及节能项目产生的减排量作为抵消机制参与交易。

（2）参与主体　从各地交易规则设计来看，试点地区均允许履约机构和非履约机构参与交易，但非履约机构参与条件各有差异；除上海暂不接受个人参与交易外，其他试点地区均开放个人参与，其中北京门槛最高，需个人拥有100万元以上的金融资产；深圳等地还成功取得国家外管局许可，允许境外机构参与交易。

（3）场内交易　受《国务院办公厅关于清理整顿各类交易场所的实施意见》（国办发[2012]37号）、《国务院关于清理整顿各类交易场所切实防范金融风险的决定》（国发[2011]38号）限制，目前各试点碳市场现货的主流交易方式仍为$T+5$。但湖北等个别地区则在省政府支持下采取了$T+1$的交易方式，广东则为$T+3$。

（4）场外交易　除重庆外，各个试点碳市场均出台了专门针对配额及CCER大宗交易的相关规则。北京碳市场要求，1万吨以上的大宗交易或同一集团下不同控排机构之间的关联交易，必须通过场外进行协议转让，价格由双方自行商定，双方合同在交易所登记，成交后也通过交易平台划转。

（5）碳价调控机制　为了维护市场稳定，各试点碳市场均对碳配额交易的涨跌幅进行了限制，分别在10%～30%之间，北京为20%；而湖北在面对市场连续跌停的情况下，规定本地配额涨幅上限10%不变，跌幅下限改为1%。此外，北京碳市场还规定了20～150元/t的碳价调控区间，市场波动超出该范围将触发政府入场进行价格干预。

(6) 风控机制　为防止市场垄断及价格操控风险，各试点碳市场均对最大持有量进行了限制。以北京为例，履约机构交易碳配额最大持仓量不得超过核发配额量与100万吨之和；非履约机构碳配额最大持仓量不得超过100万吨；自然人碳配额最大持仓量不得超过5万吨。

(四) 配额一级市场状况

初始配额分配是ETS的重要环节之一，分配方法将直接影响碳市场的供求关系。

(1) 免费分配　为平稳启动市场，鼓励企业参与，七个试点碳市场启动时均以免费分配为主，分配方法虽然叫法形形色色，但大都以历史法与基准线法为主。

(2) 配额拍卖　各地也对有偿分配（拍卖或定价出售）做了明确的规定，其中上海、湖北、深圳和广东均举行过拍卖。广东在配额初始分配制度设计中特别要求，企业需先拍卖3%的有偿配额，才能够获得97%的有偿配额，某种意义上相当于强制有偿分配。

(五) 配额二级市场表现

(1) 成交规模　截至2016年6月30日，七个试点碳市场碳配额累计成交量为10983.42万吨，累计成交额为299448.43万元；其中，北京碳市场配额累计成交量为1152.19万吨，累计成交额为44421.88万元，分别占全国总量的10.5%与14.8%。配额累计成交量及成交额最高的是广东，分别为3361.64万吨和109441.4万元，占全国总量的31%与37%。

(2) 时间分布　七个试点碳市场均为现货市场，绝大多数参与机构以履约为目的，呈现出明显的履约期交易集中现象。从全年分布来看，多数地区上半年交易呈逐月上升态势，在履约期达到高峰，而下半年交易则相对寡淡。随着企业对碳交易的了解不断加深，履约期前交易集中爆发的现象近年开始有所缓解。

(3) 价格差异　受履约期和控排企业冲刺履约行为的影响，各试点碳市场价格波动大多在履约期走高，其后滑落。其中，北京碳市场价格最为稳定，三年期间最高成交均价为77元/t（2014年7月16日），最低成交均价为32.4元/t（2016年1月25日），年度成交均价基本在50元/t上下浮动。其他地区成交均价则波动较大，其中全国最高成交均价为深圳碳市场的122.97元/t（2013年10月17日，当日收盘价为130.9元/t），最低交易均价为上海的4.21元/t（2016年5月16日，当日收盘价为4.6元/t）。

(4) 流动性　换手率是衡量市场活跃度的重要指标之一。七个试点碳市场的换手率，深圳最高为52%，其他依次为北京23%、湖北16%、上海12%、广东8%、天津2%（重庆因交易量十分有限未列入）。

全国碳市场碳配额交易价格在过去三年期间一直呈不断下降的趋势，说明市场总体处于较为明显的供过于求状态。

4-26 试点七省市CCER项目市场交易政策及进展如何？有哪些异同？

2012年国家发改委颁布的《温室气体自愿减排交易管理暂行办法》及《温室气体自愿减排项目审定与核证指南》，为CCER（中国核证自愿减排量）交易市场搭建起了整体框架，对CCER项目减排量从产生到交易的全过程进行了系统规范。2013年相继启动的七省市碳排放权交易试点，则通过将CCER项目纳入各自的抵消机制，为其创造了预期稳定的规模化需求。

（一）CCER 的产生

（1）方法学 温室气体自愿减排项目来源于可再生能源、农林行业、工业、交通及建筑等领域，减排机制各不相同，需要相关的方法学作为项目开发、审定、监测及核证的依据。新开发的方法学，需经专家评估合格后在国家发改委备案；已经联合国 CDM 执行理事会批准的 CDM 项目方法学，经专家评估适于 CCER 项目的也可备案。截止 2016 年 12 月，总共已经备案 12 批 200 个 CCER 方法学。

（2）主要流程 CCER 从项目开发到减排量签发，需要经过一系列严格的程序，项目在经过审定机构的独立审定并经地方发改委初审合格后，才能报国家发改委审核及备案，备案项目经过第三方机构完成监测与核证并经地方发改委初审合格后，再报国家发改委审核并进行减排量备案（签发）。央企的 CCER 项目备案及减排量签发，可以直接报送国家发改委。CCER 项目开发流程见图 4-2。

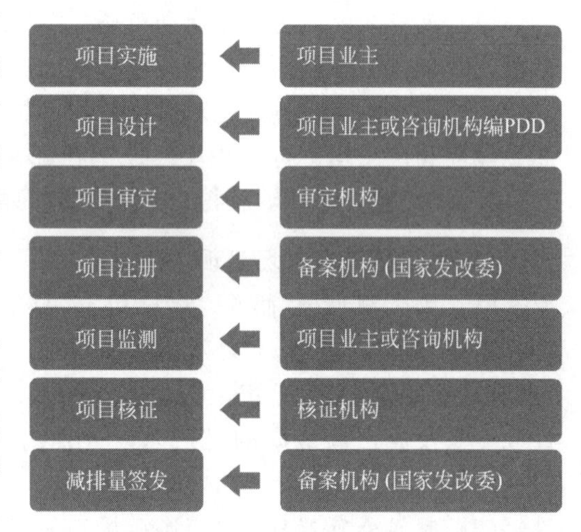

图 4-2 CCER 项目开发流程

（3）成本构成 项目设计、审定、监测、核证四个环节也是 CCER 项目成本发生的主要环节，其中项目设计成本和项目审定成本为项目备案前的开发成本，属于一次性成本；减排量监测与核证成本为项目备案后的签发成本，属于持续性成本。

（二）CCER 一级市场

（1）项目备案情况 根据规定，只有 2005 年 2 月 16 日之后开工建设的四类自愿减排项目，才有资格备案为 CCER 项目。截至 2016 年 6 月 14 日，完成审定报告正式进行申报的 CCER 项目 2144 个，其中成功备案项目 564 个，占项目总数的 26.3%。在完成备案的项目中，第一类项目（经国家发改委备案的方法学开发的自愿减排项目）336 个，占项目总数的 60%；第二类项目（获得国家发改委批准为 CDM 项目，但未在联合国 CDM 执行理事会注册的项目）42 个，占 7%；第三类（获得国家发改委批准为 CDM 项目且在联合国 CDM 执行理事会注册前产生排放量的项目）项目 186 个，占项目 33%；目前还没有第四类项目（在联合国 CDM EB 注册但减排量未获得签发的项目）备案成功。

（2）减排量签发情况 目前，已经正式完成减排量备案（签发）的 CCER 项目 149 个，备案减排量 3400 余万吨。这也是迄今 CCER 一级市场的现货供应规模。

（三）CCER 二级市场

（1）碳抵消需求 目前，七省市碳交易试点在履约时均允许用 CCER 项目减排量抵消一定比例的碳排放，这也是 CCER 最重要的需求来源。根据各地公开的配额分配办法及抵消机制相关规定估算，七个试点碳市场的年度最大抵消需求约为 11365 万吨。2017 年全国统一碳市场启动后，年度最大抵消需求大约有 1.5 亿～4 亿吨；2020 年后如果全国碳市场进一步扩容，年度抵消需求很可能增至 2.5 亿～6 亿吨。

（2）碳中和及投资需求 主要包括企业为了履行社会责任（CSR）、机构及个人为了实现碳中和等目的产生的自愿购买需求，以及机构与个人出于市场套利目的所带来的交易需求。这些需求都具有较大的开发潜力，但尚难形成稳定的规模，且很容易受到经济景气及市场情绪的影响。

（3）二级市场成交情况　截至2016年6月30日，七省市碳交易市场共成交CCER减排量超过6300万吨。其中，北京碳市场累计成交量为798.93万吨，占七省市总量近13%，累计成交额为5390.86万元，成交均价6.75元/t；上海碳市场累计成交量为3489.22万吨，占成交总量的一半以上，累计成交额35121.12万元，成交均价10元/t。重庆碳市场未有CCER成交。除CCER外，北京市场还允许林业碳汇及节能量项目减排量作为抵消产品参与到碳交易中，截至2016年6月30日，北京碳市场林业碳汇累计成交量为7.26万吨，累计成交额为265.54万元，成交均价36.6元/t。

第三节　中国统一碳市场

4-27　国家“十三五”碳市场建设方案有哪些规定？

国务院2016年10月27日印发“十三五”控制温室气体排放工作方案（国发［2016］61号），关于建设和运行全国碳排放权交易市场的内容包括：

（1）建立全国碳排放权交易制度　出台《碳排放权交易管理条例》及有关实施细则，各地区、各部门根据职能分工制定有关配套管理办法，完善碳排放权交易法规体系。建立碳排放权交易市场国家和地方两级管理体制，将有关工作责任落实至地市级人民政府，完善部门协作机制，各地区、各部门和中央企业集团根据职责制定具体工作实施方案，明确责任目标，落实专项资金，建立专职工作队伍，完善工作体系。制定覆盖石化、化工、建材、钢铁、有色、造纸、电力和航空等8个工业行业中年能耗1万吨标准煤以上企业的碳排放权总量设定与配额分配方案，实施碳排放配额管控制度。对重点汽车生产企业实行基于新能源汽车生产责任的碳排放配额管理。

（2）启动运行全国碳排放权交易市场　在现有碳排放权交易试点交易机构和温室气体自愿减排交易机构基础上，根据碳排放权交易工作需求统筹确立全国交易机构网络布局，各地区根据国家确定的配额分配方案对本行政区域内重点排放企业开展配额分配。推动区域性碳排放权交易体系向全国碳排放权交易市场顺利过渡，建立碳排放配额市场调节和抵消机制，建立严格的市场风险预警与防控机制，逐步健全交易规则，增加交易品种，探索多元化交易模式，完善企业上线交易条件，2017年启动全国碳排放权交易市场。到2020年力争建成制度完善、交易活跃、监管严格、公开透明的全国碳排放权交易市场，实现稳定、健康、持续发展。

（3）强化全国碳排放权交易基础支撑能力　建设全国碳排放权交易注册登记系统及灾备系统，建立长效、稳定的注册登记系统管理机制。构建国家、地方、企业三级温室气体排放核算、报告与核查工作体系，建设重点企业温室气体排放数据报送系统。整合多方资源培养壮大碳交易专业技术支撑队伍，编制统一培训教材，建立考核评估制度，构建专业咨询服务平台，鼓励有条件的省（区、市）建立全国碳排放权交易能力培训中心。组织条件成熟的地区、行业、企业开展碳排放权交易试点示范，推进相关国际合作。持续开展碳排放权交易重大问题跟踪研究。

这是全国“十三五”碳市场建设的总体方案，后续会发布一系列配套方案，对相关工作做具体部署。

4-28 全国碳市场管理两级管理制的职责分别是什么?

据国家发改委应对气候变化司有关负责人介绍，全国统一碳市场从管理体制上实施中央和地方两级管理体制，配额管理方面要明确交易产品、交易主体、交易机构和交易模式；核查与配额的清缴，应由国家公布企业温室气体排放核算与报告的指南，或者是标准。

碳市场的建设必须依法建设，由国务院颁布《碳排放权交易管理条例》和国家发改委出台《碳排放权交易暂行办法》，二者有一个先后的关系和相互依存的关系。

全国碳市场怎么建，可以从五个方面来看。首先从管理体制上，中国实施的是中央和地方两极管理体制，明确国家和地方各自的管理职权，在这样一个基础上，国家和地方两级职权的分工不同，但是互相支撑，互相制约，形成一套有序的制度体系。从碳市场建设的总体规定来看，碳排放权交易必须按照属地化管理的原则，参与碳排放权交易的企业按照其最低一级法人的要求，工商注册的地理位置来确定属地化管理，省级主管部门负责提出参与企业的名单，国务院认可并且加以公布。同时中央政府确定碳排放权总量和配额的分配方法，地方政府负责按照中央政府明确的总量和配额分配的方法，对所属企业进行配额的分配。这样的两级职权划分的规定，不同于欧盟的碳市场，也不同于美国的碳市场，这是根据中国的国情作出的选择。中央和地方的这种分工确保了碳市场未来在一个可预期、公开、透明和公正的市场环境下有效运行。

从配额的管理角度来看，条例和暂行办法都明确了碳排放权交易的重点排放单位和配额分配的总量，以及排放配额的原则，分配方法和分配程序，明晰了地方剩余配额的归属，配额调整等重大问题，规定了使用碳交易注册登记系统对配额进行管理的基本要求。国家的职责就是要确定纳入交易范围的重点排放单位的纳入标准，要制定配额的分配方案，明确各省自治区、直辖市免费配额分配的数量以及国家预留的排放配额，而地方政府负责根据国务院碳交易主管部门公布的重点排放单位确定的标准，提出本地区行政区域内符合标准的重点企业名单，并且对企业组织进行碳排放的报告，并且配合国家研究提出配额的分配方案。

除了新能源汽车以外，各省对免费配额的分配保留一定的配额分配权，在这样的基础上地区差异取决于地方在国家统一的标准下，在他的预留空间里实施操作的自由度，这方面国家的职责是统一配额的分配方法和标准，建立和管理碳排放注册登记系统，而地方要按照国家的标准和国家提出的要求对企业实施管理和组织碳排放的报告，并且最终分配配额，监督履约。

从交易管理来看，国家明确了交易产品、交易主体、交易机构和交易模式，同时对市场调解与注册登记系统的链接等重要问题实施统一的管理，地方负责配合国家对于行政辖区内的交易机构和交易活动实施监管。这就是在交易权管理上中央和地方的分工，当然作为一种特殊的交易标的，与此相关的金融交易也要接受证监会和银监会的监管。

最后就是核查与配额的清缴，由国家公布企业温室气体排放核算与报告的指南，或者是标准。由国家统一对核查机构实施统一的管理，而地方对重点排放单位提交的监测计划进行备案，同时地方要受理重点排放单位提交的排放报告和核查报告。排放报告与核查报告要由地方实施检查和复查，这样就非常清晰地描述未来碳市场监管的各方职责和权利。其中的企业，特别是重点纳管企业是监管的重点。在企业的属地化管理的同时，由于中国拥有特殊的制度体系，就是央企和行业协会的存在，因此在碳市场的报告核算和配额分配中，重点央企和行业协会也会配合各级政府发挥相应的职能和作用。各部门各司其则，互相监督，互相制约，互相支持，最后形成一个有机完整的碳排放权交易市场。

4-29 全国碳市场运行不同阶段的任务是什么？

在中美联合公报里，习近平主席明确提出2017年要启动全国碳市场，就是要按照统一的标准，在2017年完成对企业配额的分配，同时启动注册登记系统，布局完成交易机构网络，其中有一部分企业会先期进入市场进行交易，这就是2017年启动碳交易的含义。

国家发改委对建设全国碳市场已经进行了系统规划，对中央、地方和企业分别承担各自不同的职责以及完成任务的目标和时间结点都进行了具体的安排。2014年到2016年期间，中央负责推动立法以及组织历史数据的报送核查，初始配额分配的方案研究，以及基础能力建设，地方开展相应的能力建设。到2016年底，全国已经有九个能力建设中心，在不间断地开展碳市场相关的能力建设活动。企业在2014年到2016年期间，组织开展内部的能力建设活动，建立内部的碳市场报告制度，同时一些非纳管企业也在积极参与CCER，就是自愿展开市场交易的活动。

2017年到2020年是碳市场启动的第一阶段，按照五个统一开展碳排放权的交易，2020年以后进一步扩大碳排放权交易的范围。目前国家在八大行业，相当于年消费化石能源一万吨以上的企业参与到碳交易当中。2020年以后，纳管的范围要扩大到八大行业之外，同时在八大行业以内的这些企业的门槛要进一步降低，年消费化石能源在五千吨以上的企业也将纳入到碳市场当中，与此同时国家发改委与国务院法制办、财政部、税务总局，以及其他的相关部门积极研究，启动碳税前期准备工作。也就是说，2020年以后不仅碳排放权的范围要进一步扩大，那些没有加入到碳排放权交易市场的企业也将接受碳税的义务。

第一阶段碳排放权交易市场进入的企业范围包括石化、化工、建材、钢铁、有色、造纸、电力和民航，这些工作正在相关的行业和地区积极的推行之中。从纳入气体来看，主要是二氧化碳，既包括由于消费化石能源所产生的直接排放的企业，也包括由于使用消费电力或者热力所引起的间接排放的企业，也都纳入其中。纳管的门槛，第一阶段是一万吨标煤以上，到2020年以后进一步降低门槛，更多的企业将进入碳市场。

配额的分配方法，目前是免费的配额分配方法，主要是两种，一种是基准线，一种是历史强度下降法。从长期来看，免费配额的分配方法最终将统一到基准线上。由于数据的积累需要一定的时间和一定的周期，因此到2020年以后，免费配额的分配都将采用基准线法。从碳市场交易的品种来看，目前主要是以现货为主，包括两个品种，第一个是排放的配额，这是最核心的交易品种。另外自愿减排交易的减排量有一部分经过严格的筛选也会进入到碳市场流通。从长远来看，除了现货以外，也将有期货交易的品种进入碳市场。

从全国统一碳市场建设的步骤来看，分成两个阶段，从2014年到2016年，是全国碳市场的准备阶段，主要是在法律法规技术标准和基础设施开展建设，完成全国碳排放权交易的法律法规和配套的细则、技术标准制定，使碳市场具备启动的条件。2017年正式启动全国碳市场，2017年到2020年是启动阶段，初期到2018年要确保各个环节落实到位，初期分配启动运行。2018年到2020年以前全面实施碳排放权交易体系的运行，在范围上基本上覆盖31个省以及新疆生产建设兵团，在纳入标准上选择一定规模，也就是一万吨标煤以上的企业，确保配额管理和市场交易的顺利进行，通过不断的完善和改进，要落实各项支撑措施，切实提高各方的支撑能力。

2020年以后是完善阶段，将进一步扩大企业范围和交易的产品，发展多元化交易的模式，逐步形成运行稳定，健康活跃的交易市场，同时进一步提升市场的容量和活跃程度，探索与国际上其他市场连接的可行性。

第五章 企业碳减排

第一节　碳减排主要措施

5-1　企业碳排放管理人员（或部门）应做好哪些工作？

重点排放企业的低碳管理人员目前仍很少，职责有待明确。根据碳减排工作的需要及国家低碳发展的要求，企业碳排放管理人员或部门至少应做好以下工作：

（1）*建立碳排放管理网络*　重点排放企业，尤其是万家企业，应根据企业碳排放情况确定低碳管理涉及的部门、人员，碳排放量大的企业应设专职管理人员，但管理网络应包括主要排放源的岗位技术人员。

（2）*确定碳排放管理目标*　管理目标应包括短期目标（每周或每月）及中长期目标（年度目标、三年目标、五年目标），并应根据所处发展阶段作相应修订。

（3）*建立碳排放管理制度*　根据国家颁布的有关政策和法规，企业要结合自身特点，制定相关的企业碳排放管理制度。至少应包括以下内容：

① 碳排放源的识别及定期复核制度；
② 碳排放核算方法及定期复核制度；
③ 燃料及电力、热力采购和审批管理制度；
④ 燃料及电力、热力使用管理制度；
⑤ 燃料及电力、热力统计制度；
⑥ 能源及温室气体计量器具管理制度；
⑦ 碳排放监测制度；
⑧ 主要产品及重点用能/碳排放工序或装置的碳减排考核方法和奖惩制度；
⑨ 碳减排技改管理制度；
⑩ 碳减排项目的技术经济评价制度；
⑪ 定期进行碳排放核算、报告的制度；
⑫ 企业碳资产管理制度；
⑬ 碳减排宣传教育和培训制度；
⑭ 企业碳排放档案保管保存制度。

以上管理制度可以包含在企业的相关管理制度中，以制度的执行有利于企业碳减排为依据。

(4) *碳排放统计、核算、报告* 碳排放核算需要大量基础数据。根据国家相关要求，这些数据需确保真实、可靠、可核查，因此，企业需要在日常生产过程注重碳排放源各相关数据的记录，并定期统计、分析。低碳管理人员在可靠的基础数据上，再进行碳核算，并编制碳排放报告。

(5) *组织制订碳减排措施* 减少碳排放是目的，为此，需要企业采取具体措施，根据碳排放源、排放量探讨减少碳排放的具体措施。由于碳排放涉及企业生产过程的方方面面，包括主要生产系统、辅助生产系统、附属生产系统，因此，低碳管理人员（部门）需调动各方面人员的参与热情，共同探讨制订碳减排的措施。

(6) *碳交易及履约* 碳交易与履约是目前低碳工作的重点，是实现碳减排的重要措施之一。2017 年全国碳市场正式开始运行，列入的重点排放单位（控排企业）碳排放履约工作既是一项任务，也是企业未来低碳发展的一次良好机会。企业应积极参与，既是支持国家的低碳工作，也能为未来的碳配额分配、碳资产管理创造良好的条件，为企业的可持续发展奠定基础。

5-2 企业如何通过产品结构调整实现碳减排?

“十三五”期间国家确定的碳减排目标包括排放量和排放强度二个目标，因此，重点排放单位的碳减排也应从这两个方面着手。

经济发展已进入低碳时代，企业在确定发展方向、生产何种产品时，就应考虑到符合低碳发展的要求，首先应该选择碳排放强度低、碳排放总量少的产品。为此，可以从以下几方面选择：

(1) 发展现代制造业，降低传统制造业的比重，企业尽可能减少或不上高排放的产品项目，或不再扩大高排放产品的产能；

(2) 发展高新技术产业和现代服务业，用高新技术改造传统产品，降低企业的能源消耗和碳排放强度；

(3) 发展环境友好、绿色驱动的低碳产业，如生态农业、森林碳汇产业等；

(4) 发展循环经济，推进清洁生产，大力推进企业节能、减排、降耗，提高低碳产品在企业产品中的比重。

近年来，国家围绕“十二五”应对气候变化目标任务，及 2020 年实现单位 GDP 碳排放比 2005 年降低 40%～45%，2030 年单位 GDP 碳排放比 2005 年降低 60%～65%的目标，国家在调整产业结构方面采取了很多措施，企业低碳管理人员应及时了解相关政策，并采取相应行动，既是对国家实现低碳目标做出贡献，又可为企业的可持续发展占领先机。

(1) *加快淘汰落后产能* 2011 年工业和信息化部联合多部门发布《关于印发淘汰落后产能工作考核实施方案的通知》，加强对淘汰落后产能工作的检查考核；2012 年，工业和信息化部发布《关于下达 19 个工业行业淘汰落后产能目标任务的通知》，并相继在 2013 年和 2014 年公布了第一批和第二批 19 个工业行业淘汰落后产能的企业名单；2013 年，国务院印发了《关于化解产能严重过剩矛盾的指导意见》，围绕控增淘劣、提质增效、转型升级、低碳发展，积极推进化解产能过剩各项工作。企业在配合执行这些淘汰落后产能的同时，可以优化企业产品结构，同时获得政策规定的各项支持政策。

(2) *推动传统产业改造升级* 国家发改委于 2011 年发布《产业结构调整目录（2011 年本）》，并于 2013 年再次进行修订，通过结构优化升级实现节能低碳目标。国家发改委、工业和信息化部等有关部门印发《工业转型升级计划（2011～2015 年）》、《关于重点产业布局调整和产业转移的指导意见》、《2014年工业绿色发展专项行动实施方案》等系列政策文件，实施一批示范工程，促进关键传统产业升级。2015年国务院公布《中国制造2025》，对传统产业提出提高创新设计能力、提升能效、绿色改造升级、化解过剩产能、降低碳排放等战略任务。工业和信息化部推进区域工业绿色转型发展试点，批复包头、张家口等11个城市试点实施方案，探索绿色低碳转型路径和模式。

（3）扶持战略性新兴产业发展　2012年国务院印发《"十二五"国家战略性新兴产业发展规划》，明确了7个战略性新兴产业的重点领域，并陆续发布七大战略性新兴产业专项规划。2013年国务院发布了《关于加快发展节能环保产业的意见》，提出要促进节能环保产业技术水平显著提升。2015年国务院批准筹备设立国家新兴产业创业投资引导基金，总规模为400亿元人民币，重点支持处于起步阶段的创新型企业。

（4）加快发展服务业　2012年以来，国务院先后发布了《服务业发展"十二五"规划》和《关于加快发展生产性服务业促进产业结构调整升级的指导意见》，营造有利于服务业发展的政策和体制环境。《中国制造2025》明确提出发展服务型制造，加快生产性服务业发展和强化服务功能区和公共服务平台建设三大重点任务。2015年《政府工作报告》提出"互联网＋"行动计划，切实推进信息化和工业化进程。2016年财政部等部门发布《关于构建绿色金融体系的指导意见》。"十二五"期间中国产业结构优化取得明显进展，2015年工业比重比2010年下降5.7％，服务业比重提高6.1％，产业结构调整对碳强度下降目标完成发挥了重要作用。

国家在产业结构调整方面采取的这些措施，都需要在企业，尤其是重点耗能、碳排放企业的落实。这些政策出台后，得到大多数企业的积极响应。实践证明，凡是积极实施产品结构调整的，都获得了很好的收益，并在未来发展中占据了有利位置。"十三五"期间及可预见的未来，这种政策会不断出台，重点排放企业应抓住机遇，积极采取行动，实施结构调整，降低碳排放。

5-3　企业碳减排的技术措施主要包括哪些方面?

根据碳核查实践，企业减少碳排放的主要技术措施有以下八个方面：

（1）减少燃料燃烧碳排放的技术　企业所用燃料包括煤炭、焦炭、兰炭、燃料油、汽柴油、液化气、天然气、焦炉气、煤层气等。影响燃料消耗及碳排放的主要因素是工艺过程，但在燃料的购入储存、加工转换、终端利用等环节仍有很多减少碳排放的技术。如减少燃料中的有机成分无谓损失，使用的燃料应符合锅炉等燃烧设备的设计要求，减少燃烧过程的能量浪费等。

（2）工艺过程碳减排技术　工艺过程可能有CO_2等温室气体的直接排放，或CO_2的再利用，可以采取技术措施，减少碳排放。

在核查碳排放过程中，工艺过程碳排放不包括燃料燃烧、外购电力热力产生的碳排放。但工艺过程对整个企业（或产品）的碳排放起着关键性作用，通过工艺过程的改进，可以实现大幅降低外购燃料量。

（3）碳酸盐使用CO_2减排技术　碳酸盐（石灰石、方解石等）在生产过程发生化学反应后将排放出CO_2，可考虑采取技术措施减少碳酸盐的使用。如果碳酸盐不发生化学反应，则不涉及碳排放。

（4）减少外购热力的减排技术　相关技术包括保温技术、热能梯级利用技术、余热回收技术等。

（5）减少外购电力的减排技术　外购电力引起的碳排放占企业碳排放的比例是比较大的，碳减排的潜力也比较大。降低电力消耗有很多技术，包括降低企业配电变压器的损耗、降低企业配电网的损耗、选用高效电机、提高风机水泵等重点用电设备的效率、减少空压机用电量等。重点用电设备的优化控制是效果很好的节电技术，目前企业对这一技术的认识程度不高，节电潜力很大。

（6）CO_2 回收利用技术　CO_2 回收利用量即是碳减排量。CO_2 回收利用技术包括：将 CO_2 回收进行化学反应固化到产品中，如利用 CO_2 气体生产化工产品，从而减少碳排放；CO_2 回收作为产品，直接销售，代替原来由燃料燃烧制备 CO_2；CO_2 回收、压缩，用于石油天然气开采；CO_2 回收、埋藏地下。目前 CO_2 回收利用量还很有限，减排效果不够显著。CO_2 回收深埋地下的现有技术成本较高，如果能大幅降低成本，CO_2 回收深埋将可能成为最重要的碳减排措施。

（7）低碳能源技术　低碳能源是指为人类提供能量的同时不产生或很少产生碳排放的能源，如太阳能、风能、核能、生物质能等。“十二五”期间我国太阳能、风能的应用得到快速发展，但发电成本仍然很高，且受到电力稳定性的影响。核能应用主要受到安全性能的影响，尤其是日本核电站造成核污染后给人们造成的心理影响，将是影响核能发展的重要因素。目前的低碳能源技术正在不断取得进展，“十三五”将是低碳能源快速发展的时期。

（8）碳汇技术　碳汇是指通过植树造林、森林管理、植被恢复等措施，利用植物光合作用吸收大气中的二氧化碳，并将其固定在植被和土壤中，从而减少温室气体在大气中浓度的过程、活动或机制。我国仍有大量沙漠，在荒漠地区造林、种草，既能改善空气质量，又能从空气中吸收大量二氧化碳。尤其是我国碳交易市场，允许碳汇产生的碳减排量进行碳交易，可以对碳汇项目的经济效益产生有益的补充。企业可以充分利用碳汇产生的碳减排量，帮助企业实现低碳目标。

详细技术介绍见本章第三节内容。

5-4　碳交易如何促进企业碳减排？

碳排放权交易是促进温室气体减排、应对气候变化、提高资源利用效率的重要经济杠杆。在实践中，这一作用主要体现在以下几方面：

（一）以市场手段促进企业碳减排

在碳排放权交易体系中，可以对高能耗、高污染、高排放的企业进行初始减排责任的分配，超额排放企业需要借助碳交易平台购买碳排放权。排放企业也可以通过各种手段降低二氧化碳排放量，并把富余的碳排放权配额通过碳交易所售出。

这种以碳排放权为标的物的市场交易行为，可以带来两个好处。一方面，以前企业减少碳排放，只是履行社会责任，效果很难直接体现在“真金白银”的收益上。实施碳排放权交易后，富余的排放权配额可以进行交易，余额越多，企业获益也就越大，可以直接平抑生产成本。另一方面，对于一些超额排放企业而言，过去超额排放带来的经济损失并不明显，有了碳交易平台以后，超额排放将给企业带来更高的生产成本。这种链接成本的方式，将直接促进企业加大碳减排投入，并通过技术创新，加快推动企业向产品结构的转型升级和发展方式转变。

（二）促进企业选择低成本碳减排方式

碳减排的目的是减少向大气中排放的温室气体量，我国的企业，无论在什么位置、采取什么方式，碳排放总量减少了，就是对减缓气候变化的贡献。

不同的企业拥有不同的碳减排成本，正因如此，它们才有可能通过买卖排放配额，实现各自的最大利益，碳交易市场也得以形成。美国环保署（USEPA）曾在一份阐释总量与交易机制的文件中通过一个生动的小例子说明过其原理。

两个年排放量同为 20000t 二氧化碳当量的企业，如果不对排放进行限制，总排放量为 40000t。而假如在进行总量控制后，总排放量需要减少 50%，即 20000t。那么，是两家企业都减少到 10000t，还是两家企业减少不同排放量，比如一家 15000t，另一家 5000t 更合适呢？

这取决于两家企业的减排成本是否存在不同。而实际上，因为不同企业在技术、资金投入上存在差异，减排成本肯定有差异。采用更先进的技术进行生产的企业减排成本高于技术落后的企业。

碳交易的价值在于不同减排成本的企业之间可以进行排放配额买卖。例如两家企业同样获得 10000t 二氧化碳当量的排放配额，而减排成本较低的企业实现超额减排量（如 15000t），成本较高的企业实现更低的减排量（如 5000t）。那么，减排成本较高的企业需要排放 15000t 二氧化碳当量，并从减排成本较低的企业买入 5000t 的排放配额。以这种方式，同样减少 20000t 二氧化碳当量，总减排成本肯定更低，而且两家企业也都能从中获益。

反观对减排进行指令性管制的方式，减排成本不同的企业被强制承担同样的负担，无法转嫁，最终的减排目标往往难以达到。而且在指令性管制的方式下，企业没有采用新技术进行减排的动力。因为企业在完成超额减排后不能获得任何收益，反而可能因此而被要求提高减排标准。

（三）促进节能及低碳能源发展，提高碳减排效果

企业采取节能措施，提高能源利用效率，降低燃料消耗，减少碳排放的效果非常明显。而低碳能源，如太阳能、风能、核能、生物质能等的使用，不产生碳排放。大力发展低碳能源，减少化石能源的使用，是未来碳减排的重要方向。建立碳市场后，节能和低碳能源项目列入 CCER（中国核证减排量），可以参与碳交易，由卖出的碳减排量获取收益，可降低 CCER 项目成本，进而促进节能及低碳能源的发展。

（四）提高企业参与碳减排主动性

2013 年我国七省市碳市场启动以来，企业对于碳排放的态度发生了明显变化。以前节能减排的目标是从中央到地方逐级传递，而现在，企业已经意识到碳排放管理可以与盈利、现金流、企业投资相挂钩，减排也就成了企业自发和自觉的行为。

此外，一些省市在碳交易试点中不仅探索利用市场机制促进减排，还注重引导个人参与其中。例如，深圳市启动了个人参与碳排放交易，市民个人也可以购买企业配额，这种激发市民公益热情的创举，也有利于使节能低碳更好地成为公众自觉。

第二节　企业碳减排先进经验

5-5　国内石油石化公司是如何实施碳资产管理的？

国内石油石化公司以中国石油、中国石化、中国海油三大公司为代表，它们在碳减排、碳资产管理方面开展的主要工作如下：

（一）制定绿色低碳发展战略指导节能减碳

中国石油把绿色和可持续发展作为企业战略，制定了《绿色发展行动计划》和“十二五”节能减排规划。中国石化把绿色低碳发展确定为公司六大发展战略之一，而应对气候变化是实施绿色低碳发展的四项重要内容之一。中国海油提出协调发展、科技驱动、人才兴企、成本领先、绿色低碳五大战略，把保护生态环境、创建资源友好型、资源节约型企业作为承担企业社会责任的重要方面，2010 年中国海油率先在央企发布《中国海油应对气候变化政策》和《中国海油应对气候变化行动方案》。

（二）发布碳资产管理文件，加强制度和组织建设

2014 年 5 月，中国石化印发《中国石化碳资产管理办法（试行）》，旨在加强碳资产管理，实现碳资产价值，推进绿色发展战略。2014 年 10 月中国海油发布《关于加强中国海油温室气体减排及碳资产管理的通知》。该通知提出各单位应当把温室气体减排和碳资产管理作为转变发展方式、调整产业结构和提高经济效益的重要手段。目前中国石油尚未发布类似文件。

在组织建设方面，大型石油公司往往拥有上百家下属企业，统一的机构和平台是实施碳资产管理的必要条件，而且相关机构的设置也在一定程度上反映了企业对气候变化的认识程度，并影响企业在温室气体排放数据体系建设、风险机遇识别和相关政策行动等方面的效率。2013 年 3 月，中国石化正式成立能源管理与环境保护部，这是央企首次专门成立负责绿色低碳能源与环境管理的部门。《中国石化碳资产管理办法（试行）》明确了中国石化碳资产的归口管理部门、相关业务部门的工作职责（见表 5-1）。在中国海油发布的通知中，中国海油决定赋予下属公司中国海油能源发展股份有限公司在温室气体减排和碳资产管理方面的职责，以使中国海油碳资产管理平台建设将步入正轨。

表 5-1　中国石化碳资产管理的部门分工和职责

部门名称	部门碳资产管理职责
能源管理与环境保护部	中国石化碳资产的归口管理部门：组织碳盘查及碳核查，分解碳减排指标，指导监督清洁发展机制和国内温室气体自愿减排项目，组织国内碳交易，管理中国石化“国家登记簿”，统计碳资产；定期对事业部（管理部、专业公司）碳资产管理情况进行监督、检查、考核
发展计划部	审批一类温室气体工程减排项目
集团/股份公司财务部	碳资产相关会计核算
科技部	清洁发展机制和国内温室气体自愿减排项目方法学、碳减排技术等科技开发工作
事业部（管理部、专业公司）	本板块碳盘查，编制板块碳盘查报告；审批二、三类温室气体工程减排项目；开发清洁发展机制和国内温室气体自愿减排项目；分解、落实本板块碳减排指标；对本板块企业碳资产管理情况进行监管、检查、考核
企事业单位、股份公司及各（子）公司	本单位碳资产管理

（三）开展碳盘查，编制温室气体清单

在国内正式开始碳核查之前，重点排放单位基本上是按照 ISO 14064-1 实施碳盘查，按照确定的方法学通过了解企业能源消费和生产经营的相关数据，计算企业在生产过程中各环节直接或间接排放的温室气体的过程，即编制企业的温室气体清单。碳盘查是企业摸清碳排放家底的手段，是开展碳资产管理的基础，也是应对投资者供应链上下游和消费者等碳披露

要求的前提。在纳入碳交易试点范围后，碳盘查工作可以通过政府组织的碳排放报告和第三方核查完成。大型石油公司业务规模大、产业链条长、排放设施数量和类型众多，排放强度较高，开展碳盘查就更为必要。在七省市开展碳交易试点期间，三大石油石化公司只有部分企业被纳入碳交易试点范围，因此，他们都自主开展了集团范围的碳盘查工作，完成了历史年份的温室气体清单编制。在2017年开展全国碳交易后，各公司有望整体参与碳市场。中国海油从2007年起就对所有海上油田启动了温室气体排放统计工作，2010年，中国海油成为国内第一个按照相关标准完成碳盘查的大型央企。

（四）参与碳市场交易及相关活动实现碳资产价值

参与国内外碳市场交易是国内石油石化公司碳资产管理的重要业务，是实现碳排放配额或核证减排量经济价值的主要途径，也是实现企业碳资产保值增值的核心手段。三大石油石化公司通过开发CDM项目、参与国内碳交易试点和参股国内碳交易所等方式，参与了国内外碳市场实践。通过这些实践，三大石油石化公司将节能减排成果转化为经济收益，一定程度上降低了节能改造的成本。同时，集团和下属企业了解了碳市场运行规则，提高了参与碳市场的能力，参与影响了相关政策制度的研究制订，为在碳市场中争取有利地位把握了先机。

（五）注重节能减碳技术研发，拓展碳资产来源

三大石油石化公司都认识到，除了经济与管理手段之外，研究节能减排低碳技术，开发相关项目也是碳资产管理的重要组成部分，可以作为实现集团碳资产开源节流的优先方向。例如中国石油通过二氧化碳驱油与埋藏技术，利用埋存二氧化碳减少温室气体排放；中国石化开展二氧化碳捕集、封存、利用（CCUS）试验研究与工程示范；中国海油则实施了研究二氧化碳可降解塑料项目和食品级二氧化碳利用项目。总之，国内主要石油石化公司在对气候变化和温室气体排放对公司的影响已经有较为深入认识的基础上，实施了碳盘查、参与国内外碳市场实践、组织成立专门机构开展碳资产管理、并加强制度建设，同时他们还注重能源与环境的协同管理，注重发挥技术对节能减碳的作用。三大石油石化公司的碳资产管理正逐步走上正规化、专业化道路。

5-6 茂名石化公司如何实施碳排放管理的？

茂名石化公司始终贯彻“节能是碳减排的源头控制、碳减排是节能的末端治理”的管理理念，建立了节能与碳减排统一管理体系，制定了《茂名石化碳资产管理办法》，成立了碳资产管理领导小组，从各部门、生产车间抽调20多名相关业务骨干组成碳盘查研究小组，经过15天封闭研究，确定了企业温室气体排放核算办法，为完成碳资产管理奠定了基础。

茂名石化公司碳资产主管部门根据每年生产经营计划及新建项目投产计划情况，测算年度碳排放量，结合广东省履约账户碳配额年度结余量、下一年度免费配额发放量，包括使用的CCER抵扣数量，优化编制年度履约方案。根据年度碳配额履约方案，制定年度碳交易计划及成本预算计划，由碳交易工作组执行。茂名石化公司每年均按要求完成广东省碳配额履约任务。

茂名石化公司紧盯市场，制定碳交易策略。碳交易操作人员密切跟踪广东省碳交易市场的变化情况，及时向碳交易工作组提出分析及评估报告，以完成履约为时间节点，以成本最低为交易原则，制定碳交易操作方案，确定交易的时间段、交易价格区间及数量等，碳交易操作方案经审核批准后由碳交易操作人员择机进行交易。

茂名石化公司加快淘汰落后产能及高耗低效设备工作，关停了能耗高的1＃催化裂化、催化重整等落后产能装置，并按国家《在用低效电机淘汰路线图》的要求，提前完成了所有落后电机淘汰工作。通过加快淘汰落后产能及高耗低效设备，减少能源消耗量 14.4 万吨标煤，减排二氧化碳 35.5 万吨。

同时，茂名石化公司不断优化能源结构。根据煤制氢装置投产后燃料供求变化，茂名石化优化锅炉燃料消耗结构，增大锅炉清洁能源消耗比例，在同工况下，减少煤炭使用量 8.2 万吨，减排二氧化碳 2.9 万吨。积极开展蒸汽替代燃料气（油）的技术攻关，在轻质酮苯、重质酮苯、3 号糠醛和白土精制等装置实施蒸汽代替燃料改造，合计减少燃料气（油）消耗 1500t/a，减排二氧化碳 0.46 万吨。

茂名石化公司持续推进“能效倍增”计划，加大节能减排资金投入，重点推广应用了裂解炉样板加热炉技术，循环水系统整体节能优化，低温热利用技术，冷凝水、乏汽回收，烟气余热回收相变换热器等一大批新技术、新材料和新设备，节能减排效益显著。“十二五”期间，累计实现节能量 50.91 万吨标煤，减排二氧化碳 125 万吨；其中茂名石化公司通过自筹资金，累计投入 4.1 亿元，建成节能项目 71 个，实现节能量 11.4 万吨标煤，减排二氧化碳 28 万吨。

5-7 浙江巨化公司是如何实施碳资产管理的?

为把握千亿级的中国碳排放市场历史性的发展机遇，巨化公司在几年前就成立了专题工作小组，研究和推进利用碳交易提升公司碳资产管理效率、明确碳减排举措，为低碳时代的到来做好企业碳资产管理等准备工作，致力于成为全国化工行业碳资产管理和谋划的典范企业。

巨化公司是我国首家实施二氧化碳排放权交易的氟化工企业，早在 2003 年，巨化公司就开始接触《京都议定书》下的清洁发展机制（CDM）。2006 年 3 月巨化公司第一套 HFC-23 分解 CDM 项目在联合国气候变化框架公约下注册成功，该项目是我国政府批准的第一个 HFC-23 分解 CDM 项目，也是第一个在联合国气候变化框架公约成功注册、第一个获得减排量签发的中国 HFC-23 分解 CDM 项目。公司自开展 CDM 项目以来，每年约减排 1000 余万吨二氧化碳，项目减排量在世界 HFC-23 类 CDM 项目中排名第一。该项目对企业应用先进的氟化工环保治理技术支持氟化工可持续发展，以及有效提高公司业绩等方面都产生了积极影响。

2013 年我国 CDM 项目第一计入期相继到期后，国内大部分 HFC-23 减排 CDM 项目由于失去国际上经济支持，销毁 HFC-23 一度受到影响，新建的 HCFC-22 装置运行要自行解决 HFC-23 焚烧装置所需的建设和运营资金，国内自愿减排（CCER）也没有实质性进展。在此背景下，公司坚持秉承国际公约精神，积极践行企业社会责任，承担温室气体减排义务，自觉保持二套 CDM 焚烧装置运行，在国际履约的广度和深度上都迈上了新的台阶，提升了中国企业的国际形象，扩大了企业的整体影响力，取得了良好的经济效益、社会效益和生态效益。2015 年，巨化公司又在下属公司分别新建 HFC-23 分解处置项目，对公司的 HFC-23 予以处理，大幅减少碳排放。

为鼓励继续实施 HFC-23 的焚烧和转化利用，国家采取补贴方式鼓励相关公司继续实施 HFC-23 的销毁处置。2015 年，在中央下达的预算内资金重点支持 HFC-23 焚烧、转换和回收利用的项目中，浙江省有 6 个项目获得资助，其中巨化公司就占 2 个。

多年来，巨化公司利用清洁发展机制主动减排二氧化碳，对应用先进的氟化工环保治理技术支持氟化工可持续发展，以及有效提高公司业绩等产生了积极的影响。2015 年经核证并通过专家评审的项目减排量达到1019.15万吨二氧化碳当量，按照国家发改委政策文件和2015年度的减排补贴标准，企业可以获取项目补贴资金3567万元，这将是巨化股份继2015年8月列入氢氟碳化物（HFC-23）销毁处置中央财政补贴资金范围，补贴金额3380万元后又一次获得的国家财政补贴。

为了积极践行企业社会责任，为减缓全球气候变化做出更大的贡献，2016年，巨化公司从本身的技术要点出发，结合HFC-23的物理特性以及国内监测方法学、基准线方法学、核查核证要求、模式和程序等相关规定，利用现有的工艺设备，成功收集储存了一批液相HFC-23。同时，配套建设2015年中央预算内投资的氢氟碳化物削减的重大示范项目，包括氟化公司2400t/a HFC-23焚烧项目、兰氟公司900t/a HFC-23焚烧项目，均采用专有的焚烧工艺技术，已经如期建成投产，将全部HCFC-22生产过程中的副产物HFC-23焚烧处置。

2014年11月起，国家发改委组织开展三氟甲烷（HFC-23）的销毁处置并安排相关的中央预算内投资和财政补贴，支持HFC-23的焚烧和转化利用，并将在2019年年底前分年度对HFC-23处置设施运行进行补贴。随着巨化公司新建HFC-23焚烧项目投产，2017年所获得该项国家财政补贴将有望大幅增加。

针对碳减排的持续升温，巨化公司将牢牢抓住千亿级碳排放市场机遇，加快向低碳和气候适应性经济转型步伐，努力在“十三五”期间打造一个“实体基地化、产业四新化、运营智能化、生产绿色化、开放国际化”的新巨化。

5-8 首钢是如何提升碳排放管理能力的?

首钢积极履行社会责任，自觉维护企业形象，在北京市2013年、2014年两个履约年度，旗下单位全面完成了碳排放报告报送及履约工作。同时，出售富余碳排放权配额两年共创收1948万元。2015年度，据首钢碳排放参与单位由7家重点排放单位、4家报告单位，增加到8家重点排放单位、5家报告单位，碳排放管理能力不断提升。

开展碳排放权交易是企业节能减排的重要措施，通过摸清企业自身的碳排放情况，量化和报告企业的温室气体排放等环节，为企业开展节能减排工作奠定基础。首钢长期以来高度重视节能减排工作，围绕北京市开展的碳排放试点工作，重点抓好顶层设计，修订完善《首钢总公司碳排放权交易管理办法》，进一步规范管理体系和流程，提高市场响应速度。在加强能力建设上，积极搜集研究国家、北京市及行业碳交易相关政策文件、市场走势，并结合集团内部工作进展，编发内部通讯刊物，实现了集团信息共享，提升了企业碳资产理念。首钢专业部门积极指导报告单位、重点排放单位按时限完成年度排放报告报送及履约工作。与此同时，积极关注碳市场变化，做好预判，建立协同联动交易机制，全力协调各重点排放单位参与交易。

碳排放权交易是碳排放管理工作的重要环节。北京是碳排放权交易试点省市之一，首钢作为北京市国有企业高度重视碳排放权交易，组织旗下13家单位从北京市试点工作中吸取经验，积极落实减排，努力降低成本，获取潜在收益。

随着国家碳排放权交易市场建设加速推进，相关政策、制度和办法等文件陆续出台。对于钢铁企业来讲，碳排放躲不过、绕不开，必须做。首钢积极应对全国碳市场，引导旗下钢铁基地及早谋划，掌握相关规则，摸清家底。总公司能源环保部组织进行全集团范围内的碳排放权交易工作培训，并模拟全国碳交易操作，逐步培养懂现场工艺技术、懂碳排放相关业务的专业人员，提高自身能力，主动适应国家碳排放权交易工作，找出节能减排的环节和空间并实施减排措施，为参与碳交易、获取潜在经济收益奠定碳管理能力基础，努力在未来全国碳市场上有所作为，为企业的发展作出新的贡献。

据首钢能源环保部相关负责人介绍，在具体工作中：一是搜集研究国家、北京市及行业碳交易相关政策文件、市场走势，并结合集团内部工作进展，2014 年 10 月开始编发《首钢碳讯》，实现集团信息共享，提升企业碳资产理念；二是按照北京市发改委下发的《关于进一步做好 2014 年碳排放权交易试点有关工作的通知》要求，指导首钢 4 家二氧化碳报告单位（首钢医院、首建集团、北冶功能材料、首运物流公司）全部按照北京市规定时限完成网上填报，并向市发改委提交了纸质版报告。首钢 7 家重点排放单位（首钢总公司、首钢冷轧公司、首钢氧气厂、首钢微电子、首钢实业公司、首钢机电公司和首钢吉泰安公司）按时限完成了年度排放报告的网上填报、核查及第三方核查报告的报送工作。首钢集团旗下 7 家重点排放单位已全部按时限完成了履约，维护了企业良好社会形象。三是积极关注碳市场变化，做好预判，建立协同联动交易机制，全力协调各重点排放单位参与交易。

随着国家碳排放权交易市场建设加速推进，相关政策、制度和办法等文件陆续出台。能源环保部有关负责人表示，下阶段的工作将更艰巨，在总结首钢碳排放管理工作的基础上，要继续发挥《首钢碳讯》期刊的平台作用，及时发布、解读最新政策信息、市场动态等资讯，进一步加强集团碳排放管理基础能力建设。同时积极引导钢铁基地及早谋划碳排放工作，包括政策研究、历史排放碳盘查、碳排放 MRV 体系学习建立等基础性工作。

5-9　韩国浦项钢铁公司采取了哪些措施降低碳排放？

韩国浦项钢铁公司对碳减排非常重视，其碳减排经验可供借鉴。

（一）碳排放情况

韩国浦项钢铁公司（以下简称浦项）拥有浦项厂和光阳厂，其温室气体主要产自钢铁生产过程。2015 年，浦项二氧化碳产生量是 7234 万吨，相比 2014 年的 7524 万吨下降 3.9%。2015 年，浦项粗钢产量 3797 万吨，相比 2014 年的 3765 万吨增加 0.9%。由此计算，2015 年浦项吨钢二氧化碳排放量是 1.91t，相比 2014 年的 2t 下降 4.5%，在 2007～2009 年，其吨钢二氧化碳排放量是 2.20t。浦项二氧化碳排放强度之所以下降，主要归功于浦项内部实施排放交易计划，通过技术手段持续减少能源消耗的结果。另外，通过应用高强钢等产品，在社会实现的间接减排作用也很明显。2015 年，浦项通过扩大具有能源效率钢材的应用减排二氧化碳 576 万吨，例如高强钢能使车辆更轻，从而提高汽车燃油效率，低铁损的电工钢能提高电机和变压器能效。另外，高炉渣作为替代水泥的环境友好型产品，可以降低二氧化碳排放 769 万吨。

（二）提高能效路线图

浦项通过技术手段提高能效，降低二氧化碳排放主要分为三个阶段：第一阶段（1999～2008 年）主要是投资大型热回收设备，积累节能技术，该阶段投资 1.43 万亿韩元；第二阶段（2009～2015 年）主要是在中小节能项目上投资，开创智能工业技术；第三阶段（2016～2020 年）是将独有的能源创新性技术实现商业化应用。后两个阶段要再投资 7500 亿韩元（2010～2020 年）。由于韩国国内和国际上有关碳排放的相关规定呈现更严趋势，浦项正计划通过提高现有废热回收设备的效率，例如 CDQ、TRT 等，以及在中小工厂应用新技术等措施进行减排。目前浦项正计划引进最新的能源回收技术，以回收电炉、热轧加热炉和新的 FINEX 工艺炉余热。随着现有商业化技术对能效的提升已经达到一定限度，浦项将加快中长期能源创新技术的开发。浦项的目标是通过持续自主开发，到 2020 年将独创的能源技术实现商业化，例如以回收未利用的中低温余热的卡林那循环发电技术。

（三）主要节能措施

（1）副产煤气利用　钢铁生产过程中排放的大多数气体，例如高炉煤气、焦炉煤气、转炉煤气、FINEX 煤气等已经实现回收利用。浦项厂和光阳厂通过能源回收设备例如 CDQ、TRT 和 LNG 联合循环发电设备所提供的电量占其总用电量的 63%。

浦项厂 2013 年和 2014 年分别有两座煤气联合循环发电设备投产，目前仍在运行，虽然节能，但是燃料供应并不顺利。为将低热值的高炉煤气作为燃料，浦项开发了一项技术，用具有高热值的焦炉煤气和 FINEX 煤气作为辅助燃料，从而保证燃气具有一定的热值。

（2）提高加热炉燃烧效率　近年来，浦项通过标准化管理，改进管道结构，使散热最小化，改进过程控制，改进氧枪喷头技术等提高加热炉效率。2015 年，浦项对热轧厂、炼钢厂和线材厂所有 19 座炉子进行了诊断。

（3）智能工厂　智能电网融合了电网和新一代信息技术，使电厂和消费者可以实现互通。通过实时信息交换，使能效进行优化。2015 年，浦项开发了一个模型，在特定条件和设备的历史数据下，能够分析运行数据和质量缺陷。下一步浦项将基于物联网，在 2017 年建造一个智能工厂。

（4）节能型照明系统　浦项厂和光阳厂对线材厂的照明系统安装了远程定时装置，只在需要的时候自动开启照明系统，此举每年为浦项节约 9 亿韩元。2015 年，浦项和光阳厂将 16 万支灯换成 LED 灯，2016 年计划再安装 6 万多个。

（5）带直接加热模型烧嘴的脉冲燃烧技术　2012 年以来，浦项成功开发了脉冲燃烧技术以减少燃烧设备氮氧化物产生量，提高燃烧效率。这项技术提高了热传递和效率，减少燃料消费 3%，减少氮氧化物排放 30%以上。2014 年，浦项在炼铁厂和炼钢厂完成了应用测试，2015～2016 年将对线材厂的加热炉进行测试。

（四）原创技术的开发

（1）氨水捕集煤气中二氧化碳的技术　浦项正在开发利用氨水吸附和分离高炉煤气中二氧化碳的技术。钢厂产生的中低温余热作为使二氧化碳循环的一种能源，使以较低的成本分离二氧化碳成为可能。2015 年底，浦项完成了试验厂的工艺优化，完成每年捕集二氧化碳 30 万吨的商业化设备的设计。该技术将被应用在电站。所有捕集的二氧化碳将被用于焊接、农业和干冰生产。

（2）通过变压吸附法分离煤气中一氧化碳和二氧化碳的技术　低碳炼铁技术和废气利用是钢铁工业应对气候变暖的关键。2011 年以来，浦项一直在开发理想的分离工艺和吸附剂，以通过变压吸附法（PSA）分离煤气中的一氧化碳和二氧化碳。浦项在该项目的第一阶段建立了一个 $1m^3/h$ 的试验设备，试验结果是一氧化碳纯度达到 99%以上。2015 年，浦项为优化分离工艺，对所开发的一种吸附剂进行了测试，并开发了数字化模型。

（3）基于卡林那循环的中低温余热发电　中低温余热发电是通过利用中低温余热资源（100～300℃）发电的技术。浦项从 2011 年起就进行了卡林那系统的开发。2013 年，浦项在光阳厂 5 号烧结机上安装了一台试验用卡林那系统，目前通过性能优化完成了 600kW 标准模数，并对长期运行进行了评估。2016 年，浦项将投资用于开发电力消耗最小化的工程技术和达到兆瓦级的大型化设备，以及将这一系统首次应用到韩国地热电站项目。

（4）采用熔融盐作为传热介质的余热回收技术　虽然加热炉产生的热具有丰富的能量，但是由于技术和经济原因，中低温热流的回收并不成功。浦项正在开发采用熔融盐作为传热介质的余热回收技术。熔融盐作为热媒，关键的一点是其在高温下性能稳定。根据温度水平可以选择不同的熔融盐，最高温度可达到1000℃，由于沸点高，所以不需要高压系统。特别是如果将熔融盐用于非连续热源生产蒸汽，其蓄热能力使连续生产成为可能，不需要一个独立的蒸汽储存设备，这是该技术的关键。2015年，浦项对热交换器进行设计，并进行仿真研究。2016年，浦项将继续在非连续热源（例如电炉）方面进行研究。

5-10 水泥生产碳减排的主要途径有哪些？

水泥生产过程产生的温室气体排放约占全球人类活动排放的5%，我国水泥行业排放的CO_2已占全国CO_2排放总量的14%～15%，控制CO_2排放是水泥工业面临的严峻挑战，也是实现水泥工业科技进步的重要机遇。

（一）水泥生产过程 CO_2 排放

水泥生产包括原料开采及运输、生料和燃料制备、水泥熟料煅烧、水泥制备及发送、余热发电、辅助生产工艺过程、生产管理等多个工艺环节，涉及运输、破碎、粉磨、煅烧等工艺设备，这些工艺环节和设备都需要消耗一定量的电能或热能，造成CO_2排放。

水泥生产过程CO_2主要排放源（见表5-2）：

（1）熟料煅烧过程石灰质原料分解产生的排放；

（2）各种燃料燃烧产生的排放；

（3）电力消耗产生的排放，包括矿山开采、生料制备、熟料煅烧、水泥制成、生产管理等过程。

表5-2 水泥生产各工艺过程 CO_2 排放量

工艺过程	CO_2排放量/(t/t熟料)	占CO_2排放总量比例/%
原料分解	0.530	55
燃料燃烧	0.310	32
电力消耗	0.095	13
总计	0.726	100

（二）水泥生产过程 CO_2 减排技术

水泥生产碳减排途径可分为生产工艺碳减排、生产能耗碳减排、新技术碳减排三个方面。

（1）生产工艺碳减排　生产工艺CO_2排放是指能耗消耗之外的生产过程产生的碳排放，主要指石灰质原料中碳酸盐矿物分解产生的CO_2排放。采用碳排放强度低的原料代替石灰质原料生产水泥熟料可以减少相应的工艺碳排放。可利用的替代原料包括电石渣、高炉矿渣、粉煤灰、钢渣等。

（2）生产能耗碳减排　水泥生产燃料和电力消耗都会产生能耗CO_2排放，提高能源利用效率，水泥工艺技术水平可显著减少能耗CO_2排放。

采用替代燃料是实现能耗CO_2减排的重要途径。替代燃料是具有较高热值的废弃物，经加工处理后，其能源组分可代替传统化石燃料用于水泥熟料的煅烧。

水泥生产过程伴随着电力消耗，生料磨、水泥磨、风机等设备都是主要耗电单元，粉磨设备的电耗约占全部电耗65%～75%，采用高效粉磨技术，可显著降低粉磨电耗，减少能耗CO_2排放。

余热发电技术是水泥行业提高热效率的有效措施，通过余热锅炉将窑头、窑尾排放的大量废气余热进行热交换回收，产生过热蒸汽推动汽轮机实现热能向机械能的转换，从而实现发电机发电。碳减排效果明显。

（3）*新技术碳减排*　生产工艺、生产能耗碳减排都是从源头治理方面减少 CO_2 的排放，为大幅度减少 CO_2 排放，还可以从末端处理角度对水泥工业排放的 CO_2 进行分离、捕集、封存、固定转化等。

（三）水泥企业碳减排案例

为推动水泥行业向低碳、环保、可持续方向发展，减少水泥在生产、使用、包装、运输和处置过程中的 CO_2 排放，国内各大水泥集团的优秀企业积极开展节能减排技术改造，大力提升生产工艺技术水平，显著减少生产过程和单位产品的 CO_2 排放，有力促进水泥行业的绿色转型。

中国建材集团南方水泥下属某公司自有石灰石矿山品位低，难以配料生产，自 2009 年起采用电石渣进行配料，促使窑系统稳定运行，熟料煅烧质量显著改善，同时显著减少工艺 CO_2 排放。根据二氧化碳排放量计算方法，以电石渣替代 10%的石灰石作生料配料，以电石渣中 CaO、MgO 含量分别为 66%、0.15%计算，可得采用电石渣后吨水泥熟料减少 CO_2 排放约 35kg。由于窑系统稳定运行，熟料产量提高，烧成热耗显著下降，同时减少了生产能耗 CO_2 排放。通过采用替代原料技术，该公司年减排 CO_2 近 3000 万吨。

湖北华新水泥在水泥行业率先推动并开展可替代原料、可替代燃料和余热发电等节能减排解决方案，实现从传统水泥生产企业向绿色环保企业转型。目前，华新水泥运行和在建的环保工厂 20 家，利用水泥窑协同处置废弃物能力已达到 548 万吨/年。目前，公司年处置生活垃圾 50 万吨，节约标煤约 10 万吨，减少 CO_2 排放约 23 万吨。

葛洲坝水泥加大节能减排投入力度，2014 年投资各项技术改造费用逾 7000 万元，旗下 7 条窑线公司全面完成脱硝技改，并投入运行，每年可减排 4000 吨氮氧化物。通过技术管控和精细化操作，全年公司余热利用率提高 7.6%，吨熟料余热发电较上年提高每吨 2kW·h，全年超额发电约 2400 万千瓦时；全年吨水泥综合电耗同比下降 0.38kW·h；与此同时，公司吨熟料标准煤耗下降 1.5kg，与 2013 年相比吨熟料碳排放量下降约 2%。

5-11　国际水泥行业如何进行 CO_2 排放控制及减排？

（一）国际水泥行业 CO_2 排放控制

据世界水泥可持续发展倡议行动组织（CSI）统计，目前国际熟料 CO_2 排放系数平均值为 853kg/t 熟料，单位水泥 CO_2 的排放系数约为 0.55～0.95kg/t。

面对巨大的水泥产量及 CO_2 排放量，各个国家或地区采取了诸多措施来缓解水泥行业 CO_2 排放量的持续增长。

在水泥标准方面，美国现行 ASTM 标准允许一定条件下在水泥中掺加部分混合材，而之前的标准一直不允许混合材掺入。

美国的“美国能源之星计划”对提高水泥行业能源效率，降低单位产品 CO_2 排放量具有显著促进作用。该计划为包括水泥行业在内的特定工业部门建立了企业能源性能指标—EPI，并为企业提供免费测试。

欧洲水泥标准将通用水泥分为 5 大类，并规定了每类水泥中混合材的最大掺量。从 2000 年到 2010 年欧洲水泥品种的变化情况，可知允许混合材掺量<5%的 CEM Ⅰ类水泥有

明显下降，而这对减低单位水泥 CO_2 排放量有促进作用。

欧盟碳排放交易体系（EU-ETS）、发达国家工业部门采取的自愿协议对降低水泥行业 CO_2 排放量均有显著促进作用。国际大型水泥公司也采取了相关碳减排措施，见表 5-3。

表 5-3　国外大型水泥公司采取的碳减排措施

水泥公司	碳减排措施
Holcim 豪瑞	研发低碳长寿命水泥产品；生产复合水泥，降低普通波特兰水泥的比例；增加废弃物的循环利用；提高能源利用效率；使用替代燃料；降低水泥产品中熟料的比例；对可持续性建筑方面进行研发；制定集团内部的环境政策以及原、燃料使用政策；设立可持续建筑基金
Lafarge 拉法基	降低能耗；采用先进工艺技术以及对现有工艺进行改造，以适应使用替代能源；使用替代燃料；使用工业废渣；研发新型混凝土；可持续性建筑方面的研发
Cemex 西麦斯	提高能源效率；使用替代原料；使用替代燃料和可再生能源；研发碳捕获与储存技术；进行 CO_2 排放审计；对可持续性建筑方面进行研发
Heidelberg 海德堡	提高能源效率；降低水泥产品中熟料的比例；使用替代原、燃料；循环利用废物；研发碳捕获与储存技术；可持续性建筑方面的研发；采用环境管理系统；发布可持续发展报告
Italcementi 意大利水泥	使用替代原、燃料；降低水泥产品中熟料的比例；研发硫铝酸盐水泥熟料；采用微海藻捕获 CO_2，并转化为生物质能；研究采用电解还原法将 CO_2 转化为甲醇；采用工业副产品等循环利用材料作为混凝土骨料
Taiheiyo 太平洋水泥	提高能源利用效率；降低水泥产品中熟料的比例；使用替代原、燃料；循环利用废物；研发生态水泥；降低运输过程中 CO_2 的排放量

（二）国际水泥行业 CO_2 减排技术

国际水泥行业 CO_2 减排技术主要集中在以下几方面：优化水泥制备工艺，减少煅烧热耗和生产电耗；应用替代燃料，减少燃料燃烧 CO_2 排放量；减小单位水泥中熟料的比例，降低整体 CO_2 排放水平等。

（1）*工艺过程技术*　“筒-管-炉-窑-机”是熟料煅烧的核心设备，近年来国际上围绕上述核心设备的技术研究和开发工作包括新型低压损旋风筒、适用于二次燃料使用的分解炉、两档短窑和旋转盘式冷却机。

针对水泥行业二次燃料处置种类的增多和处理量的增加，国际水泥行业针对传统分解炉进行了诸多改造。通过应用计算流体力学（CFD）相关软件对分解炉进行模拟分析，有助于详细了解分解炉内部的工艺过程，实现分解炉的高效运行。

除熟料煅烧外，粉磨工序也消耗了大量能源，新型高效粉磨技术始终是国际水泥行业研究热点。除 OK 磨机、非凡 MVR 立磨外，作为世界第一台磨辊驱动式磨机，TKRT 公司开发的 Quadropol RD 立磨吸引了全球目光。与传统磨盘驱动式磨机相比，Quadropl RD 磨机具有以下优点：更强的喂料粉磨能力、低功率和低齿轮扭矩、高运行稳定性。

（2）*替代燃料技术*　替代燃料的应用包括以下步骤：废弃物鉴别和相关特性分析、处置方式的确定、废弃物储存、预处理、燃烧、燃烧后监测等。针对不同废弃物类型、热值、水分、表面积等，处置技术有较大差异。

针对大颗粒和未处理物料，结合分解炉开发的预燃技术是一种有效的处理方式。虽然该技术建造成本较高，但针对特定的废弃物其可运行时间较长。如在德国 Rudersdorf 水泥厂针对废弃物处置建设的流化床热解系统已投入使用数年，并取得了很好的效果。

（3）*其他方面*　国际水泥行业在新型低碳水泥研发、降低水泥中熟料比例、CO_2 捕集和贮存（CCS）技术、水泥水化基础研究等方面也取得了诸多成就。如针对降低熟料系数，国际水泥行业在提高混合材活性、优化水泥中颗粒的级配、开发高掺量混合材的新型水泥、研发各种用于提高水泥混凝土的外加剂与改性剂、开拓纳米技术在水泥基建材中的研究应用等方面进行了广泛研究。

5-12 建筑卫生陶瓷企业碳减排的主要途径有哪些?

我国陶瓷产量大，资源、能源消耗多，碳排放量大，因此，在“十三五”及未来的发展中，必须坚持低碳发展的方向，努力采取措施降低碳排放。陶瓷企业减少碳排放的主要措施有产业结构调整、技术进步、能源结构调整、加强能源管理等方面。

(一) 产品结构调整

加快推进陶瓷砖产品薄形化发展，减小瓷砖厚度，通过单位面积产品重量的降低，可达到节约资源和能源、降低碳排放的目的。

卫生陶瓷产品减量化发展，减少大连体坐便器、立式小便器、大型挂式小便器等的体量及比例，在满足生产工艺要求的前提下适度减薄坯体厚度，降低原料消耗，从而降低烧成过程的能源消耗，缩短烧成时间。

调整产品品种结构，降低高能耗产品的比例，实现节能减排。陶瓷砖产品减少大规格抛光砖的比例，鼓励发展仿古砖、釉面砖和陶瓷板等产品。卫生陶瓷降低大体量、豪华型连体坐便器、大型立式小便器等产品在总量中所占比例，实现能源消耗降低，减少碳排放。鼓励高附加值知名品牌产品发展，减少低档产品比例；限制低档产品、贴牌产品出口，鼓励自主品牌的高附加值产品出口，降低单位产品的产值能耗与碳排放量。

(二) 通过技术改造和创新减少能源消耗降低碳排放

推广节能工艺技术，从建筑卫生陶瓷生产的各环节入手，促进节能降耗。如：①原料制备车间连续粉磨、干法制粉工艺，具有显著的节能效果，达到减少碳排放的目的；②陶瓷砖一次烧成工艺或者“一次半烧”工艺，即900℃左右低温素烧，加高温釉烧工艺，比传统的两次烧成工艺节能；③建筑卫生陶瓷的低温快烧工艺通过更低温的配方和控制技术参数，取得较好的节能效果，从而减少碳排放。

加快节能技术改造，推广使用节能装备。如：①利用陶瓷烧成的辊道窑和窑车式隧道窑产生大量余热，冷却带的回收余热得到的洁净热空气，可直接用作助燃空气，提高窑炉燃烧效率，节约燃料消耗。另一方面，可用于坯体干燥、石膏模的干燥和喷雾干燥制粉。②用大规格节能型设备对现有生产线进行改造。新型大吨球磨机的生产效率高，单位产品能耗低，大大降低原料加工设备的动力消耗。6000－7000型大型喷雾干燥塔单位电耗节省10%左右；大吨位节能型压机吨位大、压力高、生产效率高、平均单位电耗低。③窑炉改造重点体现在智能化控制水平提高，耐火保温材料改进，烧嘴的改进上，以及整个窑系统和控制的优化，进一步降低单位产品热耗，实现节能、减少碳排放。④探求更新的低碳节能技术，如余热发电技术及热电联合生产，使能源得到更充分的利用，减少碳排放。

(三) 调整和优化能源结构实现碳减排

建筑卫生陶瓷行业具有能源结构多样性特点，不同能源燃烧产生的碳排放量差别较大。在满足经济效益和环境效益的前提下，调整和优化能源结构，采用清洁能源可降低二氧化碳排放量。

采用清洁燃料就能实现明焰裸烧，由此可达到烧成热耗最低、产品质量最好、能源燃烧产生的二氧化碳相应较少。

鼓励开发和推广使用电能为动力的设备或工艺，如微波干燥电加热系统等，减少一次能源消耗对减少碳排放有重要意义。

(四) 加强能源管理，提高能效减少碳排放

只能实施严格的能源管理，才能确保能源最经济、最大限度地发挥作用。能源管理应从企业层面出发，严格做好以下工作：一是建立健全能源管理机构，负责全厂能源消耗的计划、监测、能耗分析、节能措施制订；二是配备相应的能源消耗监测设施，连续测定工厂、车间、工序等各部分的能耗量；三是分析数据确定节能目标；四是找出节能措施，并进行技术经济分析，不断改进企业能耗状况。

建筑卫生陶瓷低碳化生产是企业可持续发展的必由之路，企业应采用先进技术及工艺设备，不断调整产品结构，加大低碳产品的市场开拓，不断挖掘建筑卫生陶瓷生产过程的碳减排潜力，走科学可持续发展道路。

5-13 青岛啤酒的低碳方案包括哪些内容？

在中国食品业 28 个子行业中，啤酒属高消耗高排放行业，高投入、高消耗、低产出，具有典型的“外延型增长模式”。欧美发达国家常以此为由，通过“碳关税”、“碳交易”限制我国啤酒企业产品出口，大大降低了国内啤酒产品在国际上的竞争力。

面对内忧外患的形势，如何有效控制和减少温室气体排放，最大限度减少对环境的负面影响，同时创造经济效益，提升企业的竞争实力，已成为青岛啤酒（以下简称青啤）的长期挑战。

(一) 青啤的解决方案

青啤实施低碳管理，建立低碳运营模式，力争成为未来低碳经济的领跑者。

(1) *温室气体盘查奠定低碳管理基础* 青啤与中国标准化研究院、中国质量认证中心分别签订“温室气体盘查项目”咨询协议与“温室气体审定与核查”认证协议，是啤酒行业第一份“低碳研究协议”。“温室气体盘查”是针对企业所有可能产生温室气体的来源，进行排放源清查与数据搜集，以了解企业温室气体排放源及量化所搜集的数据信息。

2010 年 4 月，青啤二厂成为中国酿酒行业第一家“中国酿酒工业低碳体系（ISO 14064）试点单位。在此基础上，青啤开始在 56 家工厂全面推进该项目，明确温室气体排放总量，识别各工厂温室气体减排的关键环节，为持续减少温室气体排放提供了科学依据，迈出实现低碳管理的第一步。

(2) *工艺过程能源回收实现低碳高效* 青啤在生产工艺中的温室气体排放主要来自电力消耗、化石燃料燃烧、酿造工艺过程和废水处理过程四个环节。对此，青啤采取了一系列行之有效的措施，其中最为典型、独具青啤特色的措施为余热制冷、谷物燃烧替代和二氧化碳“零采购”。

① 余热制冷 啤酒生产过程中需要消耗大量蒸汽，这些蒸汽在常温下会冷凝为水，同时释放热量。青啤通过成功试验“余热制冷”项目，利用冷凝水的余热在夏季生产冷却麦汁用的冰水，在冬季为厂区提供采暖，极大地降低了电力消耗。

② 谷壳燃烧替代 青啤随州公司根据工厂所在地谷壳原料丰富的资源优势，将链条锅炉改动，加装一台植物燃烧机，在不改变锅炉主体和燃煤功能的情况下，利用谷壳替代原煤生产蒸汽，使之变成燃烧谷壳的锅炉，减少了化石燃料燃烧。

③ 二氧化碳“零采购” 二氧化碳是啤酒发酵过程中产生的副产物，每吨啤酒在发酵过程中可产生约 20kg 的二氧化碳。而啤酒的罐装过程又需要二氧化碳，从前对于需要的二

氧化碳会进行采购。但近十年来，青啤在生产过程中实行二氧化碳闭环管理，全面推广和普及二氧化碳回收与提纯技术，将发酵过程中的二氧化碳进行收集、压缩、干燥、冷却、液化、储存，最终回用于啤酒灌装过程，既减少了温室气体排放，又降低了生产成本。

（3）“碳官”培养工程储备低碳运营人才　青啤在2010年组织11次培训，培养专业“碳官”人才，受训人数达330人。部分人员已经具备独立完成温室气体排查和碳核算的能力。碳官这项全新的事业，将会成为青啤未来的核心竞争力之一。

（二）成效

（1）环境效益　青啤秉承“好心有好报”的朴素环境观，通过实施余热制冷项目，每年夏季可节电70余万度；冬季可节省蒸汽5000余吨，折合标煤650t；通过采用谷壳燃烧替代，减少了化石燃料燃烧，相当于节约标煤2349t，实现年减排二氧化碳3万多吨；青啤已有11家工厂实现二氧化碳“零采购”，年回收二氧化碳10.11万吨，以一颗30年冷杉树年吸收二氧化碳111kg计算，相当于青啤种植了116万棵冷杉树。

（2）经济效益　青啤的低碳管理，不仅实现了碳减排，而且建立了一个低消耗、低污染、高产出的经济模式，在获取环境效益的同时，创造了经济效益。青啤的资源综合利用价值逐年递增，由2008年的1.07亿元增长至2012年的2.37亿元，实现翻番。

（3）社会效益　2008年到2012年，青啤共投资4亿多元用于低碳相关项目，通过对生产流程和服务过程的各个环节进行改进，在业界率先摸索出了一条低碳经济时代的价值创造新模式。这已不仅仅是某些具体的低碳措施，而是上升为一个链条，一个体系，关系到企业运营的方方面面。青啤负责任的价值创新，体现出百年企业追求创新、不断变革的价值观和使命，同时也为整个行业的发展树立了低碳经济的标杆，进一步促进了行业的技术革新，引领中国更多啤酒企业加入到低碳发展的潮流中。

5-14　航空运输企业如何实施碳减排？

航空运输企业一直是国际上高度重视的碳减排行业。欧盟曾宣布，从2012年1月1日起，将国际航空业纳入欧盟碳排放交易系统，届时，全球4000多家经营欧洲航线的航空公司须为碳排放支付碳税，此举遭到中国、美国、俄罗斯、印度、日本、巴西、南非等国强烈反对，最终未能实施。

但在2016年10月6日，国际民航组织在第39届大会气候变化谈判中通过了《国际民航组织关于环境保护的持续政策和做法的综合声明—气候变化》和《国际民航组织关于环境保护的持续政策和做法的综合声明—全球市场措施机制》两份重要文件，旨在通过从2021年至2035年分阶段实施“国际航空碳抵消和碳减排计划”（Carbon Offsetting and Reduction Scheme for International Aviation，CORSIA），以期实现对2020年后国际航空碳排放的年度增长水平的控制。按照文件内容，2023年之前为试行阶段，2024年至2026年为第一阶段，2027年至2035年为第二阶段。试行期和第一阶段各国自愿参与，发达国家率先参与。第二阶段为国际航空活动全球占比高于0.5%以上的国家或国际航空活动全球累计占比90%以上的国家参与。中国航空运输业务量占比很高，也是国际上要求实施碳减排的主要国家。因此，我国在全国统一碳交易试点时就将航空业纳入首批试点行业。

2011～2015年，中国民航企业在全行业推动实施了八大类1200多个节能减排项目，总投资额近135亿元人民币（不含新飞机购置）。2015年，中国民航吨千米油耗0.294kg，较2005年下降13.5%。

事实上，中国民航企业是参与国内碳交易试点的先行者。在 2013 年，上海就已率先将航空业纳入控排范围，包括春秋航空、东方航空及其子公司、吉祥航空等在内的国内民航企业已连续 3 年参与试点碳市场运行，积极配合主管部门完成碳配额履约清缴，达成规定承担的碳减排任务，同时积累了丰富的碳配额二级市场交易经验。

为了努力实现碳减排，国际上各航空公司联手飞机制造商实施了一系列创新的节能减排举措。

（1）制造更节油的飞机　航空运输业减少碳排放，飞机和发动机制造商是真正的幕后英雄。历史经验表明，每代新机型平均比上代机型节油 15%～20%。2000～2014 年，因新机型投入使用，美国在航空运输量增长了近 20%的情况下，碳排放总量却减少了 8%。

（2）多管齐下为飞机减负　除了更多地采用复合材料降低机身重量外，航空公司也在想方设法地为飞机减负。

（3）推广电子飞行包　电子飞行包在成为波音 787 飞机的标配后所带来的好处显而易见，一个 iPad 只有 0.5kg 左右的重量，而借此可以替代的飞机上的纸质航图、手册等飞行资料的重量达 20kg 以上。

（4）选购轻型机上设备　如汉莎航空选购的新型轻薄座椅，不仅增大了乘客的腿部空间，还实现 30%的减重，全年可减少碳排放 2.1 万吨。

（5）3D 打印节约原材料消耗　空客将 3D 打印技术应用于 A350XWB 零部件的制造中。一些采用传统加工工艺生产的零部件可能会有 85%～95%的原材料损耗，而使用 3D 打印技术可使原材料损耗下降至 5%～10%。此外，由于 3D 打印技术可以大幅优化零部件设计从而减少重量。

（6）采用先进的发动机水洗技术　普惠公司的 ECOPower 发动机清洗设备拥有整体化清洗装置，可使用雾化水膜清洗飞机发动机，并通过污水收集和净化系统进行污水的回收、过滤和重复利用。目前该设备已服务于 65 家航空公司，相比于传统的水洗工艺每年可减少 50 万吨二氧化碳排放。

（7）单发/双发地面滑行　据统计，窄体机地面滑行 3min 的油耗相当于空中飞行 1min 的油耗，飞机每年在地面滑行的油耗总量不可小觑。英国维珍航空更新了飞行员手册，在全机队推行双发飞机的单发滑行或四发飞机的双发滑行。该项目在 2014 年使维珍航空减少 2362t 二氧化碳排放。目前，国内各航空公司基本都未实施单发滑行。

（8）电动滑行　与传统的双发滑行相比，电动滑行可减少 61%的二氧化碳排放、51%的氮氧化物排放和 73%的一氧化碳排放。该项技术在 2013 年的巴黎航展上成功首秀。

（9）减少点火等待　当航班在等待离场时，飞行员难以掌握准确的起飞时刻，常常需要提前点火、提前推出，并在滑行道上排队等待起飞指令。这将无谓地消耗大量燃油。为此，欧盟大力推进机场协同决策系统（A-CDM），即通过系统使空管、机场、航空公司、地面保障部门等方面同时共享航班起飞时间，并据此高效互助完成航班保障任务，减少能源消耗。目前我国也以各区域管理局划分初步建立各自的 A-CDM 系统。

（10）生物燃油和电动飞机　采用生物燃油可降低约 60%的温室气体排放，而使用电动技术则有可能实现飞机的零排放。

5-15　机场如何实施碳减排？

机场活动的碳排放仅占航空运输业碳排放总量的 5%左右，虽然占比非常低，但机场碳排放是一个非常复杂的系统。

机场碳排放量与旅客吞吐量呈高度正相关关系，即随旅客吞吐量成比例增长。从全国范围来说，千万人次以上机场的旅客吞吐量占全国总吞吐量的近80%。因此，碳减排的重点应是千万人次以上吞吐量的机场。

机场碳排放源除飞机排放外，占比最高的是用电（热）排放，其次是地面保障车辆的排放，所以节约用电、优化能源结构、使用清洁能源是机场碳减排的主要方向。南、北方机场的碳排放源不尽相同，北方相对复杂，主要是由于北方机场冬天供暖和外购热能，以及飞机使用除冰剂，使碳排放源的种类更多一些；南方机场电力消耗比例偏高与季节特点有关。

我国机场碳减排应从以下三个方面着手：

（1）推进机场业碳排放管理机制建立　目前，许多机场甚至是大型机场仍没有专职的节能减排管理机构和专职工作人员，严重影响节能减排各项政策和措施的落实。因此，需要采取措施进一步完善自上而下的节能减排组织体系建设，并构建机场碳排放管理体系，建立与航空公司、空管系统的协调联动机制，借鉴其他行业和国外的先进经验，完善行业碳减排的政策、标准和激励措施，大力推广减碳技术，推进项目实施。同时，要加强督导，加强对各机场减碳措施落实情况的检查，制定科学的机场考核制度。另外，许多机场对碳排放管理认知度较低，有的顾虑较多。因此，必须加强碳减排教育和引导，增强机场的碳减排意识。

（2）加强碳排放相关科学研究　机场业要实施碳减排，首先就要对机场内部的碳排放进行量化。因此，相关部门需借鉴其他行业的成果，大力开展相关的基础研究和应用研究，包括碳排放量计算方法、监测、相关标准、交易机制、新技术、碳减排投入与效益分析等方面的研究，并加快培养高水平技术人才。

（3）加快推进绿色机场建设　近10年来，国内一些重要机场已经逐步引入绿色机场建设与运营的理念，将节能、减排贯穿于机场规划建设和运行阶段的各个环节。打造绿色机场是机场实现碳减排目标的解决之道。绿色理念主要体现在规划建设及运行管理两个方面。

在机场规划建设中，尽可能地节约使用土地及各种资源，各类设施形成最佳配置以减少浪费，避免出现发展瓶颈；尽可能充分利用各种自然资源，如风能、太阳能等；机场场道构型应尽可能缩短飞机在地面滑行的路线；机场的各类建筑、设施尽可能减少对能源的消耗。这对投入运行后的减排非常重要。改扩建的机场也要树立绿色理念，合理使用建筑材料，加大对新能源、清洁能源的使用力度，减少碳排放。

在机场运行管理中，主要是提高机场的运行效率，减少飞机、旅客、货邮不必要的延误和等候；应用各种新技术降低日常运行的成本及其能耗；与航空公司、空管等相关各方协调运行，营造最高效率的运行环境。

5-16　盘江集团如何通过“卖炭”变“卖碳”“害气”变“福气”获益的?

自2008年成立煤层气开发利用有限公司以来，贵州盘江集团经过八年的探索，成功从传统煤炭生产企业转型为清洁能源开发企业，开发利用威胁煤矿安全生产、导致温室效应的煤层气，变“杀手气”为“生态气”，为环保建功，为企业生财。

作为产煤大省，贵州煤层气（煤矿瓦斯）资源储量居全国第二位。然而，亘古以来，这一宝贵资源却是祸害之源，瓦斯事故引发矿毁人亡，瓦斯直接排放产生的大气温室效应是二氧化碳的25倍。

21世纪初，出现了煤矿瓦斯变害为利的历史机遇，盘江集团审时度势、抢占先机，全面启动矿区规模性瓦斯开发与利用工程，走上一条发展生态循环经济的转型升级之路。坚持数年，开拓创新，盘江煤层气开发利用公司逐渐形成瓦斯发电、余热利用、瓦斯提纯、装备制造等煤层气综合开发利用全产业链，实现了“环保建功，企业生财”双丰收。

（1）为环保建功，循环经济和绿色低碳之路越走越宽 盘江集团成为全国最大的低浓度瓦斯综合利用企业，建成全国最大的低浓度瓦斯发电集群，拥有低浓度瓦斯发电站 32 座，发电机组 182 台，装机规模 10.54 万千瓦；累计利用瓦斯 6.1 亿立方米，发电 17.44 亿度，供应矿区热水 355 万吨，节约标煤 21 万吨，减排二氧化碳 889 万吨。

（2）为企业生财，瓦斯开发利用所减排的二氧化碳变成真金白银 低浓度煤矿瓦斯发电项目成功注册联合国 CDM（清洁发展机制）项目，签约贵州首单 CCER（中国核证自愿减排）项目交易，目前全国单笔低浓度瓦斯利用减排量最大的 CCER 项目通过国家发改委备案审核。

从 2012 年挖到碳排放交易“第一桶金”至今，累计用 257 万吨碳减排量，在国内外市场换回近 2000 万元收益，其中国际交易收入 126 万欧元。

2008 年至 2015 年，仅瓦斯发电一项累计实现营业收入 7.08 亿元，利润总额 1.66 亿元，上缴税费 7830 万元。为煤矿节约电费支出近 3 亿元，获得国家瓦斯发电财政补贴近 1 亿元，加上瓦斯发电余热水利用，累计为煤矿增收和节约支出近 4.3 亿元。

5-17 富士康科技集团如何设立专业节能公司并通过碳交易获取收益的?

为“苹果”代工，早已是富士康科技集团（以下简称富士康）的一张闪亮名片。但鲜为人知的是，这个全球最大的电子产品制造商也成了深圳碳交易市场的最大赢家。

2013 年，富士康在深圳公司投入的节能改造资金不到 5000 万元，但产生的结余配额约占深圳市年度结余配额的近三成。仅靠出售部分结余配额，富士康就获益 1000 多万元。

节省下来的电费和碳配额收益，再加上政府节能补贴，富士康 2013 年的节能收益大大高于其投入的节能改造资金。

手握大量配额，富士康成立了专门的公司，对旗下 10 家法人公司的碳资产进行统一管理。公司一直非常关注碳市场的各类变化，包括可能要签发出来的 CCER 将会对市场带来的影响。

（1）进行碳交易是否增加了企业的成本？近年来，深圳多种要素成本上升，制造业受影响较大，2013 年又开始进行碳交易，有人认为，这增加了企业的成本。但富士康不把节能减排、参与碳交易当作负担。节能无止境，富士康一直在挖掘各个方面的节能潜力。

2010 年到 2013 年，富士康大陆工厂累计投入 5.32 亿元，共做了 2455 个节能减排项目，仅省下来的电费等直接节能效益就达到 10.73 亿元。而通过碳交易，减少的用电量，又可以通过碳配额出售获益。所以，对富士康来说，参加碳交易不仅没有增加成本，反而是增加了收益。

（2）富士康公司做碳交易具体的收益情况怎样？富士康 2013 年的配额盈余量非常大，几乎占到深圳全年总配额盈余量的三分之一，履约没有压力。在履约期到来的前 20 天，售出部分配额，获益 1000 多万元。

（3）富士康具体是如何做节能减排的，都投入了哪些项目？富士康从管理、体系建设、项目上，多方面促成较好的节能减排局面。其实，管理节能是不花一分一毛的，只要不该浪费的不去浪费就行了。比如说，工人中午要吃饭，生产线就要求关到最低。

（4）富士康怎么落实这样的要求？首先是制定制度。富士康制定了比较全面的节能管理体系以及相应的用能标准，还成立了节能稽查小组，分成 11 大类、177 项细项，包括照明、办公区域、空调，各项设备、生产线等形成稽查清单。就好比交警查车，每一项都有相应的处罚标准。

如果发现应该做的没有做，就会被扣点数，如果比较严重的就直接处罚。深圳公司2013年一年就罚款了100多万元。此外，每个月还有节能KPI评比，做得好的就奖励。年度也有奖励，前三名分别奖励50万元、30万元和20万元，力度还是非常大的。

富士康一共有12个事业群，去年做手机外壳的事业群得了大奖，他们管理比较到位，项目改善做得多。本来增加值能耗对他们是不利的，因为做外壳很耗能，而价值相对较低，但是按碳强度来管理、考核，其实是自己跟自己比。

（5）富士康集团碳强度下降目标如何实施？富士康集团有碳强度下降目标，然后各个事业群再分下去。实际上，富士康纳入深圳碳排放管控的独立法人企业有10家。从深圳市政府拿到一个总配额数量，然后富士康自己将每个企业的配额及碳强度下降目标再分配下去。富士康尝试将这些企业统一到一个账户上，整体由新成立的“富能新能源科技公司”统一进行碳资产管理及交易。

这个公司的前身是富士康2008年成立的节能技术发展委员会，专门负责成员公司节能技术开发及项目改造。2013年，受国家碳交易进一步加强节能减排的政策驱动，集团决定把这个委员会变成一个独立的法人公司，使节能进一步专业化、事业化。

富能新能源科技公司现在有专职技术人员200多人，其中高级能源管理师、审计师占了一大半，另有高级碳审计师28名。此外，还有分散在各个事业群减排部的共计800多名兼职专业人员。

富士康碳交易获益较多很大程度上是因为采取了专业的管理模式。富士康现在还在推行能源托管站模式。工厂生产需要的空调、冰水、压缩空气、氮气、蒸汽等，现在把它们集中专业管理。这样的日常运行维护维修更方便，更重要的是，更懂得如何节能运行。

（6）富士康公司对碳配额和CCER的操作策略是什么？富士康非常关注CCER的签发，签发之后，市场配额价格可能会被拉低，企业都希望有机会逢高出售一些配额。但是，现在二级市场活跃度不够，富士康也在找机会跟银行合作，尝试做碳配额质押融资，等到二级市场流动性起来了，再回来参与交易，总之是希望把配额资产盘活。

对于参与碳交易，富士康认为最重要的经验是要重视，然后就是有专业的人来做。其实，对很多中小企业来说，以前节能减排项目做得不够多，现在只要花一点力气就能达到比较好的效果。没有能力请专门技术团队的话，可以委托给专业的第三方公司来做。

第三节　低碳技术

5-18　煤炭燃烧适用的低碳技术有哪些？

煤炭一直是我国的主要能源，煤炭燃烧的低碳技术就是清洁高效利用煤炭，科研人员开发了大量新技术，以下是几项应用效果很好的技术：

（1）大推力多通道燃烧节能技术　该技术是由内部的旋流通道、中间的煤流通道、外部的轴流通道以及最外部的冷却风通道构成的燃烧器。煤粉从多通道燃烧器喷出燃烧，经过多次扰动、混合。外部的轴流风通道将高压空气从通道中送出，使局部的出口空气风速接近风速，在此高速气流的卷吸作用下，大量二次风进入燃烧区域，极大地提高了煤粉的燃烧速度和温度。在较小的一次风量（8%以内）条件下获得更高的火焰温度，从而达到节能降耗的目的，同时对不同煤质的适应性也大大提升，能使用4200kcal/kg（1kcal＝4.1868kJ，下同）的低热值无烟煤。某水泥公司5500t/d水泥生产线应用后，年实现节能6160tce，年减碳量16016tCO_2，创节能效益约620万元。

（2）富氧燃烧技术　富氧燃烧技术主要是指用比普通空气（含氧21%）的含氧浓度高的富氧空气进行燃烧，是一项高效燃烧技术。目前富氧制备方法主要有深冷分离法、变压吸附法、膜分离法等。富氧燃烧的形式可分为微富氧燃烧、纯氧燃烧、氧气喷枪、空-氧燃烧等。与采用普通空气燃烧相比，富氧燃烧具有以下优势：提高火焰温度，燃烧速度快，降低燃料燃点温度和减少燃尽时间，减少烟气量，增加热量利用率，减少污染物排放。由于燃料燃烧效率提高，从而减少二氧化碳的排放。此外，富氧燃烧能将排烟中的CO_2浓度提高到95%，有利于CO_2的分离、回收，对于实施CO_2捕集和封存，控制温室气体排放具有一定的积极作用。

（3）锅炉燃烧温度测控及性能优化技术　该技术通过对烟气温度、煤粉细度等进行在线监测，采集锅炉运行数据并储存到数据库，根据数据库已有实际运行数据设计优化方案，进行由单变量到多变量的锅炉试验。试验后由经济运行系统建立锅炉的数学模型，同时采用自训练方式不断对锅炉模型进行完善优化，以达到最优方案选择进而进行锅炉调试，调试后结果可通过部分闭环控制，或发布运行指导意见以达到优化燃烧的目的。某电厂对其2×300MW热电联产机组锅炉进行优化改造，每年实现节能量4099 tce，年减碳量10657tCO_2，年节能经济效益266万元。

（4）基于流态重构的低能耗CFB锅炉燃烧技术　该技术的关键在于对循环流化床（CFB）锅炉的流态进行优化选择，通过提高床料质量（即降低炉内物料平均密度和改善粒度分布）、优化降低床存量（指床料量）实现流态重构，达到减少能耗和减轻磨损的目的。其中床料存量的优化可依据CFB锅炉流态图谱进行，通过优化无效床料存量，能够实现在依然维持炉膛上部快速流化状态，保证传热性能要求的前提下，避免多余存料量引起的不必要的风机能耗和受热面磨损，降低二次风区域物料浓度，增强二次风穿透扰动，改进炉膛上部气固混合效果，提高燃烧效率。某公司对其240t/h高温高压循环流化床锅炉采用该技术进行改造，锅炉效率由改造前的87.2%提高到90.31%，改造后每年可实现节煤12816t，节电310万kW·h，实现减碳量25169tCO_2，年创经济效益695万元。

（5）煤粉锅炉给粉计量自控节能系统　该技术由粉体均匀给粉、给粉速度测量、粉体密度静态测量、粉流通断检测、粉体在线校验及数据采集处理等装置组成。该系统采用集成研发与单体技术研发相结合的方法，利用DCS原理，将粉体均匀给粉、粉体密度静态测量、给粉速度测量、粉体在线校验、粉流通断检测技术系统融合为一体，克服了现有仓储式粉煤锅炉给粉控制的弊端，实现智能自动化计量给粉控制。山东某热电厂YG-22/98-M锅炉采用给粉计量自控节能系统，改造后燃料节省率5.32%，节电率23.98%，年实现综合节能量7491tce，年减碳量19477tCO_2，节能效益780余万元。

（6）新型高效煤粉工业锅炉系统技术　该技术采用煤粉集中制备、精密供粉、空气分级燃烧、炉内脱硫、锅壳（或水管）式锅炉换热、高效布袋除尘、烟气脱硫脱硝和全过程自动控制等先进技术，实现了燃煤锅炉的高效运行和洁净排放。

新型高效煤粉工业锅炉技术系统包括了煤粉接受和储备（或炉前煤粉制备）、煤粉输送、煤粉燃烧及点火、锅炉换热、烟气净化、烟气排放、粉煤灰排放等单元，是以锅炉为核心的完整技术系统。其工作流程为：来自煤粉加工厂的密闭罐车将符合质量标准的煤粉注入煤粉仓，仓内的煤粉按需进入中间仓后由供料器及风粉混合管道送入煤粉燃烧器，燃烧产生的高温烟气完成辐射和对流换热后进入布袋除尘器，除尘器收集的飞灰经密闭系统排出，并集中处理和利用。

某小区采用新型高效煤粉锅炉为120万平方米建筑物冬季供暖，其规模为：2×14MW+2×29MW，每年（一个采暖季）节煤约7200t，实现减碳量12600tCO_2。

5-19 燃气燃烧的低碳技术有哪些？

天然气等气态燃料目前已经普遍应用，并且占中国能源消费的比重将继续增加。相关技术较多，以下对三项节能减碳效果较好的技术作一简介：

（1）*预混式二次燃烧节能技术* 预混式二次燃气燃烧系统主要由混气管（预混合装置）、燃气与供风管路（送气管道）、燃烧体（扩散式燃烧装置）三大部件构成，其主要机理是通过采用可燃气体与空气进行预混后再高速喷射燃烧，产生紫红色外焰短火焰，短火焰在炉膛中受喷射的推力沿着炉腔的火道形成旋流喷射，使热辐射能量及烟气在炉膛中螺旋式推进，从而延长热能在炉膛中的停留时间，增加热能与工件热交换，降低排烟速度和排烟温度。

该技术已经应用于部分陶瓷企业，也可用于采用燃气燃烧加热的耐火材料、有色金属熔化、保温的窑炉；黑色金属的轧制、锻打、热处理窑炉和石油、化工等的工业炉窑及生活、工业锅炉等。该技术应用于陶瓷J线辊道窑炉和熔铝炉，并优化工艺控制，经测试，节能率分别达到9.41%和20.54%。

（2）*超低浓度煤矿乏风瓦斯利用技术* 该技术主要是采用逆流氧化反应技术（不添加催化剂）对煤矿乏风中的甲烷进行氧化反应处理，也可将低浓度抽排瓦斯兑入乏风中一并氧化处理，提高乏风的利用效率。其氧化装置主要由固定式逆流氧化床和控制系统两部分构成，通过排气蓄热、进气预热、进排气交换逆循环，实现通风瓦斯周期性自热氧化反应。该技术通过采用适合在周期性双向逆流冷、热交变状态下稳定可靠提取氧化床内氧化热量的蒸汽锅炉系统，产生饱和蒸汽用于制热或产生过热蒸汽发电。

根据实际生产统计，1台40000m^3/h乏风氧化装置可实现每小时销毁乏风约4万立方米，生产蒸汽3t，发电510kW·h，设备年运行7200h，每年实现节能812.7tce，实现减碳量2113tCO_2，年收益150.9万元。

（3）*全氧燃烧技术* 又称纯氧燃烧，即用纯氧气来代替传统空气作助燃，与燃料按照预定燃料比混合进行燃烧。

在传统的空气助燃中，只有21%的氧参加燃烧反应，约79%的氮气不参与燃烧，反而会吸收大量的燃烧反应放出的热，并从烟道排走，造成能量的浪费。采用全氧燃烧，由于没有大量氮气参与，燃料燃烧所需空气量大幅减少，废气带走的热量下降，燃烧完全充分，热利用率高，节能效果明显。同时，烟气携带的粉尘量相应减少，有利于达到环保要求。

以目前成功投产的600t/d全氧浮法玻璃熔窑为例，与同规模的普通浮法玻璃熔窑相比，每条全氧燃烧浮法玻璃熔窑，每年可节约天然气532.5万立方米，实现年减碳量11513tCO_2。

5-20 石油化工企业适用的低碳技术有哪些？

石油化工行业是高耗能行业，也是温室气体高排放行业，是首批碳交易试点的重点行业之一，以下技术具有显著的碳减排效果。

（1）*炼油装置间热联合与热供料技术* 装置间的热联合是将上下游两套或者多套装置作为一个整体，在大系统内进行“高热高用，低热低用”匹配，实现能量利用优化，其实质是在几套装置内而不是孤立地在一套装置内考虑能量的优化利用。由于可选择的范围广，总可能找到相对合理的匹配，实现能量的逐级利用。

热供料是热联合的一种形式，它是两套装置或多套装置间的物料供给关系。即上游装置产品物流不经过冷却或者不完全冷却，也不送至中间罐储存再送到下游装置，而是直接（或经过热缓冲罐）引至下游装置作为进料，这样可避免物料的冷却和再加热，从而减少换热网络的两次传热损失。

某石化公司炼油装置在常减压、催化裂化、加氢、延迟焦化、溶脱装置之间实行热联合和热供料后，实际降低炼油能耗 1.31kgoe/t（oe 表示标准油），每年可降低实际能耗共计 5.5×10^6 kgoe，年减碳量 16775tCO_2，每年可创造经济效益 1000 万元左右。

（2）聚酯化纤酯化工艺余热制冷技术　聚酯化纤酯化工艺余热制冷技术是利用聚酯生产中的酯化蒸汽（组分为水蒸气、乙二醇、乙醛和少量不凝性气体等）作为驱动热源，溴化锂为吸收剂，水为制冷剂，利用水在高真空状态下低沸点汽化，吸收热量达到制冷的目的，制取的冷水用于工艺冷却、车间冷却等，实现余热回收利用。

对 20 万吨聚酯（PET）产能，采用电制冷耗电约 930kW；采用蒸汽制冷汽耗量约为 5t/h。利用酯化蒸汽热量制取冷水，通过系统改造、调整运行方式，配备酯化工艺余热回收制冷，可以制取冷量约 4×10^6 kcal/h（1kcal＝4.18kJ），制冷设备耗电量约为 15kW。与电制冷相比，全年可节约用电 4.56×10^6 kW·h，实现减碳量 4032tCO_2；与蒸汽制冷相比，全年可节约蒸汽 2.5 万吨，实现减碳量约 7356tCO_2。

（3）多喷嘴对置式水煤浆气化技术　该技术包括磨煤制浆、多喷嘴对置气化、煤气初步净化及含渣黑水处理 4 个单元系统，其中关键单元为气化、煤气初步净化和含渣水热回收。其主要工艺流程为：水煤浆、氧气进入气化室后，相继进行雾化、传热、蒸发、脱挥发分、燃烧、气化等 6 个物理和化学过程，煤浆颗粒在气化炉内经过湍流弥散、振荡运动、对流加热、辐射加热、煤浆蒸发与挥发份的析出和气相反应等，最终形成以 CO、H_2 为主的煤气及灰渣，产生的合成气经分级净化达到后序工段的要求。

根据已投产的工业装置，与 Texaco 气化炉相比，以同样采用北宿煤（兖矿国泰）为原料，碳转化率提高 3 个百分点以上，比氧耗降低约 8%，比煤耗降低 2%～3%；以同样采用神府煤（华鲁恒升）为原料，碳转化率提高 3 个百分点以上，比氧耗降低约 2%，比煤耗降低约 8%。

（4）两段法变压吸附脱碳技术　两段法变压吸附脱碳装置由两段组成，即 PSA-CO_2-Ⅰ和 PSA-CO_2-Ⅱ：两段均采用多塔变压吸附工艺，第一段为粗脱段，将来自合成氨变换工序含 CO_2 为 27%～28%的变换气进行多塔循环吸附和脱附，将 CO_2 浓度富集到 98.5%以上供尿素生产使用；第二段为净化段，将出粗脱段含 CO_2 为 8%～12%的中间气进入净化系统，进行多塔循环吸附和脱附，将净化气中 CO_2 含量净化到 0.2%以下，供合成氨生产使用。

该技术可使提纯段吸附相产品 CO_2 浓度在不用置换的情况下，体积分数达 98%以上，从而使整套装置投资和电耗大幅降低；提纯段除产品 CO_2 外，没有任何气体放空；净化段吸附塔经过多次均压降后，吸附塔中的气体返回至装置提纯段加以回收，从而有效提高了氢氮气回收率。

根据实际生产应用，18 万吨/年合成氨脱碳装置采用两段法变压吸附脱碳工艺替代碳丙液脱碳工艺，装置吨氨能耗仅有 2.15kgce/t，比碳丙液脱碳装置降低约 63.39kgce/t。改造后实现年节约标准煤 11410 tce，年减碳量 29666tCO_2，新增经济效益 2426 万元。

（5）新型高效节能膜极距离子膜电解技术　离子膜制碱工艺是将盐水电解，生成

NaOH、Cl_2、H_2。离子膜电解槽是该工艺中的关键设备，其作用是将合格的二次精制盐水经通电电解，生产出低盐、高纯、高浓度的氢氧化钠产品，同时得到氯气和氢气。在电解槽中，电解单元的阴阳极间距（极距）是一项非常重要的技术指标，其极距越小，单元槽电解电压越低，相应的生产电耗也越低。当极距达到最小值时，即为零极距，亦称之为膜极距。目前已研发出膜极距离子膜电解槽技术，通过降低电解槽阴极侧溶液电压降，从而达到节能降耗的效果。

某公司2万吨/年离子膜法烧碱装置采用该技术实施改造，该装置原为BiTAC常极距离子膜电解槽，共分6组，138个单元。解槽改成膜极距电解槽后，实现节电121.26kW·h/t，装置全年节电2.4252×10^6kW·h，实现年减碳量1706tCO_2，全年节约电费约160万元。

（6）*电石炉尾气制甲醇和二甲醚工艺技术*　电石炉尾气制甲醇和二甲醚工艺技术主要是回收利用电石生产尾气中所含的大量CO，经过粗处理和精净化脱除有害组分，使其满足生产甲醇合成气的要求，然后配入氢气，进入甲醇合成系统，生产出来的粗甲醇通过精馏得到甲醇产品或脱水生产二甲醚。

根据对8万吨/年甲醇、5万吨/年二甲醚工业示范装置的统计，该项目年消耗电石尾气$8.33\times10^7m^3$，铝酸钠尾气$11.88\times10^7m^3$、新鲜水8.44×10^5t，电量7.20×10^7kW·h，甲醇产品能耗29.05GJ/t，折合0.9923tce/t，与国内其他原料的甲醇装置能耗相比，处于领先水平。该项目由于回收电石尾气中的热量，实现年节能量约2.84×10^4tce，由于回用尾气中的CO，实现年减碳量约11.8×10^4tCO_2（按CO完全燃烧生成CO_2计）。

5-21　钢铁企业适用的低碳技术有哪些？

钢铁企业碳减排效果明显的技术有：

（1）*高炉炼铁-转炉界面铁水"一罐到底"技术*　该技术是针对转炉车间需设置倒罐站/混铁车/鱼雷罐车/混铁炉等铁包转运工序及配套车辆等导致铁水温降大的问题，采用转炉铁水罐承接、运输高炉铁水，将缓冲贮存、铁水预处理、转炉兑铁、容器快速周转及铁水保温等功能集为一体。采用该工艺技术可以取消传统的铁水倒灌站、鱼雷罐车或混铁炉等环节，减少铁水倒灌作业，具有缩短工艺流程，节约铁水运输时间，降低铁水温降，降低能耗、减少铁损、减少烟尘污染等优势。

根据实际应用经验，该工艺可提高高铁水入炉温度30～50℃，吨钢可节能约8～10kgce，实现吨钢减碳量约20.8～26.0kgCO_2。

某钢铁（集团）炼钢厂（3×100吨转炉）及炼铁系统（3#和4#高炉）工程采用该工艺后，吨钢总工序能耗平均减少约14.879 kgce，该厂年产300万吨粗钢，实现年节能4.46×10^4tce，年减碳量11.6×10^4tCO_2。

（2）*高炉浓相高效喷煤技术*　该技术是从高炉风口向炉内直接喷吹磨细的无烟煤粉或烟煤粉或二者的混合煤粉，以替代焦炭起提供热量和还原剂的作用。

高炉喷煤系统可分为制粉系统和喷吹系统。在制粉方面，采取以提高制粉能力、降低制粉能耗为目的的节能措施，包括：配加可磨性指数高的烟煤；合理的煤粉粒度；使用高效粗粉分离器，提高分离效率；降低收粉系统的阻损。在煤粉输送和喷吹方面，采取以降低载气消耗，提高系统的稳定性、可靠性和安全性的节能措施，包括浓相输送及喷吹，可显著降低载气消耗，减少管道磨损，降低载气对热风温度的影响。使用先进的煤粉分配器，提高分配器精度，降低阻损。使用高效长寿的喷枪，减少喷枪的消耗，降低换枪次数。提高喷枪检测控制水平，确定系统安全、高效运行。

高炉喷吹煤粉替代焦炭，根据所喷吹的煤粉与其置换的焦炭的载能量的变化以及产生物高炉煤气所含能量的变化计算出高炉喷煤的节能减碳效果。焦化工序能耗为120kg/t左右，而喷煤粉工序能耗仅为20～35kg/t；喷吹1t煤粉置换0.8～0.9t焦炭，可降低炼铁系统能耗80～100kg/t。若按煤焦置换比0.8计算，每年喷吹约6000万吨煤粉，则可替代4200多万吨焦炭，实现减碳量12894万吨二氧化碳。

（3）*钢渣辊压破碎—余热有压热闷工艺技术*　钢渣热闷处理是在密闭容器内利用钢渣余热，对热态钢渣进行打水，使其产生过饱和水蒸气，促进钢渣中游离氧化钙（f-CaO）和水蒸气快速反应消解。钢渣辊压破碎—余热有压热闷工艺是钢渣热闷处理技术主要可分为钢渣辊压破碎和钢渣余热有压热闷两个阶段。

以河南某钢铁公司60万吨/年的钢渣处理生产线为例，采用钢渣辊压破碎-余热有压热闷工艺，处理后的钢渣产品指标能够满足用于建材行业相关标准要求，其主要技术指标为：热闷工作压力0.2～0.4MPa，热闷时间2h，吨渣电耗7.25kW·h，吨渣新水耗量0.3～0.4t。与常压池式热闷工艺相比，运营成本节约40%左右；热闷后钢渣产品浸水膨胀率1.6%，f-CaO含量2.12%；粉化率（粒度小于20mm的钢渣含量）≥72.5%。

渣辊压破碎—余热有压热闷工艺与传统工艺技术相比，每处理1t钢渣可节省柴油约3.2L，实现减碳量约10.08tCO_2。

（4）*炼钢连铸优化调度技术*　炼钢生产调度属混合流程车间有限等待时间调度问题，即为保证连铸生产的最大连续性和产品生产周期最短。按目标及过程中对主要生产对象的时间、温度、成分、质量的要求，根据钢厂的设备状况等资源条件，安排生产任务在各工序的设备分配和作业时段，确保生产的高效运行。该技术主要适用于转炉、电炉、LF、RH、CAS-OB、连铸机等复杂生产工艺流程，具体应用需要根据具体情况进行深入分析。

以首钢第三炼钢厂为例，钢包实际周期时间为126.3min（普碳钢）、154.4min（品种钢），钢包按照LD-Ar-CC工艺路线运行时的平均“柔性时间”为27.3min（普碳钢），钢包按照LD-LF-CC工艺路线运行时的平均“柔性时间”为39min（品种钢），柔性时间所占比例分别为21.6%和23%，对钢包运行进行优化的潜力较大。通过炼钢连铸优化调度技术，去除钢包在生产流程中转运的柔性时间，从而降低能耗。通过降低钢包/中间包的周期时间，普碳钢可以降低21.6%的周转时间，品种钢可降低23%的周转时间。

（5）*电炉炼钢优化供电技术*　该技术充分发挥电炉变压器的供电能力，在建立基于电炉炼钢过程的电气运行动态模型基础上，通过最优化的各项运行参数，分析得出动态最优工作点，使电炉炼钢过程的电气运行指标达到最佳状态，从而实现提高冶炼效率、缩短冶炼时间、节约电能的目标。

电炉炼钢优化供电技术在实际生产应用中主要流程为：精确测量从电炉通电到出钢全过程中的电炉供电主回路系统的基本电气运行参数，经分析处理后，得到电炉供电主回路的短路电抗和操作电抗，并以此作为研究电炉合理供电曲线的基础数据，建立非线形电抗模型，在分析掌握各级电压等级下的电炉电气运行特性的情况下，根据实际生产经验确定电炉运行约束条件，进而研制电气运行图，建立许用工作点总表，最终制定科学合理的供电曲线和供电操作制度。

根据应用经验，同容量的交流电炉进行优化后，平均可节电10～30kW·h/t钢，冶炼通电时间可缩短3min左右，炼钢生产效率可提高5%左右。

河北某钢厂对其30t/32MVA高阻抗电弧炉实施优化供电，使用供电曲线后出钢温度比使用前降低约14.4℃，当铁水比例为30%～60%时，新的供电曲线节电12～26kW·h/t，实现减碳 0.0106～0.0230tCO_2/t。

(6) 烧结烟气循环利用工艺技术　该技术将热烟气再次引入烧结过程进行重新利用，可回收烧结烟气的余热，提高烧结的热利用效率，降低固体燃料消耗。该工艺将全部或部分烟气搜集，循环返回到烧结料层，因热交换和烧结料层的自动蓄热作用，可将其中的低温显热供给烧结混合料。

根据工程实践，该技术可降低烧结工序能耗 5%，烟气总量减排 20%以上，每吨烧结矿节约 4kgce，实现减碳量约 10.4kgCO_2。

宁钢 430m^2 烧结机采用该工艺技术，实现固体燃料降低约 6%，年节能 8173tce，年减碳量约 18000tCO_2，年节能经济效益 1936 万元。宝钢 132m^2 烧结机（烟气循环量 $20\times10^4 m^3/h$）改造，项目年节能量 2730tce，年减碳量约 6000tCO_2，年节能经济效益 557 万元。

5-22　有色金属企业适用的低碳技术有哪些?

以下五项技术在有色金属企业应用后碳减排效果明显：

(1) 新型导流结构电解槽技术　该技术突破了传统大型铝电解槽的设计和运行模式，创新开发出如下拥有自主知识产权的关键技术：①首创了炭块间有导流沟、中间有汇流沟、端部有蓄铝池的新型水平网络状结构的导流电解槽技术；②开发了导流结构阴极的生产技术；③创新开发了低铝液层稳定生产节能技术，包括均匀低温启动技术、启动后快速降低槽电压技术以及槽控技术的优化等；④开发了保温型电解槽内衬结构设计技术，保证了低极距下电解槽的热平衡；⑤首创了非对应阴阳极的沟槽绝缘焦粒焙烧技术，解决了非平面阴极焦粒焙烧的难题。

根据推广应用情况，新型导流结构电解槽平均工作电压 3.70～3.75V，与传统电解槽相比，电能利用率可提高 5%～7%，吨铝可节电 900～1100kW·h。

辽宁某铝厂采用该技术对其 52 台 350KA 系列电解槽实施改造，电解槽生产运行平稳，吨铝直流电耗降低 1073kW·h，每年可减少 CO_2 排放量 8.23 万吨。

(2) 新型稳流保温铝电解槽节能技术　该技术通过开发高导电阴极钢棒，优化阴极钢棒的形状，降低铝液层的水平电流，并有效地降低阴极压降；通过开发一种新型内衬结构，实现电解槽等温线的合理分布；同时合理加强保温，减少热损失。

某公司 400kA 电解槽改造前，电流效率 90.5%、平均电压 3.96V、吨铝直流电耗 13019kW·h/tAl、炉底压降 308mV；改造后，电解效率 91.72%、平均电压 3.839V、吨铝直流电耗 12473kW·h/tAl、炉底压降 236mV。改造后，平均电压降低 90mV、炉底压降降低 72mV、吨铝直流电耗降低 566kW·h，吨铝节电实现减碳量约 500.51kgCO_2/tAl。

(3) 流态化焙烧高效节能炉窑技术　该技术主要是以热能工程学理论优化和改造焙烧炉耐火炉衬材料及结构设置，优化和完善现有施工技术、烘炉技术、初投运技术。通过优化炉衬结构设计、优化施工、烘炉、初投运工程化技术及炉衬维护修理技术，实现节能、减排、降耗、高产的焙烧目标。

该技术目前已在我国最大的 1850t/d 及 1400t/d、1300t/d、180t/d 等不同类型的 GSC 炉推广应用。某公司年产 65×10^4tAl_2O_3（1850t/d）气态悬浮焙烧炉改造，改造后年节能 22162tce，年减碳量 57621tCO_2，年节能经济效益 2550 万元，提高产能 11×10^4tAl_2O_3。

(4) 有色冶金高效节能电液控制集成创新技术　该技术是采用虚拟样机、半实物联合仿真及电液比例伺服集成控制等现代设计及控制技术，自主创新研发电解精炼过程中的关键技术装备，实现了系列装备的大型化、高速化、连续化、自动化及节能化，以提高电解效率，降低电耗，达到节能减碳的目的。

该技术可使铜电解阳极自动生产线电耗降低约2.8kW·h/tCu，电解效率提高3%；铅电解精炼生产线电耗降低35～40kW·h/tPb，电解效率提高5%。同时有效降低电解短路率。

以年产10万t电铜生产线为例，采用该技术对铜阳极进行制备，改善阳极品质，提高电效，降低能耗，改造后每年节约841tce，年减碳量2187tCO_2，年节能经济效益约642万元。以年产10万吨电铅生产线为例，采用该技术进行改造，每年节约标准煤3313tce，年减碳量8614tCO_2，年创经济效益约1656万元。

（5）*旋浮铜冶炼节能技术*　旋浮冶炼是在与同闪速冶炼相同的反应塔上部反应机理基础上，独创反应塔下部过氧化物料颗粒和欠氧化物料颗粒间的碰撞反应机理。以熔炼为例，反应塔下部的主要反应为：$Fe_3O_4 + FeS \rightarrow FeO + SO_2$；$Cu_2O + FeS \rightarrow FeO + Cu_2S$；$FeO + SiO_2 \rightarrow Fe_2OSiO_4$。旋浮冶炼采用“风内料外”的供料方式，对物料的分散模拟了自然界龙卷风高速旋转时具有极强扩散和卷吸能力的原理，物料颗粒呈倒龙卷风的旋流状态分布在反应塔中央，在龙卷风旋流体中间增加中央脉动氧气，改变物料颗粒的运动，实现物料颗粒间脉动碰撞、传热传质以及化学反应的强化，使整个熔炼和吹炼过程的化学反应能够充分完全的进行。

该技术适用于铜、镍、铅、金等有色金属冶炼工艺，在新建生产线和旧有生产线改造均可进行应用。

该技术可使熔炼炉作业率98%，吹炼炉作业率97%，使粗铜综合能耗降至150kgce/t。以祥光铜业有限公司年产20万吨阴极铜工程节能改造项目为例，采用该技术进行改造，用旋风脉动型精矿喷嘴和冰铜喷嘴替代旧有的中央扩散型精矿喷嘴和冰铜喷嘴，改造后产能由原来的20万吨/年提升为50万吨/年，改造后每年可节能95000tce，年减排碳155000tCO_2，年节能经济效益为18572万元。

5-23　建材企业适用的低碳技术有哪些？

以下六项技术在建材企业应用后碳减排效果明显：

（1）*稳流行进式水泥熟料冷却技术*　该技术产品主要为新一代行进式稳流冷却机，是一种对高温颗粒物料进行冷却的设备，主要用于对热熟料进行冷却和输送，可将1400℃左右的水泥熟料冷却到100℃以下，同时保证熟料的性质和进入下一道工序。冷却形式为风冷，利用冷风和热熟料进行热交换，同时设备可将熟料所含热量进行回收，用于辅助上一工序的熟料煅烧，以达到节能减排的目的。

该技术装备主要指标：单位面积产量44～46t/(m^2·d)；单位冷却风量1.7～1.9m^3/(kg·cl)；热效率≥75%，电耗≤5kW·h/t熟料。与传统冷却机相比，可使水泥熟料的热耗下降10%～18%，电耗降低约20%。

河北某公司5500t/d水泥生产线采用该技术装备进行改造，改造后实现年节能量5330tce，年减碳量13858tCO_2，年节能经济效益约370万元。

（2）*高效节能选粉技术*　该技术是利用空气动力学原理，采用先进的第三代笼型转子高效选粉分级技术，对分选物料进行充分分散和多次分级分选，达到高精度、高效率分选。该技术适用于建材行业水泥粉磨生产线、化工行业干法粉体制备以及工业废渣综合利用。

该技术可使系统电耗降低约5kW·h/t水泥，选粉效率达到80%以上，并提高水泥强度，改善水泥质量。浙江某公司5000t/d水泥熟料生产线配套年产200万吨水泥粉磨生产线闭路粉磨系统采用该技术实施改造，改造后系统单产电耗由 36kW·h/t 下降至31kW·h/t，年节约电量 1000 万 kW·h，减碳量 7035tCO_2；江苏某公司 3700t/d 水泥熟料生产线水泥粉磨系统采用高效节能选粉技术对两台 ϕ4.2m×13.12m 闭路水泥磨系统进行节能技术改造，改造后系统运行平稳，水泥产量提高 10%以上，系统电耗降低 2～3kW·h/t，实现年节电 420 万 kW·h，年减碳量 2962tCO_2，并彻底解决了粉尘超标排放问题。

(3) 高效优化粉磨节能技术　该技术是采用高效冲击、挤压、碾压粉碎物料原理，配合适当的分级设备，使入球磨机物料粒度控制在 2mm 以下，改善物料的易磨性；使入磨物料同时具备“粒度效应”及“裂纹效应”，并优化球磨机内部构造和研磨体级配方案。该技术利用 HT 高效优化粉磨机与球磨机组成联合粉磨系统，实现粉磨系统“分段粉磨”，从而达到整个粉磨系统优质、高产、低消耗的目的。

该技术工艺可使入磨物料粒度控制在 2mm 以下，0.08mm 筛筛余小于 70%；. 吨水泥粉磨电耗达到 28kW·h/t 以下；吨水泥粉磨电耗下降 25%以上；成品（出磨）水泥比表面积提高 20%以上；粉磨系统机物料消耗降低 30%以上。

(4) 辊压机+球磨机联合水泥粉磨技术　联合水泥粉磨系统由辊压机、打散分级机（或 V 型选粉机）、球磨机和第三代高效选粉机组成。经辊压机挤压后的物料（包括料饼）再进入打散分级机（或 V 型选粉机），使小于一定粒径（一般为小于 0.5～2.0mm）的半成品送入球磨机继续粉磨，粗颗粒返回辊压机再次挤压。

该技术与传统球磨系统相比，可节电 15%～30%，实现大幅增产。同时还可以提高混合材的掺加量，减少熟料用量，降低生产成本。

海南某公司年产 200 万吨水泥粉磨站一期工程采用 HFCG160-140 大型辊压机+HFV4000 气流分级机+ϕ4.2m×13.0m 球磨机闭路挤压联合粉磨工艺，生产 PO42.5 等级水泥，改造后单位水泥节电达 10kW·h/t 以上，年节电 1400 万 kW·h，年减碳量 12380tCO_2，节约电费 700 多万元。

(5) 建筑陶瓷制粉系统用能优化技术　该技术根据“以破代磨、分类粉碎、连续球磨；以干代湿、集中干燥”设计原理，变间歇式球磨为连续式球磨，变水煤浆炉为微粉洁净燃煤，并对传统喷雾干燥方式进行系统性改造，优化集成串联式连续球磨机技术、往复式对极永磁磁选技术、大型节能喷雾干燥塔与微煤洁净喷燃系统技术等，对陶瓷粉料生产进行集中生产、管理和配送，可以实现陶瓷粉料标准化、系列化、规范化和精细化生产输送，有效提高制粉系统的能效。

以日产 1000t 陶瓷干粉料生产线改造为例，对陶瓷原料车间建设和改造，包括原料输送、串联式连续球磨机系统、除铁、微煤燃烧炉、节能喷雾干燥塔、布袋尘器、脱硫塔等建设，将传统间歇式球磨改造为连续式球磨，把传统水煤浆炉改造为微粉洁净喷燃热风炉，对传统喷雾干燥方式进行系统性改造，改造后每年可节能 17651tce，年减碳量 45893tCO_2，年节能经济效益达 2100 万元。

(6) 陶瓷粉料高效节能干法制备工艺技术　该技术创新干法制粉工艺，从原料到粉料，主要经历原料投放→干法破碎（精细研磨，减少颗粒尺寸和混合粉料）→原料均化（不同原料混合均化，使物料的化学成分均匀一致）→干法造粒→粉料干燥、筛选（符合质量要求的陶瓷粉料）5 个生产过程。该技术研发了干粉增湿造粒制粉技术和 GHL-2000 型高速混合造粒机，所制造的粉料能满足陶瓷企业自动压机成型要求；开发了由 PLC 控制的逐级放大均化系统、陶瓷粉料自动称量配料系统、粉料造粒、流化床干燥系统成套设备，满足陶瓷多原料种类、多色料、多种大小批量特性的配方原料干法混合均化要求，保证粉料的均化度；研制了专用控制系统，即通陶瓷粉料自动称量配料、均化系统和干粉造粒、干燥系统，实现自动操作，极大地提高配方的准确性。

该技术与传统湿法制粉相比，喷雾干燥制粉需要将含水量约31%～35%左右的泥浆蒸发水后，获得含水量仅为6%～8%的粉料，干法制粉生产技术仅将含水量约12%～14%的粉料干燥成含水量6%～8%的粉料，能够实现节能35%、节水60%～80%。

5-24 机械加工企业有哪些低碳技术?

以下五项技术在机械加工企业应用后取得了不错的碳减排效果：

(1) 数字化无模铸造精密成形技术 数字化无模铸造精密成形技术与装备是计算机、自动控制、新材料、铸造等技术的集成创新和原始创新，由三维CAD模型直接驱动铸型制造，是一种全新的复杂金属件快速制造方法，能够实现复杂金属件制造的柔性化、数字化、精密化、绿色化、智能化。其主要流程为：首先根据铸型三维CAD模型进行分模，并结合加工参数进行砂型切削路径规划；对规划好的路径模拟仿真，确保不会发生刀具干涉和砂型破坏；将砂坯置于加工平台上加工，产生的废砂被喷嘴吹出的气体排除。最后将加工的砂型单元砍合组装成铸型、浇注，得到合格金属件。

该技术不需要木模或金属模，缩短铸造流程，实现节约材料，并减少能耗。以年加工3000t复杂零部件的铸造生产线为例，利用基于数字化无模铸造精密成形设备，开展无模铸造精密成形工艺研究，实现复杂涡壳、传动箱体、机床床身等复杂零部件的无模铸造，每年可节能300tce，年减碳量780tCO_2，年节能节材经济效益3000万元。

(2) 金属涂装前常温锆化处理节能技术 该技术采用锆化液替代磷化液对金属表面进行预处理，省略磷化工艺中对槽液进行加热处理的升温环节，简化生产工艺，能够显著降低企业生产能耗，并消除传统工艺引发的铬酸盐、磷、镍等危险化学品的水体污染。同时，首次将稀土元素铈引入锆化前处理工艺，锆化液在与高分子化合物成膜过程中，铈掺杂入复合锆化膜中，使形成的纳米厚度锆化膜在结构上更为致密均匀，可有效防止处理后金属件的二次氧化，解决了常温锆化技术推广中的过度腐蚀和返锈问题。

通过对企业进行金属前处理工艺改造，槽液平均温度可从中温磷化工艺的50℃降低到常温锆化工艺的20℃，仅此工艺每吨处理液即可节省标准煤22.8tce。以年产300万台冷藏设备，1200万平方米涂装面积规模为例，与加温磷化工艺相比，改造后每年可节能2023tce，年减碳量5260tCO_2，年节能经济效益172万元。

(3) 智能真空渗碳淬火技术 该技术采用计算机控制系统对温度、时间、渗碳气体流量和压力四个重要参数进行精确控制，保证炉体内温度均匀性和气氛均匀性良好，使渗碳工件获得最小的渗层深度误差和合理的晶相组织分布。同时在计算机控制下，渗碳剂可由多通路多喷嘴以精确流量进入炉内，分布面广且均匀，充分发生裂解和渗碳反应，不会产生过多游离碳，有效减少炭黑对炉体的污染。该技术主要工艺为：工件→清洗→生成或编制工艺→装炉→真空渗碳→淬火或冷却。

1台日处理150～200kg的智能真空渗碳炉，与目前常用的箱式多用炉相比，可实现年节能量30tce，年减碳量78tCO_2，年节电产生的经济效益约8.7万元。

(4) 频谱谐波时效技术 该技术对金属工件进行傅立叶分析，不需扫描，在100Hz内寻找谐波频率，在多个谐波频率处施加足够的能量进行振动，引起高次谐波累积振动产生多方向动应力，与多维分布的残余应力叠加，发生塑性屈服，从而降低峰值残余应力，同时使残余应力分布均化。应用该技术，不再需要对金属工件进行加热处理，即可消除残余应力，从而节约能源。

重庆某公司采用25台频谱谐波时效设备用于建材行业和风电行业，每年热时效工件产量3.5万吨。据统计，采用频谱谐波时效技术替代热时效后，节电1198万kW·h，节约天然气120万m^3，减碳量8892tCO_2，节约能源成本1989万元。

（5）*环保型PAG水溶性淬火介质淬火技术* 该技术采用优质复合环保型PAG高分子聚合物与多功能助剂进行复配，热处理时淬火介质在热处理工件表面产生聚合物包覆膜，这种膜可以减少水与工件传热，进而实现控制冷却速率作用。在热处理过程中通过设定温度、浓度、搅拌速度、工艺条件等参数实现蒸汽膜阶段、沸腾膜阶段、对流阶段的有效控制，进而实现工件的热处理过程。

辽宁某公司42条热处理自动化生产线，年产10万吨锻钢曲轴，采用PAG水性介质代替淬火油，改造后年实现节能量约8012tce，年减碳量约2.08×10^4tCO_2，年获得经济效益2000万元。山西某公司两个$100m^3$油槽改水槽项目，年产5万吨热处理工件，将淬火油改成PAG水溶性淬火介质，改造后年实现节能量约3430tce，年减碳量约8189tCO_2，年获得经济效益1100万元。

5-25 二氧化碳回收利用的成熟技术有哪些?

以下六项二氧化碳回收利用技术碳减排效果比较明显：

（1）*二氧化碳的捕集驱油及封存（CCUS）技术* 该技术是将燃煤电厂、煤化工等企业排放的烟气中低分压的CO_2捕集纯化出来，并进行压缩、干燥等处理后，通过管道或罐车等方式输送至CO_2驱油封存区块，通过CO_2注入系统将CO_2注入至地下，有效提高油田采收率，同时实现CO_2地下封存，通过采出气CO_2捕集系统将返回至地面的CO_2回收，并再次注入至地下，实现较高的CO_2封存率，从而实现降低二氧化碳驱油成本，封存、减排二氧化碳的目的。

该技术CO_2捕集能耗低于2.7GJ/tCO_2，CO_2动态封存率50%以上，可提高采收率5%以上。以胜利油田4万吨/年燃煤电厂烟气CO_2捕集、驱油及封存项目为例，该捕集纯化装置应用新开发的MSA碳捕集工艺，与传统的MEA工艺再生能耗降低20%，同时吸收剂损耗大幅下降，捕集成本降低25%。该装置CO_2捕集率大于80%，CO_2纯度大于99.5%，捕集运行成本约197元/t。同时在纯梁采油厂高89-1块进行低渗透油藏驱油与封存，建设配套的CO_2注入系统、CO_2驱采出系统、CO_2驱采出液地面集输处理系统。项目年减碳量约1×10^4tCO_2，年经济效益为2609万元。

（2）*石灰窑废气回收液态CO_2技术* 该技术是通过对石灰生产过程中窑顶排放出来的CO_2气体进行回收、净化处理，得到高纯度的食品级CO_2气体，并压缩成液态CO_2产品装瓶。

该技术在窑气回收和净化处理的过程中回收CO_2，从而有效减少CO_2排放。以$3\times10^4t/a$的食品级CO_2生产线为例，每年工艺产量3×10^4tCO_2，即相当于年减少碳排放3×10^4tCO_2。

（3）*发酵CO_2回收、净化、利用技术* 该技术是采用低温低压液化工艺回收酒精发酵过程中产生的大量CO_2，其主要工艺流程：由发酵罐酒精发酵产生的二氧化碳气体，经初级净化系统除去气体中的醇醛酸等主要成分后，进入二级压缩机压缩。每级压缩后经冷却和水气分离后，气体压力分别为1.6MPa和2.5MPa，再进入二级净化系统，除去气体中残留的微量醇、醛、脂等杂质成分和水分，使气体成分达到质量要求，进入冷凝液化器，制冷机输入的制冷剂使二氧化碳液化进入贮罐贮藏，即得到液化产品，然后根据需求进行不同方式贮运或增压灌入高压钢瓶，即可作为商品销售。

该技术主要适用于发酵酒精产生的二氧化碳气体回收，其推广使用主要受使用途径、销售成本等限制，目前已经应用于中粮生化能源（肇东）有限公司、江苏徐州香醅酒业有限公司、吉林新天龙酒业有限公司等企业，减碳效果显著。

(4) *利用 CO_2 替代 HFCs 发泡生产挤塑板技术*　传统挤塑板通常采用氟利昂（HFCs）系列化合物作为发泡剂，该技术采用二氧化碳发泡挤塑板专用设备，通过恒压泵将二氧化碳稳定在超临界状态，在第一静态混合器中将二氧化碳与促进剂充分混合，用高压计量泵配合质量流量计将二氧化碳稳定注入第一阶螺杆，通过第二静态混合器、第三静态混合器与聚苯乙烯塑料（PS）实现分级充分混合，达到二氧化碳稳定注入和顺利发泡的目的。由于氟利昂类物质的温室效应变暖潜势是 CO_2 的数百倍到上万倍，会对环境造成较大影响，使用二氧化碳替代氟利昂作为发泡剂，能够避免高潜值温室气体的排放，从而实现碳减排。

河北某公司改造年产 $10\times10^4m^3$ 二氧化碳发泡挤塑板生产线，对原有 HFCs 发泡挤塑板生产线进行改造，新增二氧化碳注入系统一套；改造二级螺杆一条，加装静态混合器两台，更换二氧化碳专用模具一台。改造后项目减排量约 90×10^4tCO_2，产生经济效益 600 万元。

(5) *二氧化碳捕集生产小苏打技术*　该技术主要包含二氧化碳捕集及提纯和小苏打生产两部分，通过高效变压吸附装置将烟道气中的 CO_2 浓度由 10%提升至 40%以上，被吸附的二氧化碳与联碱装置中的纯碱或烧碱充分反应生成小苏打晶体，经离心机分离、干燥获得小苏打产品，最终实现二氧化碳的捕集及综合利用。

以四川某公司二氧化碳提浓制注射用碳酸氢钠项目为例，项目年处理 $1.1\times10^8m^3$ 烟道尾气，新建一套二氧化碳捕集及生产小苏打系统，项目年减碳量 2.2×10^4tCO_2，年经济效益 1150 万元。

(6) *全生物降解 CO_2 基共聚物生产技术*　该技术基本原理是以 CO_2 为原料合成一种 CO_2 基共聚物，利用 CO_2 生产一种具有良好生物降解性能的脂肪族聚碳酸酯共聚物——聚碳酸亚丙酯（PPC），其由 CO_2 和环氧丙烷在催化剂作用下共聚而成，可用于农用塑料膜制品、型材、包装材料、垃圾袋等多种领域，应用领域广泛。

该技术将二氧化碳固定为可降解塑料，实现控制减缓二氧化碳的排放，同时实现二氧化碳附加值的利用。根据实际工业应用，该产品二氧化碳含量超过 40%，生产 1t 二氧化碳可降解塑料消耗大约 0.4～0.5t 二氧化碳。

5-26　减少企业电力消耗的低碳技术有哪些？

以下六项节电技术的碳减排效果、经济效益显著：

(1) *配电网全网无功优化及协调控制技术*　该技术原理是通过用户用电信息采集系统、10kV 配变无功补偿设备运行监控主站系统（基于 GPRS 无线通讯通道）、10kV 线路调压器运行监控主站系统（基于 GPRS 无线通讯通道）、10kV 线路无功补偿设备运行监控主站系统（基于 GPRS 无线通讯通道）、县网调度自动化系统（SCADA）系统采集县网各节点遥测遥信量等实时数据，进行无功优化计算，并根据计算结果形成对有载调压变压器分接开关的调节、无功补偿设备投切等控制指令，各台配变分级头控制器、线路无功补偿设备控制器、线路调压器控制器、主变电压无功综合控制器接收主站发来的“遥控”指令，实现相应的动作，从而实现对配网内各配变、无功补偿设备、主变的集中管理、分级监视和分布式控制，实现配电网电压无功的优化运行和闭环控制，最大程度改善关键节点电压、关口无功功率因数。

安徽某县供电公司年供电量约2亿余kW·h，采用该技术改造后，线损率降低1.2个百分点，每年节约电量25万kW·h电，实现年减碳量176tCO_2，年经济效益12万余元。

（2）*动态谐波抑制及无功补偿综合节能技术* FBD法，控制算法为无差拍电流控制，针对负载需要进行单补无功功率、抑制全部谐波、补偿无功和抑制谐波、抑制某些次谐波、补偿三相不平衡；实时检测电网无功和谐波电流，并输出反向电流以抵消无功和谐波电流；使用高速32位DSP作为主控制元件，以新型大功率电力电子开关器件IGBT作为VSI逆变主电路，采用改进型FBD电流检测法、无差拍控制法等先进算法，以及安全、可靠的IGBT驱动与保护模块，实现高速、连续的补偿负载所需的无功、谐波、三相不平衡电流，优化输入电网电能的质量。

以630kVA变压器为例，安装1台动态谐波抑制及无功补偿设备以提高功率因数，改造后实现年节能68tce，年减碳量177tCO_2，年节能经济效益20万元。

（3）*工业冷却循环水系统节能优化技术* 该技术是基于流体力学、传热学的基本原理，对某特定工艺进行以下优化改造步骤，从根本上解决循环水系统的高能耗问题：①通过优化改造换热网络、消除因结垢或藻类滋生引起的热阻、做好管网的流量平衡并合理控制供回水温差，取得泵站最合理的扬送流量；②通过配水管网优化，消除不利因素，如阀门损失、局部管路阻力偏大、并联管路性能差异大而引起的水力失衡、真空度控制不合理引起扰流等，从而降低管网阻力，取得水泵最合理的工作扬程；③根据优化后的工作点参数（流量、扬程、效率、装置汽蚀余量），采用三元流技术设计出高效的水泵叶轮，以高效节能泵替换原有不匹配、低效率的水泵，确保泵站处于高效率运行状态；④充分考虑因热负荷及环境温度变化引起的变工况运行，根据系统运行特征对泵站进行优化设计和管理。

该技术应用于工业冷却循环水系统节能改造，节电率约为12%～55%。

（4）*永磁涡流柔性传动节能技术* 该技术是基于楞次定律，应用永磁材料所产生的磁力作用，完成力或力矩无接触传递，实现能量的空中传递。永磁涡流柔性传动节能装置主要由连接在负载侧的高强度永磁体转子和连接在驱动侧的导体转子两部分组成，导体转子和永磁转子是非接触的，可以自由地独立旋转，当导体转子旋转时，导体转子与磁转子产生相对运动，经过相对运动切割磁力线在导体转子中产生涡流及感生电动势，与永磁体转子相互作用，从而带动磁转子沿着导体转子相同的方向旋转，在负载侧输出轴上产生扭矩，从而带动负载做旋转运动。通过调节永磁转子和导体转子之间的气隙就可以控制输出转矩，从而获得可调整、可控制、可重复的负载转速，进而实现电机功率可控，达到节能的目的。

江苏某电厂对2#锅炉配套的引风机（电机功率355kW）采用该技术改造，与改造前相比，引风机年耗电量下降28.51%，年节电205736kW·h，实现减碳量144.7tCO_2。

（5）*高效节能电动机用铸铜转子技术* 铸铜转子是以铜为导电基质的新型电动机转子，利用铜优异的导电性能，来降低转子损耗，提高电动机效率。与传统铝转子电动机相比，铸铜转子电动机有以下优点：损耗低，效率高；温升低，可靠性高；震动小，噪声低；设计灵活。

山东某公司采用30kW-6（IE4）铜转子电动机替代原有的普通电动机驱动一台鼓风机，该电动机相比普通Y系列6极-30kW电动机提高效率3%，投用后每年节电2514kW·h，实现年减碳量2.22tCO_2，每年节约电费2110元。

（6）*流体高效输送技术* 该技术主要由数据采集（检测）技术、系统诊断分析技术、系统配置及运行优化技术、系统水力学性能优化技术及自动控制技术所组成，其方案概括起来为：整改系统回路阻力不平衡或局部阻力偏高引起的无效能耗增加的不利因素；整改系统回路中管件渗漏、水流旁通引起无效能耗增加的不利因素；用量身定做的高效节能水泵替换原水泵，从根本上解决过流量运行引起无效能耗增加的技术难题；纠正不合理的运行模式，降低系统运行能耗。

浙江某钢厂循环水系统采用该技术改造，改造项目包括：LF 钢包供水泵组 2 台、高炉鼓风机净环供水泵组 6 台、1# 高炉软水主供水泵组 3 台、1# 高炉 TRT 供水泵组 3 台、2# 高炉软水主供水泵组 3 台、高炉煤气洗涤提升泵组 2 台、高炉煤气洗涤供水泵组 4 台、2# 高炉 TRT 供水泵组 3 台、连铸二冷水供水泵组 5 台、OG 浊环供水泵组 4 台，共计 10 个系统 35 台水泵节能改造。改造后，每年节电 981.2 万 kW·h，实现年减碳量 6902.7tCO_2，每年节约电费 549.48 万元。

5-27 减少企业热力消耗的低碳技术有哪些？

以下八项技术对减少企业热力消耗的效果很明显：

（1）*蒸汽节能输送技术* 该技术将应用与航空航天等领域的纳米级二氧化硅气凝胶绝热保温材料和玻璃纤维、泡沫保温材料以最佳方式组成蒸汽输送管道的保温层结构，是具有高保温性、高防水性、高稳定性的节能性蒸汽输送管道。采用抽真空技术将保温管道保温腔中空气抽空，最大限度减少对流换热损失，在蒸汽输送环节降低热能损耗，同时优化疏水方式，减少疏水环节蒸汽热能损耗。

该技术可使管道外表面散热损失平均减少 20%。某公司热电联产工程，建设规模为单线管长 8km、最大供热量 70t/h，1.26×10^{15}J/a，通过增加管道纳米绝热涂层、对管网中所有蒸汽管道进行抽真空处理，改造后实现年节能 2300tce，年减碳量 5980tCO_2，年节能经济效益 204 万元。

（2）*钛纳硅超级绝热材料保温节能技术* 该技术基本原理是使用钛纳硅超级绝热材料，替代或部分替代或结合传统绝热材料，该材料的导热系数为 0.012～0.016W/(m·K)，大大低于空气 [静止空气隔热系数 0.023～0.27W/(m·K)]，远低于传统保温材料 [0.036～0.05W/(m·K)]，在使用时表面能量损失极少，从而达到明显的节能效果或更优秀的保温设计方案。同时钛纳硅材料为 A1 级不燃材料，安全环保，使用效果稳定，寿命长。

根据实际工程应用，采用该保温材料可实现节能率 2%～5%。某公司 550t/a 高档浮法玻璃生产线窑炉节能保温工程，采用钛纳硅技术为核心的组合保温技术。保温前单耗 2164kcal/kg 玻璃液，保温后 2096kcal/kg 玻璃液，节能率 3.14%，年节约天然气 $2.132\times10^6m^3$，实现年减碳量 4609tCO_2，年经济效益 426 万元。

（3）*机械式蒸汽再压缩技术（MVR 技术）* 该技术是利用高能效蒸汽压缩机压缩蒸发系统产生的二次蒸汽，使其温度、压力升高，热焓增大，然后进入蒸发系统作为热源循环使用，代替绝大部分生蒸汽，使用后新产生的二次蒸汽再经压缩机重复以上过程，如此重复循环，其中生蒸汽仅用于补充热损失和补充进出料温差所需热焓，从而大幅度降低蒸发器的生蒸汽消耗，达到节能目的。

该技术与多效蒸发相比，蒸汽回收率可达 90%。

以某公司黑钛液浓缩为例，将钛白黑钛液质量浓度从 147.21g/L 浓缩至 198.22g/L，每吨钛白浓缩需蒸出水量为 1.92L，采用多效浓缩，蒸发 1t 水消耗蒸汽 0.75t，共需消耗蒸汽 1.44t，同时消耗冷却水 120t，共折合标准煤 187.66kgce；而采用 MVR 浓缩，1.92t 二次蒸汽经离心式压缩机提升，耗电 100kW·h，同时消耗蒸汽仅 0.06t，共折合标准煤 20.01kgce。两者相比，吨钛白的黑钛液实现节能量 167.65kgce，减碳量 435.89kgCO_2，节能率达 89%。

（4）*蒸汽系统运行优化与节能技术*　该技术是按照“高能高用、低能低用、减少过程”的原则，着重考虑蒸汽管网的冬夏季不平衡、启动与停车、热电联产等因素，以“柔性化”理念对蒸汽管网进行“分站稳压式”设计，以防止管网内波动震荡合理配置管网资源；中低压蒸汽主管网全面强化疏水、消除水击隐患、减小管网压降和温将，保障下游用气品质；低品质蒸汽尽量就地消化使用，减少低温热排放；优化凝结水回收网络，保障上游蒸汽使用效果和凝结水顺畅排出，闪蒸汽及凝结水余热充分回收利用等，全面保障蒸汽凝结水系统高效稳定运行。

广州石化实施“蒸汽系统在线监控与智能优化”项目，优化了炉机运行方式，同时优化了蒸汽管网运行方式，可以实时监测管网运行情况，提出管网改造措施，降低管网运行成本。蒸汽单耗同比下降 8.36%；化工专业蒸汽单耗下降 4.30%；动力管损量下降 3.11%。蒸汽优化年节能量达到 47058tce，实现减碳量 122353.4tCO_2。

（5）*乏汽与凝结水闭式全热能回收技术*　该技术是在蒸汽间接换热系统的换热设备后端，将由蒸汽换热降温形成的高温凝结水收集至集水罐进行汽水分离后，采用由 PLC 控制的离心泵或汽/气动力泵以全密闭方式自动加压输送至用户规定的场合，对其余热余压进行回收再利用。同时实现其中水资源的循环利用。

该技术可实现凝结水回收率 90%以上，同时回收余热。某石化公司炼油区蒸汽管网采用蒸汽凝结水闭式回收系统，改造后年可回收凝结水 3.28×10^4t，回收低压蒸汽 11.747t/h，每年回收蒸汽热能折合标煤 10217.4tce，每年回收蒸汽凝结水余热折合标煤 505.8tce，两项共计回收热量 10723.2tce，实现年减碳量 27880.32tCO_2。

（6）*非稳态余热回收及饱和蒸汽发电技术*　该技术原理为：非稳态余热经高温除尘，余热锅炉将热量传递给循环工质，循环工质吸收热量后变为蒸汽进入储热器，储热器的作用是将非稳态的工况转化为稳态，稳态蒸汽进入汽轮机内除湿再热后，经饱和蒸汽轮机做功，乏汽进入凝汽器，在其内凝结为水，并经除氧后返回余热锅炉开始下一个循环，从而将非稳态余热资源转化为电能高效利用。

该技术主要回收非稳态余热进行发电，提高能源利用率。陕西东岭锌业对工艺产生的饱和蒸汽进行收集处理，建设 13MW 饱和蒸汽余热发电机组，项目年发电量 8424 万千瓦时，年减碳量 56197tCO_2，年节能经济效益 2525 万元。

（7）*空压站循环冷却水余热回收利用技术*　空压机在运行过程中，机械做功压缩空气时会产生大量的热量，同时空压机电机在运行过程中也会产生热量，使得机体发热，降低压缩效率，因而必须通过冷却系统（风冷或水冷等）进行冷却，将热量排散出去。该技术采用专用热泵热水机组对其部分余热进行回收，用于制取热水，供应淋浴、采暖、锅炉补水、工业热水等。该技术在不消耗额外能源的情况下，将空压机的余热回收利用，不仅能使空压机在最佳工况下运行提高产气效率，同时能够减少原空压机散热系统的能耗。

陕西某公司有 7 台喷油螺杆空压机，改造前 7 台空压机工作时产生大量热量通过风冷冷却，直接排向大气中。改造后空压机在额定工况加载运转情况下，进水温度为 5℃，出水温度为 55℃（温升 50℃）。经计算，每天回收总热量达 88.8 GJ，可生产 55℃热水 424284kg，公司采用天然气锅炉加热，年可节约天然气 $124.8\times10^4 m^3$，实现年减碳量 2698.18tCO_2，年节约资金 385.62 万元。

（8）*加热炉黑体技术强化辐射节能技术*　该技术基本原理是根据红外物理的黑体理论及

燃料炉炉膛传热数学模型，制成集“增大炉膛面积、提高炉膛发射率和增加辐照度”三项功能于一体的工业标准黑体-黑体元件，通过将众多的黑体元件安装于炉膛内壁适当部位，与炉膛共同构成红外加热系统，既可增大传热面积，又可提高炉膛的发射率到 0.95，同时能对炉膛内的热射线进行有效调控，使之从漫射的无序状态调控到有序，直接射向钢坯，从而提高炉膛对钢坯辐射换热效率，取得较好的节能效果。

以某钢厂年产 135×10^4t 热轧带钢加热炉改造为例，在加热炉内壁炉顶的预热段、加热段等部位安装 15240 个黑体元件及红外加热系统，改造后每年节能 6650tce，实现减碳量 17290tCO_2，年节能经济效益 465.7 万元。

5-28 低碳能源先进成熟技术有哪些?

以下六项低碳技术应用后碳减排效果显著：

(1) 中低温太阳能工业热力应用系统技术　该技术的基本原理为：自来水经过软化处理后进入冷水箱，通过循环泵进入中温集热器，太阳照射到中温集热器上，由中温真空管将太阳辐射能转化为热能，再由真空管内的铜管把热能传递给冷水，将水加热，热水通过循环泵输送到储热水箱，再经过蒸汽锅炉加热成高温蒸汽输送到厂区热力管网。

以 60t/h 热电锅炉，安装太阳能集热器总面积 3557m^2，利用太阳能将进锅炉的软化水升温后进入除氧设备，然后利用高温增压水泵将高温水泵入锅炉，再利用煤进行二次升温，加热至饱和蒸汽后输送到热力管网的系统。改造后年节约标煤 328tce，实现年减碳量 852.8tCO_2，年节能经济效益 46 万元。

(2) 基于二次燃烧的高效生物质气化燃烧技术　该技术可视作生物质燃烧器，将生物质成型燃料在第一燃烧室内进行悬浮式半气化半燃烧，产生 800～1000℃的高温火焰及少量的颗粒烟尘，经一次燃烧后的气体喷射到蓄热燃烧室（二次升温燃烧室）二次补氧升温，进一步充分燃烧，产生 1200～1300℃的高温清洁火焰，为锅炉或熔炼炉、烘干炉、导热油炉等工业窑炉供热。

以浙江某公司生物质气化供热项目为例，对 10t/h 燃煤锅炉进行改造，增加一台生物质成型燃料气化燃烧设备，年利用生物质成型燃料 1 万吨。改造后实现年碳减排量约 1.3 万吨 CO_2，年经济效益 570 万元。

(3) 生物质成型燃料规模化利用技术　该技术主要包括成型燃料制备技术和集成应用技术。原材料经粉碎、烘干、混合、挤压制粒或压块成型等工艺制备生物质成型燃料；通过制定各原料合理的混合比例，解决原料批量生产难成型的问题；通过调节制粒设备参数优化制粒工艺，解决核心部件耐磨性问题。同时，集成应用技术配套开发生物质锅炉及成套辅机设备，解决燃料燃烧灰分高、结焦、结渣等问题，实现生物质成型燃料替代传统化石能源在工业锅炉上的成功应用。

广东某造纸公司采用生物质成型燃料（BMF）的循环流化床锅炉来替代燃油锅炉为造纸生产提供蒸汽，年利用生物质成型燃料 10 万吨。改造后项目实现年减碳量 12 万吨 CO_2，年经济效益为 4000 万元。

(4) 单井循环换热地（热）能采集技术　浅层地热能是 0℃到 25℃可再生的低品位热能。单井循环换热地（热）能采集技术是以水为介质，利用一口井及井内装置，采用半封闭或全封闭式循环回路，实现水与浅层土壤及砂岩的热交换，从土壤、砂岩中取热，实现抽水与回灌在能量交换与流量间的动态平衡及能量采集过程，安全、高效、省地、经济地采集利用浅层地能。此外，由于采用一口井实现地下水的抽取和回灌，实现不消耗水，不污染水，不会破坏地下水的正常分布，也不会因移砂造成水井的塌陷和堵塞问题，效率较高。

以北京某总建筑面积23000m² 办公楼改造为例，采用4口单井循环换热地能采集井，1套地能热泵环境系统，满足办公楼采暖、制冷、生活热水。供暖直接能耗成本每平方米15.28元，冬季供暖较北京热力非居民供暖收费标准节约66.8%，实现年节能量约337tce，年减碳量876.20tCO_2。

（5）多能源互补的分布式能源技术　该技术是利用200℃以上的太阳能集热，将天然气、液体燃料等分解、重整为合成气，使燃料热值得到增加，实现太阳能向燃料化学能的转化和储存。通过燃料与中低温太阳能热化学互补技术，可大幅度减小燃料燃烧过程的可用能损失，同时提高太阳能的转化利用效率，实现系统节能20%以上。

广东某工业园采用分布式冷热电联供项目，建设工业园区兆瓦级内燃机冷热电联供系统，为工业园区建筑面积18580m² 的厂房、宿舍和办公区提供全面能源服务。项目投运后实现年减碳量1330tCO_2，年经济效益达400万元。

（6）工业生物质废弃物能源化（热解）利用集成技术　该技术通过破碎系统将原料破碎，使其粒径均匀，保证下一步脱水的连续稳定性。通过机械脱水系统将其含水率降至50%～60%以下，利用机械方式最大限度地去除水分，降低预处理能耗；采用非接触式封闭干燥，避免物料挥发出的水气直接向空气中排放、污染环境；通过改进生物质循环流化床气化炉的结构提高原料的适应性及气化效率，利用热解气化系统产生的高温燃气在不经过降温的情况下直接通入燃气蒸汽锅炉进行高效燃烧，实现工业废弃物能源化利用，减少企业化石能源消耗。

河南某制药厂采用该技术建设中药渣等废弃物能源化利用项目，新建药渣预处理系统、气化机组、生物质燃气锅炉、气柜建设、水电管网等。项目年处理中药渣2万吨，实现年减碳量约3350tCO_2，年产生经济效益254.5万元。

参考文献

[1] 政府间气候变化专门委员会. 2006年IPCC国家温室气体清单指南. 日本：日本全球环境战略研究所，2006.

[2] 国家发展和改革委员会. 中国应对气候变化的政策与行动2010年度报告.

[3] 国家发展和改革委员会. 中国应对气候变化的政策与行动2011年度报告.

[4] 国家发展和改革委员会. 中国应对气候变化的政策与行动2012年度报告.

[5] 国家发展和改革委员会. 中国应对气候变化的政策与行动2013年度报告.

[6] 国家发展和改革委员会. 中国应对气候变化的政策与行动2014年度报告.

[7] 国家发展和改革委员会. 中国应对气候变化的政策与行动2015年度报告.

[8] 国家发展和改革委员会. 中国应对气候变化的政策与行动2016年度报告.

[9] GB/T 32150—2015，工业企业温室气体排放核算和报告通则. 北京：中国标准出版社. 2015.

[10] GB/T 32151. 1—2015. 温室气体排放核算与报告要求　第1部分：发电企业. 北京：中国标准出版社. 2015.

[11] GB/T 32151. 2—2015. 温室气体排放核算与报告要求　第2部分：电网企业. 北京：中国标准出版社. 2015.

[12] GB/T 32151. 3—2015. 温室气体排放核算与报告要求　第3部分：镁冶炼企业. 北京：中国标准出版社. 2015.

[13] GB/T 32151. 4—2015. 温室气体排放核算与报告要求　第4部分：铝冶炼企业. 北京：中国标准出版社. 2015.

[14] GB/T 32151. 5—2015. 温室气体排放核算与报告要求　第5部分：钢铁生产企业. 北京：中国标准出版社. 2015.

[15] GB/T 32151. 6—2015. 温室气体排放核算与报告要求　第6部分：民用航空企业. 北京：中国标准出版社. 2015.

[16] GB/T 32151. 7—2015. 温室气体排放核算与报告要求　第7部分：平板玻璃生产企业. 北京：中国标准出版社. 2015.

[17] GB/T 32151. 8—2015. 温室气体排放核算与报告要求　第8部分：水泥生产企业. 北京：中国标准出版社. 2015.

[18] GB/T 32151. 9—2015. 温室气体排放核算与报告要求　第9部分：陶瓷生产企业. 北京：中国标准出版社. 2015.

[19] GB/T 32151. 10—2015. 温室气体排放核算与报告要求　第10部分：化工生产企业. 北京：中国标准出版社. 2015.

[20]《中国气候变化第二次国家信息通报》编写组. 中华人民共和国气候变化第二次国家信息通报. 北京：2013.

[21] 曾贤刚，庞含霜. 我国各省区 CO_2 排放状况、趋势及减排对策 [J]. 中国软科学增刊（上）. 北京：2009，64-69.

[22] 刘裕生，陈锦. 1992-2011年北京市碳排放核算 [J]. 东方企业文化，2013（2）：106-107.

[23] 武义青，赵亚南. 河北省碳排放与能源消费和经济增长 [J]. 河北经贸大学学报，2015（1）：123-128.

[24] 马彩芳，赵先贵. 山西省温室气体排放动态分析及等级评估 [J]. 陕西农业科学，2015（4），25-30.

[25] 杨新吉勒图，刘多多. 内蒙古碳排放核算的实证分析 [J]. 内蒙古大学学报（自然科学版），2013（1）：26-34.

[26] 马彩虹，赵晶，谭晨晨. 基于IPCC方法的湖南省温室气体排放核算及动态分析 [J]. 长江流域资源与环境，2015（10）：1786-1791.

[27] 王东，吴长兰. 广东碳排放现状及预测研究 [J]. 开放导报，2015（6）：91-94.

[28] 杨谨，鞠丽萍，陈彬. 重庆市温室气体排放清单研究与核算 [J]. 中国人口，2012（3）：63-69.

[29] 郝丽等. 陕西省温室气体排放清单研究 [J]. 陕西气象，2016（2）：5-9.

[30] 国家发展和改革委员会，关于开展低碳省区和低碳城市试点工作的通知（发改气候 [2010] 1587号）.

[31] 国家发展和改革委员会. 关于开展第二批低碳省区和低碳城市试点工作的通知（发改气候 [2012年] 3760号）.

[32] 国家发展和改革委员会. 关于开展低碳社区试点工作的通知（发改气候 [2014] 489号）.

[33] 国家发展和改革委员会. 关于加快推进国家低碳城（镇）试点工作的通知（发改气候〔2015〕1770号）.

[34] 广东省人民政府. 印发广东省低碳试点工作实施方案的通知（粤府函 [2012] 45号）.

[35] 湖北省人民政府. 关于印发湖北省低碳发展规划（2011～2015年）的通知（鄂政发 [2013] 32号）.

[36] 国务院，“十三五”控制温室气体排放工作方案（国发 [2016] 61号）.

[37] 国家发展和改革委员会. 中国发电企业温室气体排放核算方法与报告指南（试行）（发改办气候 [2013] 2526号）.

[38] 国家发展和改革委员会. 中国电网企业温室气体排放核算方法与报告指南（试行）（发改办气候 [2013] 2526号）.

[39] 国家发展和改革委员会. 中国钢铁生产企业温室气体排放核算方法与报告指南（试行）（发改办气候 [2013] 2526号）.

[40] 国家发展和改革委员会. 中国化工生产企业温室气体排放核算方法与报告指南（试行）（发改办气候 [2013] 2526号）.

[41] 国家发展和改革委员会. 中国电解铝生产企业温室气体排放核算方法与报告指南（试行）（发改办气候 [2013]

2526 号).
[42] 国家发展和改革委员会. 中国镁冶炼企业温室气体排放核算方法与报告指南（试行）（发改办气候 [2013] 2526 号).
[43] 国家发展和改革委员会. 中国平板玻璃生产企业温室气体排放核算方法与报告指南（试行）（发改办气候 [2013] 2526 号).
[44] 国家发展和改革委员会. 中国水泥生产企业温室气体排放核算方法与报告指南（试行）（发改办气候 [2013] 2526 号).
[45] 国家发展和改革委员会. 中国陶瓷生产企业温室气体排放核算方法与报告指南（试行）（发改办气候 [2013] 2526 号).
[46] 国家发展和改革委员会. 中国民航企业温室气体排放核算方法与报告格式指南（试行）（发改办气候 [2013] 2526 号).
[47] 国家发展和改革委员会. 中国石油和天然气生产企业温室气体排放核算方法与报告指南（试行）（发改办气候 [2014] 2920 号).
[48] 国家发展和改革委员会. 中国石油化工企业温室气体排放核算方法与报告指南（试行）（发改办气候 [2014] 2920 号).
[49] 国家发展和改革委员会. 中国独立焦化企业温室气体排放核算方法与报告指南（试行）（发改办气候 [2014] 2920 号).
[50] 国家发展和改革委员会. 中国煤炭生产企业温室气体排放核算方法与报告指南（试行）（发改办气候 [2014] 2920 号).
[51] 国家发展和改革委员会，造纸和纸制品生产企业温室气体排放核算方法与报告指南（试行）（发改办气候 [2015] 1722 号).
[52] 国家发展和改革委员会. 其他有色金属冶炼和压延加工业企业温室气体排放核算方法与报告指南（试行）（发改办气候 [2015] 1722 号).
[53] 国家发展和改革委员会. 电子设备制造企业温室气体排放核算方法与报告指南（试行）（发改办气候 [2015] 1722 号).
[54] 国家发展和改革委员会. 机械设备制造企业温室气体排放核算方法与报告指南（试行）（发改办气候 [2015] 1722 号).
[55] 国家发展和改革委员会. 矿山企业温室气体排放核算方法与报告指南（试行）（发改办气候 [2015] 1722 号).
[56] 国家发展和改革委员会. 食品、烟草及酒、饮料和精制茶企业温室气体排放核算方法与报告指南（试行）（发改办气候 [2015] 1722 号).
[57] 国家发展和改革委员会. 公共建筑运营单位（企业）温室气体排放核算方法和报告指南（试行）（发改办气候 [2015] 1722 号).
[58] 国家发展和改革委员会. 陆上交通运输企业温室气体排放核算方法与报告指南（试行）（发改办气候 [2015] 1722 号).
[59] 国家发展和改革委员会. 氟化工企业温室气体排放核算方法与报告指南（试行）（发改办气候 [2015] 1722 号).
[60] 国家发展和改革委员会. 工业其他行业企业温室气体排放核算方法与报告指南（试行）（发改办气候 [2015] 1722 号).
[61] 国家发展和改革委员会. 温室气体自愿减排交易管理暂行办法（发改气候 [2012] 1668 号).
[62] 北京万企龙节能低碳技术研究院，万家企业节能低碳数据库. 北京：2016.